智能视觉感知技术

李良福　著

科学出版社

北　京

内 容 简 介

本书旨在从理论和技术上深入介绍智能视觉感知技术的原理、技术、前沿研究内容和智能视觉感知技术在诸多领域的典型应用，为在读研究生和工程技术人员学习基于计算机的机器视觉处理的理论、技术和相关应用奠定基础。本书的主要内容包括智能视觉感知技术概述、摄像机标定、视觉跟踪、目标检测、图像拼接与镶嵌、图像增强、电子稳像、图像融合、基于深度学习的视觉感知技术、基于SLAM的三维重建与视觉导航算法、ROS机器人操作系统等。本书从理论与实践、算法与编程等方面对智能视觉感知技术的研究深入浅出进行介绍，对目前国内外最新研究前沿热点进行分析，并提出未来的发展方向。

本书可作为计算机、自动化、人工智能、通信工程等专业计算机视觉方向的研究生或高年级本科生的教材或参考书，对相关领域的工程技术人员也具有一定的指导意义。

图书在版编目（CIP）数据

智能视觉感知技术/李良福著. —北京：科学出版社，2018. 6

ISBN 978-7-03-057929-4

Ⅰ. ①智… Ⅱ. ①李… Ⅲ. ①计算机视觉-人工神经网络-研究 Ⅳ. ①TP183

中国版本图书馆CIP数据核字（2018）第127966号

责任编辑：李 萍 张瑞涛／责任校对：郭瑞芝
责任印制：张 伟／封面设计：陈 敬

科学出版社 出版
北京东黄城根北街16号
邮政编码：100717
http://www.sciencep.com
北京凌奇印刷有限责任公司 印刷
科学出版社发行 各地新华书店经销
*
2018年6月第 一 版 开本：720×1000 B5
2023年2月第三次印刷 印张：17 1/4
字数：347 000

定价：160.00元

（如有印装质量问题，我社负责调换）

前　　言

智能视觉感知技术是当前工业、民用、科技等领域的研究热点和前沿方向。计算机视觉是一门研究如何使机器“看”的科学，更进一步就是指用摄影机和计算机代替人眼对目标进行识别、跟踪和测量等机器视觉处理，并进一步做图形处理，用计算机将其处理成为更适合人眼观察或传送给仪器检测的图像。计算机视觉的研究目标是使计算机具有通过二维图像信息来认知三维环境信息的能力。作为一门科学学科，计算机视觉研究相关的理论和技术，试图建立能够从图像或者多维数据中获取“信息”的人工智能系统。因为感知可以看作是从感官信号中提取信息，所以计算机视觉也可以看作是研究如何使人工系统从图像或多维数据中“感知”的科学。

人工智能是计算机科学的一个分支，它试图了解智能的实质，并生产出一种新的且能以与人类智能相似的方式做出反应的智能机器。人工智能理论和技术日益成熟，特别是深度学习理论与技术的发展，使得人工智能的应用领域不断扩大。可以设想，未来人工智能带来的科技产品将会是人类智慧的“容器”。人工智能可以对人的意识和思维的信息过程进行模拟。人工智能研究的一个主要目标是使机器能够胜任一些通常需要人类智能才能完成的复杂工作。本书致力于研究结合人工智能、深度学习与计算机视觉的智能视觉感知技术，将使目标识别、工业检测、图像分析等劳动密集型活动实现高度自动化，给我国的国防、工业、农业等相关领域带来颠覆性变革并起到引领作用。

本书所介绍的内容涉及图像融合、三维重建、图像增强、目标识别、目标跟踪、人工智能等多方面。本书的内容可满足战场侦察、图像制导以及无人机图像信息处理等工业领域中的多项技术需求，缩短我国与国外的技术差距。同时，本书的研究内容也可应用在民用领域的危险区域探测、海洋环境监测、大坝安全监测、隧道安全检测、反恐监视、机场监控、无人机视觉导航着陆、机器人视觉导航、无人车自动驾驶、卫星遥感图像侦察、城市规划与市政管理、农业作物长势监测、矿产资源勘探、水资源开发利用、土地利用监控、自然灾害监测与评估、生态环境保护等领域，从而产生重大的经济价值和社会效益。

本书由国家自然科学基金面上项目“基于无人机图像多维空间融合感知的桥梁检测关键技术研究”(项目编号：61573232) 资助出版，在此表示感谢。作者长期从事计算机视觉与人工智能相关领域的研究，部分研究成果来自于作者在美国卡耐基梅隆大学计算机学院机器人研究所工作时期，对卡耐基梅隆大学的导师以及所有支持和帮助本书出版的同仁表示衷心的感谢!

在本书撰写过程中，作者查阅了大量的参考文献，在叙述上力求做到理论概念明确、思路条理清晰，运用成熟的实例来阐述复杂的理论与方法，尽可能使读者对智能视觉感知理论与方法有清晰的了解和认识。由于作者知识水平和研究的深度与广度有限，书中所提到的观点、方法和理论难免有不足之处，敬请读者批评指正。

作 者

2018 年 1 月

目　录

第1章　绪　　论

1.1　人类视觉的研究

1.1.1　人类视觉成像原理

视觉是一门有着广泛应用前景的研究课题，同时又是人类观察世界、认知世界的重要功能和手段。人类有视觉、听觉、触觉、嗅觉等传感器，而从外界获得的信息约有 75%来自视觉系统，用机器或计算机模拟人类的视觉功能是人们多年的梦想。随着视觉神经生理学和视觉心理学，特别是计算机技术、数字图像处理、计算机图形学、机器学习、人工智能等学科的发展，实现计算机模拟人类视觉的功能已成为可能。在现代工业自动化生产过程中，计算机视觉正成为一种提高生产效率和检验产品质量的关键技术之一，如机器零件的自动检测、智能机器人控制、生产线的自动监控等；在国防和航天等领域，计算机视觉也得到了重要的应用，如空间运动目标的自动跟踪与识别、空间机器人的视觉控制以及太空无人车的视觉导航等。

人类视觉过程可以看作是一个从感觉到知觉的复杂过程，从狭义上说，视觉的最终目的是要对场景作出对观察者有意义的解释和描述；从广义上说，是根据周围的环境和观察者的意愿，在解释和描述的基础上做出行为规划或行为决策。计算机视觉研究的目的是使计算机具有通过二维图像信息来认知三维环境信息的能力，这种能力不仅使机器能感知三维环境中物体的几何信息 (如形状、位置、姿态运动等)，而且能进一步对它们进行描述、存储、识别与理解，计算机视觉已经发展起一套独立的计算理论与算法。

人类是使用注意机制进行视觉信息处理的专家，生理心理学领域已经对此进行了长期探索，因此，为了将注意机制引入计算机图像信息处理中，有必要首先了解与此相关的生理心理学理论。人类视觉信息处理系统由视觉感官、视觉通路和多极视觉中枢组成，不断实现着视觉信息的产生、传递和处理 [1]。考虑到其中的视觉信息处理过程的复杂性，我们将其划分为视感觉处理和视知觉处理两个阶段。这样，就形成了一个由视觉信息的产生、视觉信息的传递、视感觉信息的处理和视知觉信息的处理四部分组成的人类视觉生理结构体系 [2]，如图 1.1 所示。下面依次对该体系中各模块进行描述。

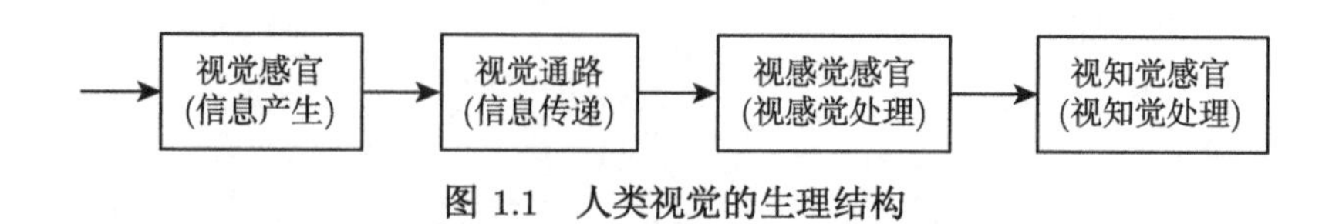

图 1.1 人类视觉的生理结构

1.1.2 视觉信息的产生

视觉信息由作为视觉感官的人眼产生。人眼将外部环境中的视觉刺激转换为神经系统中的视觉信息，这主要依靠两种生理机制：折光成像机制和光感受机制 [3]。前者将视觉刺激清晰地投射到视网膜上；后者通过光生物化学反应和光生物物理学反应，将视网膜上的光信息转换为视觉信息 [4]。

折光成像机制不仅涉及眼的结构与功能，还与脑的高级中枢参与下的多种反射机制有关。一套完整的折光成像机制由眼内折光装置、眼内反射机制和眼动反射机制三部分组成。眼内折光装置由角膜、射到视网膜上的生理基础房水、晶状体、玻璃体和瞳孔构成。它是将视觉刺激投射到视网膜上的生理基础。眼内反射机制通过眼内肌肉完成反射活动，保证静止物体在视网膜上清晰成像。眼动反射机制通过眼外肌肉完成反射活动，保证复杂物体或运动物体在视网膜上连续成像。

光感受机制包括光生物化学反应和光生物物理学反应，两者均发生在视网膜内的两类光感受细胞，即视杆细胞和视锥细胞中。光生物化学反应包括光分解反应和光化学效应放大反应两个过程。当光感受细胞受到光线照射时，首先由前者产生生化效应，然后由后者将该效应放大五万倍左右。因此，光感受细胞非常灵敏，即使十分微弱的光线变化，也会引起显著的生化效应。光生物物理学反应主要指光感受细胞的电位对光刺激的反应。

1.1.3 视觉信息的传递

通过眼的折光成像机制和光感受机制产生了视觉信息。这些信息立即从光感受细胞出发，经由视网膜、视神经、视束和皮层下中枢，最后到达视皮层。这就是视觉信息的传递过程 [5]。

视网膜分为内外两层。外层由色素细胞组成，用来储存光化学物质；内层从外向内依次由视感受细胞 (视杆细胞和视锥细胞)、水平细胞、双极细胞、无足细胞和神经节细胞组成，用来产生和传递视觉信息。在信息传递过程中，视感受细胞、双极细胞和神经节细胞构成垂直联系，水平细胞和无足细胞构成横向联系。只有神经节细胞通过以单位发放为基础的数字方式传递信息，其他细胞都利用以级量反应为基础的模拟方式传递信息。一个神经节细胞及与之相互联系的其他视网膜细胞构成的视觉基本结构与功能单位称为视感受单位。视网膜中央部分的视感受单位较小，而周边部分的视感受单位较大，因此，中央部分视敏度较高，而周边部分视敏度较差。

视网膜神经节细胞发出的轴突组成视神经。两眼的视神经一部分左右交叉到达对侧的外侧膝状体；另一部分不交叉到达同侧的外侧膝状体。视交叉前的视神经来自同眼的神经节细胞，视交叉后的视神经 (视束) 来自两眼同侧视野的神经节细胞。外侧膝状体是大脑皮层下的视觉中枢，它发出的神经纤维经放射后投射至大脑皮层的功能区发生联系。

1.1.4 视感觉信息的处理

感觉是人们对客观事物个别属性的反映，是客观事物个别属性作用于感官，引起感受器活动而产生的最原始的主观映像。感觉是对刺激的觉察，感觉信息是具体的、特殊的。

视感觉信息的处理与编码由三个不同层次的视觉中枢按照一定规律和机制逐级完成[6]。其中，视网膜内的神经节细胞构成低级中枢，外侧膝状体构成皮层下中枢，视皮层初级功能区构成高级中枢。视野、视网膜和各级视中枢的神经元之间存在精确的空间对应关系，每个神经元都对应于一块视网膜区域，这就是该神经元的感受野。在同心圆形式的感受野中，其中心区和周边区总是拮抗的[7]。视觉通路上各个层次的神经元感受野尺寸是不同的，神经元的层次越深入，其感受野的尺寸越大。

在视网膜神经节细胞、外侧膝状体神经元和视皮层神经元的传统感受野之外，还存在着一个范围很大的去抑制区，该区域被称为整合野。整合野对神经元的反应能产生抑制 (减弱) 或易化 (增强) 的影响，而且具有在方位、方向、空间频率和时间频率等方面的调谐特性。

感受野和整合野反映了视感觉信息处理中的空间编码规律，而对视野中各种视觉特征的觉察则主要是通过功能柱来完成的。在大脑的视皮层中，具有相同感受野和相同功能的视皮层神经元在垂直于视皮层表面的方向上呈柱状分布，它们只对某一种视觉特征发生反应，是觉察该种视觉特征的基本功能单位。目前，大体存在两种功能柱理论，即特征提取功能柱和空间频率功能柱。特征提取功能柱认为每个视皮层神经元仅对某种视觉特征的某个属性值发生最大反应，具有相同视觉特征的神经元排列成功能柱，即特征提取功能柱。视皮层中存在许多这样的功能柱，如颜色柱、眼优势柱、方位柱等，它们分别负责对视觉客体的某种视觉特征的觉察 [8]。空间频率功能柱认为视皮层神经元类似于傅里叶分析器，每个神经元发生最大反应的空间频率不同，它们按照某种规律排列成许多功能柱，即空间频率柱。这样，对于视野中的一个视觉客体，空间频率不同的许多神经元同时发生反应，从而形成关于该客体的视感觉。

1.1.5 视知觉信息的处理

知觉是人们对客观事物各种属性的综合反映，是将客观事物的各种属性或感觉信息组成有意义对象并解释其意义的反映过程。知觉是在已经存储的知识经验的参与下把握刺激的意义，知觉信息是抽象的[9]。神经解剖学研究发现，大脑皮层中存在初级功能区和次级功能区，不同的皮层功能区之间还存在联络区皮层。这些次级功能区、联络区皮层以及与记忆有关的脑结构形成了视知觉信息处理的神经基础。

迄今为止，生理心理学对于视知觉的发现非常有限，客观的生理过程怎样形成主观的知觉信息，对于生理心理学来说仍然是未知之谜。而认知心理学则对注意、知觉和记忆等心理过程的研究取得了很大的进展。认知心理学是以信息处理观点为核心的心理学，又可称为信息处理心理学，它运用信息处理观点来研究认知活动，其研究范围主要包括感知觉、注意、表象、学习记忆、思维和言语等心理过程或认知过程。

1.1.6　人类视觉的认知过程

人类信息处理系统是由感受器、效应器、记忆和处理器组成的[10]。其中，感受器接收外界信息，效应器作出反应，记忆存储和提取以符号和符号结构形式存在的外界信息的内部表征，处理器完成标志外界信息的符号和符号结构的创建、复制、改变和销毁等操作。

人类视觉的图像信息处理系统是以视知觉为核心，在多级记忆结构和信息选择机制的配合下完成将外界视觉信息转化为内部视觉对象的认知过程[11]。视知觉是现实刺激和已储存的知识经验相互作用的结果，它既具有直接性质，也具有间接性质，在视知觉过程中直接加工和间接加工是同时存在的[12]。虽然某些知觉或知觉的某些方面由神经系统的构造所决定，不需要过去经验的参与，但是，这并不能否定过去的知识和经验在视知觉形成过程中的作用[13]。记忆将认知活动的过去、现在和未来连成一个整体，在人类视觉认知过程中发挥着重要的作用。视觉信息进入记忆后，经历了感觉记忆、短时记忆、长时记忆等由低到高的三级结构，每级记忆结构都有其特定的功能。人类的视觉信息处理能力是有限的，而外界环境中的视觉刺激却是无限的，面对这种情况，串行的信息处理方式成为必然的选择[14]。信息选择机制是保证这种串行认知过程维持较高效率的关键环节，它能够对感觉记忆中的视感觉信息作出选择，仅将其中的重要信息提供给视知觉过程，而舍弃其他信息，从而使视觉认知过程具备主动性和选择性[15]。信息选择的核心就是视觉注意机制。

1.1.7　视觉注意机制研究

人类的视觉系统既要求其具有处理大量输入信息的能力，又要求有准实时反应能力，两者实际上是相互矛盾的。视觉心理学研究表明，视觉注意是人类视觉的一项重要的心理调节机制。视感觉的信息处理方式是并行的，视知觉的信息处理方式是串行的。这样，视感觉过程所提供的信息量就会远远大于视知觉过程所能处理的信息量。将这两个严重失调的过程联系起来的桥梁正是视觉注意机制，它是视觉感知过程的引导者，是其高效性和可靠性的保障。

在分析复杂的输入景象时，人类视觉系统采取了一种串行的计算策略，即利用选择性注意机制，根据图像的局部特征，选择景象的特定区域，并通过快速的眼动扫描，将该区域移到具有高分辨率的视网膜中央凹区，实现对该区域的注意，以便对其进行更精细的观察与分析。这可看作是将全视场的图像分析与景象理解通过较小的局部分析任务的分时处理来完成。可见，选择性注意机制是人类从外界输入的大量信息中选择特定感兴趣区域的一个关键技术。视觉注意机制先选择输入图像的感兴趣区域，再对这些区域作进一步的较细致的分析，从而快速准确地处理信息。因此，研究人类选择性视觉注意机制在目标检测中的应用有着重要意义。

选择性视觉注意表现为舍弃一部分信息，以便有效地处理重要信息的控制和调节能力。具体地说，在观察一个场景时，总是有选择地将注意力集中在场景中的某些最具吸引力的内容上。从人的角度来看，这是一个从场景中选择内容进行观察的过程，可以称之为视觉选择性；从场景的角度来看，场景中的某些内容比其他内容更能引起观察者的注意，可以称之为视觉显著性。两者其实都是从不同的角度对选择性视觉注意过程的描述。而在该过程中，引起我们注意的场景内容则被称为注意焦点。人类视觉之所以能够通过极为有限的信息处理资源完成极为复杂的信息处理任务，选择性视觉注意的控制和调节能力在其中发挥着决定性作用。

人类具有异常突出的数据筛选能力，面对每时每刻都在变化的各种信息，人们总能迅速觉察到那些与其息息相关的重要信息，并及时做出反应。人眼的视网膜具有光感受器、双极性细胞和视神经节细胞，研究表明神经节细胞的输出是场景的特征信息，视网膜在特征提取上的效率是极高的，而完成这种特征提取的机制是循环侧抑制机制。视网膜中的感受器单元以及节细胞的分布是非均匀的，在窝区高度密集而周边稀疏，这种特性使得视觉信息的获取是非均匀的。同时视网膜与皮层间的映射也呈现非均匀特性，使得视觉信息的处理也具有非均匀性。配合注意机制，通过有意识的眼动，人眼总是把窝区对准感兴趣的区域。在对蝇视觉系统仿生技术研究中也发现蝇卓越的飞行能力是与其独特的视觉系统相关的。蝇复眼视觉系统具有几乎全景的视场角，其视觉的最大特点就是具有大场景系统和小场景系统并行信息采集处理通道。大场景系统获取周边大范围区域的环境特征，控制其飞行路线；而小场景系统完成目标的识别与跟踪任务。图像制导的发展趋势是大视场、高分辨率，这种发展趋势使得导引头的信息处理运算量大大增加，同时实时性的难度加大。很显然，生物的这种视觉注意原理给光电图像制导提供了一个极具参考价值的模式。

生物视觉在具有广阔视野的同时，又具有局部高分辨能力，可以在对感兴趣的目标保持高分辨率的同时又能对视野的其他部分保持警戒，通过研究这种视觉注意机制，可以实现解决目标识别与跟踪中的大视场、高分辨率和实时性三者之间的矛盾。

1.2　计算机视觉技术

1.2.1　马尔的视觉计算理论框架

视觉计算理论一般是指马尔 (Marr) 在其 *Vision*[16] 一书中提出的视觉计算理论和方法。马尔视觉计算理论的提出标志着计算机视觉成为了一门独立的学科。

马尔视觉计算理论包含两个主要观点：首先，马尔认为人类视觉的主要功能是复原三维场景的可见几何表面，即三维重建问题；其次，马尔认为这种从二维图像到三维几何结构的复原过程是可以通过计算完成的，并提出了一套完整的计算理论和方法。因此，马尔视觉计算理论在一些文献中也被称为三维重建理论。

马尔认为，从二维图像复原物体的三维结构涉及三个不同的层次。首先是计算理论层次，也就是说，需要使用何种类型的约束来完成这一过程。马尔认为合理的约束是场景固有的性质在成像过程中对图像形成的约束。其次是表达和算法层次，也就是说如何来具体计算。最后是实现层次。马尔对表达和算法层次进行了详细讨论，他认为从二维图像恢复三维物体需经历三个主要步骤，即图像初始略图 → 物体 2.5 维描述 → 物体三维描述。其中，初始略图是指高斯拉普拉斯滤波图像中的过零点、短线段、端点等基元特征。物体 2.5 维描述是指在观测者坐标系下对物体形状的一些粗略描述，如物体的法向量等。物体三维描述是指在物体自身坐标系下对物体的描述，如球体以球心为坐标原点的表述。

马尔视觉计算理论是在 20 世纪 80 年代初提出的，之后 30 多年的研究中，人们发现马尔理论的基本假设“人类视觉的主要功能是复原三维场景的可见几何表面”基本上是不正确的，“物体识别中的三维表达的假设”也基本与人类物体识别的神经生理机理不相符。尽管如此，马尔计算视觉理论在计算机视觉领域的影响是深远的，他所提出的层次化三维重建框架至今是计算机视觉中的主流方法。尽管文献中很多人对马尔理论提出质疑、批评并进行改进，但就目前的研究状况看，还没有任何一种理论可以取代马尔理论，或与其相提并论。

1.2.2　多视几何立体感知

人们都熟悉射影变换。在看图片时，看到的方不是方，圆不是圆。这种将平面物体映射到图片的变换就是射影变换的一个例子。那么，射影变换保持了哪些几何性质？当然不是形状，因为圆可能显示为椭圆；也不是长度，因为射影变换把圆的两个垂直半径进行不同程度的拉伸；角度、距离、距离比 —— 这些都没有保持。看来射影变换很少保持几何性质。然而，平直性是被保持的一个性质。这其实是映射的最一般要求，我们可将平面的射影变换定义为平面上点的任意保直线映射。三维世界降为二维图像是一个射影过程，从中损失了一个维度。该过程通用的建模方法是中心投影的射影变换。

多视角重建是一整套成像技术：它指的是从可能结合局部运动信号的二维图像序列中估计出相应三维结构的过程。它是计算机视觉和视觉感知的研究领域。从生物视觉角度看，多视角重建指的是人类 (或其他生物) 可以对一个移动的物体或场景所投影的二维 (视网膜) 图像重建出相对应的三维结构。

多视几何立体感知的主要步骤如下：

(1) 图像获取：在进行图像处理之前，先要用摄像机获取三维物体的二维图像。光照条件、相机的几何特性等对后续的图像处理会造成很大的影响。

(2) 摄像机标定：通过摄像机标定来建立有效的成像模型，求解出摄像机的内外参数，这样就可以结合图像的匹配结果得到空间中的三维点坐标，从而达到进行三维重建的目的。

(3) 特征提取：特征主要包括特征点、特征线和区域。大多数情况下都是以特征点为匹配基元，特征点以何种形式提取与用何种匹配策略紧密联系。因此在进行特征点的提取时，需要先确定用哪种匹配方法。特征点提取算法可以总结为：基于方向导数的方法，基于图像亮度对比关系的方法，基于数学形态学的方法三种。

(4) 立体匹配：立体匹配是指根据所提取的特征来建立图像对之间的一种对应关系，也就是将同一物理空间点在两幅不同图像中的成像点进行一一对应。在进行匹配时要注意场景中一些因素的干扰，例如光照条件、噪声干扰、景物几何形状畸变、表面物理特性及摄像机特性等诸多变化因素。

(5) 三维重建：有了比较精确的匹配结果，结合摄像机标定的内外参数，就可以恢复出三维场景信息。由于三维重建精度受匹配精度、摄像机的内外参数误差等因素的影响，因此首先需要做好前面几个步骤的工作，使得各个环节的精度高，误差小，这样才能设计出一个比较精确的立体视觉系统。

计算机视觉是一门对精度和实时性都要求较高的高科学技术。在实时图像分析中，需要将有限的计算资源集中处理与当前任务密切相关的信息。人类视觉系统能够根据视觉空间的各种信息和知识，采用选择注意策略和主动感知能力解决计算复杂性问题。如果在视觉跟踪算法中引入并研究这种选择性注意机制，对于更好地解决数据处理问题，提高计算机视觉的信息处理效率将具有重大意义。为了提高视觉系统的效率，采用类似于人类视觉注意机制的选择处理数据的方法，将极大地提高目标图像的处理效率。

1.3 多源信息融合技术

1.3.1 多传感器信息融合的优势

近年来，随着传感技术的不断发展，出现了多种成像传感器，这些传感器由于成像机理的不同，获取目标或场景不同波段的辐射/反射能量，输出的信息具有很强的互补性，可有效扩展系统目标探测的空间、时间及频谱覆盖范围。多成像传感器的信息融合能解决传统的依靠单一传感器不能顺利完成的任务。例如，受照明、环境条件 (如噪声、云、烟雾、雨等) 影响，真实场景被破坏，不能精准地对其实施评估；目标状态的复杂多变 (如运动、密集目标、伪装目标等) 引起的目标丢失与误判；目标位置 (如远近、障碍物等) 影响场景或目标的整体特征读取，以及传感器存在固有的缺陷等。实践证明，正确选择获取场景信号源的成像传感器，得到的融合图像更适合人或机器的视觉特征，有助于对图像的进一步分析，以及目标的检测、识别或跟踪。

同时，现代化的战争是高技术密集的全天候立体战争，电子干扰日趋严重，目标攻击快速、超低空，这使原有的近程防御探测跟踪雷达不适应。随着精确制导武器攻击时遇到的对抗层次越来越多，对抗手段越来越高明，加之目标的隐身、掠海攻击和低空、超低空高速突防及多方位、饱和攻击战术的使用，常用的精确制导武器采用单一制导方式已不能完成作战使命，必须发展多传感器融合技术的复合寻的制导方式，发展导引头的智能技术。目前国内广泛应用于舰载、机载和车载武器系统中的光电成像系统 (电视摄像机、红外热像仪) 在执行监视、探测及目标识别等任务时，受限于单一信息源，不能同时综合有效地利用多源传感器提供的信息，这样大大降低了光电成像系统适应复杂战场环境的能力和对战场有效信息提取的能力。当前在欧美等军事强国开发的先进武器中，很多武器的光电成像系统就具有多成像传感器的融合技术。

1.3.2 信息融合方法

图像融合方法的选择必须根据应用领域及对融合结果的具体要求，以及参加融合图像的类型和特征进行。例如，SAR(合成孔径雷达) 图像反映结构信息较好，而且有全天候、穿透性强等特点。SAR 的侧视工作方式使图像具有轮廓清晰的优点，有较好的对比度和较多的细节。红外图像根据所采用的红外线的波长分为近红外图像、短红外图像和热红外图像等，红外波长较宽，在此波段内景物间不同的反射和发射特性都可使其有较好的形状和边缘显示。可见光图像主要源于太阳辐射，在此波段大部分目标都具有良好的亮度反差特性，有丰富的细节和色彩显示。

在算法选择中，应用领域也是非常重要的考虑因素。针对不同的工作场景应选择不同种类的成像传感器进行图像融合，如侧重于远距离监视、探测、目标搜索的应用常用 SAR 与红外两种探测器组合，可全天候工作。SAR 穿透性强，但图像中目标的微波反射特性受频率、反射角和极化方式的影响，导致相同物体可能出现不同的表现形式。而红外识别伪装和抗干扰能力强，但红外图像中目标与背景的对比度低，边缘模糊，噪声大。这两种融合能提高目标的探测精度，可采用多分辨形态学金字塔算法。因该算法重点研究的是图像的几何结构，融合后的图像能提高目标与背景的对比度，边缘特征增强。在侧重目标探测和识别的应用中，常用红外图像与可见光图像进行融合。这两种图像融合可充分利用两种图像的特点使目标与背景分离，提高图像的清晰度，提高对目标的探测和识别概率。由于小波变换具有多尺度分解的特性，对图像进行小波变换可以把图像分解到不同频率下的不同特征域上，得到的图像信号的小波多分辨率表示有助于利用图像的各个分辨率下的特征进行融合，提高融合图像的信息含量。侧重于夜间观察和制导跟踪应用的传感器组合是微光与红外或双波段红外图像的融合。多源传感器融合效果比较见表 1.1。

表 1.1 多源传感器的融合效果比较

传感器 1	传感器 2	效果
可见光	红外	适用于白天和夜晚
毫米波雷达	红外	穿透力强，分辨率高
红外	微光夜视	适用于照度极低的条件下
毫米波雷达	可见光	穿透力强，目标定位准确
合成孔径雷达	红外	远距离监视、探测、目标搜索能力强
合成孔径雷达	合成孔径雷达	穿透率强，分辨率较高，全天候
红外	红外	背景信息增加，探测距离提高

国内的研究认为，从灰度图像融合的结果可视性看，基于多分辨率处理的金字塔技术 (包括小波金字塔) 具有目前最好的处理效果；从运算量看，基于简单灰度调制和假彩色的融合方法最佳。在综合考虑项目的普遍性、实现的难易度和未来可扩展升级因素的基础上选择拉普拉斯金字塔作为可见光与长波红外图像融合的核心算法。双波段红外图像的融合是国际国内研究的热点，而且英国以 II 类通用组件为基础已研制出具有图像融合处理功能的双波段热像仪。塔式算法首先被选为双波段红外图像融合算法。通过对结果的分析，对比度塔式算法优于拉普拉斯塔式算法，这是因为后者是基于亮度的选取规则的融合，前者是基于对比度选取规则的融合，这种规则较适合于人的视觉系统。

1.4 基于深度学习的智能感知技术

1.4.1 人工智能的发展历程

2016 年可以说是人工智能大爆发的一年，年初谷歌的 AlphaGo 战胜世界围棋冠军李世石的事件，引起了全人类对于人工智能的兴趣。一时间，人们茶余饭后的话题都围绕着人工智能这一领域展开。

其实，人工智能早在 20 世纪中叶就已经诞生，与所有高科技一样，探索的过程都经历反复挫折与挣扎，以及繁荣与低谷。

1950 年，一位名叫马文 · 明斯基 (后被人称为“人工智能之父”) 的大四学生与他的同学邓恩 · 埃德蒙一起，建造了世界上第一台神经网络计算机。这也被看作是人工智能的一个起点。巧合的是，同样是在 1950 年，被称为“计算机之父”的阿兰 · 图灵提出了一个举世瞩目的想法 —— 图灵测试。按照图灵的设想：如果一台机器能够与人类开展对话而不能被辨别出机器身份，那么这台机器就具有智能。而就在这一年，图灵还大胆预言了真正具备智能机器的可行性。

1956 年，在由达特茅斯学院举办的一次会议上，计算机专家约翰 · 麦卡锡提出了“人工智能”一词。后来，这被人们看作是人工智能正式诞生的标志。就在这次会议后不久，麦卡锡从达特茅斯来到了麻省理工学院 (MIT)。同年，明斯基也来到了这里，之后两人共同创建了世界上第一座人工智能实验室 ——MIT AI LAB 实验室。尽管后来两人在某些观点上产生分歧，导致他们的合作并没有继续，但这都是后话了。

(1) 人工智能的第一次高峰。在 1956 年的这次会议之后，人工智能迎来了属于它的第一次高峰。在这段长达十余年的时间里，计算机被广泛应用于数学和自然语言领域，用来解决代数、几何和英语问题。这让很多研究学者看到了机器向人工智能发展的信心。甚至在当时，有很多学者认为：“二十年内，机器将能完成人能做到的一切。”

在研究人工智能的初期，受到显著成果和乐观精神驱使的很多美国大学，如麻省理工学院、卡耐基梅隆大学、斯坦福大学和爱丁堡大学，都很快建立了人工智能项目及实验室，同时他们获得来自 APRA(美国国防高级研究计划署) 等政府机构提供的大批研发资金。

(2) 人工智能的第一次低谷。时间来到了 20 世纪 70 年代，人工智能进入了一段痛苦而艰难的岁月。由于科研人员在人工智能的研究中对项目难度预估不足，不仅导致与美国国防高级研究计划署的合作计划失败，还让人工智能的前景蒙上了一层阴影。与此同时，社会舆论的压力也开始慢慢压向人工智能这边，导致很多研究经费被转移到了其他项目上。

在当时，人工智能面临的技术瓶颈主要是三个方面：第一，计算机性能不足，导致早期很多程序无法在人工智能领域得到应用；第二，问题的复杂性，早期人工智能程序主要是解决特定的问题，因为特定的问题对象少，复杂性低，可一旦问题维度上升，程序立马就不堪重负了；第三，数据量严重缺失，在当时不可能找到足够大的数据库来支撑程序进行深度学习，这很容易导致机器无法读取足够量的数据进行智能化。因此，人工智能项目停滞不前，但却让一些人有机可乘，1973 年，Lighthill 针对英国 AI 研究状况发表了一篇报告，批评了 AI 在实现“宏伟目标”上的失败。由此，人工智能遭遇了长达 6 年的科研深渊。

(3) 人工智能的崛起。1980 年，卡耐基梅隆大学为数字设备公司设计了一套名为 XCON 的“专家系统”。这是一种采用人工智能程序的系统，可以简单理解为“知识库＋推理机”的组合。XCON 是一套具有完整专业知识和经验的计算机智能系统。有了这种商业模式后，衍生出了像 Symbolics、Lisp Machines 等和 IntelliCorp、Aion 等这样的硬件或软件公司。在这个时期，仅专家系统产业的价值就高达 5 亿美元。

(4) 人工智能的今天。回顾人工智能近 70 年的发展历程，在这段漫长的时间里，科研技术人员不断突破阻碍，所以今天人工智能取得辉煌成果。例如，在 1997 年，IBM 的深蓝战胜国际象棋世界冠军卡斯帕罗夫；2009 年，瑞士联邦理工学院发起蓝脑计划，成功模拟了部分鼠脑；2016 年，谷歌的 AlphaGo 在围棋比赛中战胜韩国李世石。

1.4.2 基于大数据的深度学习方法

1. *大数据 + 深度神经网络*

最近十年，大数据驱动的深度学习技术获得了突破，人工智能领域取得了显著的技术进步，目前人工智能所处的环境较十年前已经发生了巨变，深度学习技术得到了迅速的发展、计算机性能呈指数级增长、训练机器学习的大型数据集数量增加、商业投资趋势迅猛。这使得人工智能技术已经有能力给各领域带来颠覆性变化。例如由于深度学习技术的引入与发展，在图像识别领域，人工智能仅仅用了 3 年时间 (2012-2015 年) 就在图像识别正确率上超过了人类。

人工智能是让机器去认知和认识世界。这个过程毋庸置疑需要一定的算法放在计算机上来实现。最初的人工智能还是研究人员通过模仿人类来制定特定的认知和推理过程，21 世纪出现了大数据，数据量大，结构复杂，种类繁多，人类定义的过程就不好使了。于是人们希望机器自己能够从数据中学习，下面介绍基于深度神经网络的人工智能。

深度神经网络 (deep neural networks, DNN) 是指在计算机上搭建一个很多层的神经网络，只需要制定有多少层，并不需要给定具体的参数，计算机通过计算大数据来自动学习最终的网络参数，不一样的网络参数能够识别不同的物体。然后这个训练好的网络就可以自动识别物体了。深度神经网络的出现得益于大数据，因为数据量够大，计算机够强大，机器本身才能学习到各种复杂的特征。

首先简要介绍神经网络。神经网络是在 20 世纪 60 年代被提出的，最初的神经网络非常简单，包括输入层、隐含层和输出层，共三层。输入和输出层通常由应用决定，隐含层包含神经元，隐含层跟输入和输出层之间的链接可供训练。通过训练神经网络实现从输入到输出的一个非线性映射过程。

浅层学习是机器学习的第一次浪潮，在 20 世纪已经发生。深度学习是机器学习的第二次浪潮，正在兴起。2006 年，加拿大多伦多大学教授、机器学习领域的泰斗 Geoffrey Hinton 和他的学生在《科学》上发表了一篇文章，开启了深度学习在学术界和工业界的浪潮。深度神经网络一般指包括 3 层以上隐含层的神经网络 (现在主流的模型包含 9 个隐含层)，通常每层都有上千上万级的神经元，整个网络有百万级至百亿级的参数空间，具有非常强大的学习能力和特征提取能力。

深度神经网络学习是近些年机器学习研究中的一个领军方向，其本质在于建立、模拟人脑进行分析学习的神经网络，它模仿人脑的机制来解释数据，如图像、声音和文本，最终认知真实世界。

深度神经网络为什么这么强大？从算法角度上讲，没有任何人能够定义出一个由 8 层非线性函数组成、有万亿级参数、可以表达的公式或者算法，一是算法本身过于复杂，根本无法用通常的数学表达式去描述；二是人类根据自己的理解去定义物体的特征时，总是局限于有限的特征和有限的表达力，一旦数据量变得非常大，场景变得复杂，人类定义的特征将不再可行。

那么深度神经网络是如何做到的呢？这个是技术关键点。深度神经网络是一个逐层提取特征的过程，并且是计算机从数据中自动提取，不需要人类干预其提取过程。

深度神经网络其本质思想就是堆叠多个神经元层，每个层都提取一定的特征和信息，这一层的输出作为下一层的输入。通过这种方式，就可以实现对输入信息进行分级表达，并以发现数据的分布式特征来表示。以图像识别为例，第一层提取边界信息；第二层提取边界轮廓信息，然后轮廓可以组合成子部分，子部分组合成物体，这样逐层提取特征，通过组合低层特征形成更加抽象的高层表示属性类别或特征，通过特征或者属性的不同组合来判定图片中是哪个种类的物体。

那么深度神经网络在计算机上是如何训练呢？这是个非常有意思的环节，神经网络是通过数据训练出来的，一开始那些万亿级的参数都是随机初始化的，这个网络不具有识别功能。通过不停地给予数据，一遍一遍来训练，就能达到最终的识别模型，能够识别语音或者图像中的物体。可见，数据是训练的关键，数据量要大，模型才能好，但是数据量大了，训练时间又很长。

训练过程分为两种，一种是有监督的训练，如数据加了标签，计算机就知道正确答案；另一种是无监督训练，只有数据，没有标签，不知道正确答案。无监督训练对大数据很有实用价值，因为海量的实时数据不可能都加上精准的标签。如果不加标签机器就可以识别，那我们周围的世界机器就可以理解和认知了，就达到了人工智能的目的。目前，无监督学习还是一个待研究的问题，尚未得到解决。毋庸置疑，“大数据 + 深度神经网络”的模式带领着人工智能的最新潮流和方向，被广泛应用于各种应用和问题上。

2. 主流算法和应用分析

深度神经网络出现之后，被广泛研究并应用于多种领域且取得了突破性进展。如深度神经网络应用于语音识别，将识别精度提升了 20%~30%，用于图像分类和识别，误差降低了 10%，另外还用于 OCR 识别、信息检索、手写字识别、金融等方面。

需要理解的是，DNN 模型虽然都是多层神经网络，但是根据应用不同，其网络结构不一样，最常用的有三种模型：MLP(multi-layer perceptron, 多层感知机)、Autoencoder(自适应编码器) 和 CNN(convolutional neural networks, 卷积神经网络)。通常的网络复杂度是语音识别小于图像识别，大规模图像识别现在仍未重点研究，存在很多软件和硬件层挑战。

3. DNN 模型在其他领域的应用

DNN 用于数据中心的功耗模型，Google 已将深度神经网络用于服务器系统的功耗智能管理。AMD 研究院也有相关研究，尚未公开发表。DNN 用于计算机体系结构的设计空间探索，通常处理器的设计包含大量的设计参数，组成了庞大的设计空间，处理器设计的最终目的是获得性能最优的参数配置点。如果采用传统的搜索方法非常耗时，采用 DNN 的方法去自动学习参数变化带来的性能变化趋势，可以辅助设计人员选择设计参数，缩短设计周期，中科院计算技术研究所在体系结构研究方面在国际会议上已经发表了文章。

采用 DNN 可以识别医学图像中的病变，如癫痫病，能辅助医生进行临床诊断。另外 DNN 可以识别医生识别不准确的和医生没有注意到的异样点，辅助全面诊断，这样可以降低误诊的风险。

采用 DNN 识别卫星图像中的珍稀物种，如 2016 年一篇学术文章中通过高清卫星图像在自然环境下来探测珍稀鸟类的巢居，以便于定位和统计该鸟类的数量。这个问题的价值在于卫星图像实时探测，这是因为人眼是无法逐个去识别和观测海量图片的。

第 2 章　摄像机标定

2.1　概　　述

在对运动目标进行跟踪时，为了描述目标在空间中的位置，往往只知道物体的二维信息是不够的，还需要知道物体在三维空间中的信息，需要对目标物体进行定量分析或精确定位的处理，这就涉及三维物体如何形成二维图像，以及如何从二维图像中估计三维信息的问题。要解决这个问题，不仅要了解成像的模型，还要确定这些参数的精确值，这个过程就叫摄像机标定。摄像机标定的目标就是估计摄像机的外部和内部参数，利用这些参数，根据几何理论通过在图像中识别场景点从而得到三维信息。

摄像机标定在机器自动装配系统 [17]、工业视觉检测与识别 [18]、三维重建 [19]、机器人视觉导航 [20]、运动分析 [21]、视觉跟踪 [22] 等诸多领域中得到了广泛的运用。机器视觉的研究目标是使机器能够模拟人类视觉功能，用图像来创建或恢复三维场景信息。基于视觉的感知也称为光学测量，是一种在视觉传感器如 CCD 摄像机的区域内基于某种类型模式或特征的相对位置变化的测量技术 [23]。摄像机是机器视觉获得三维原始信息的主要工具，要利用摄像机进行视觉感知获取目标的三维信息，就必须进行摄像机标定，以确定摄像机的参数。摄像机标定的目的就是为了确定摄像机的光学和几何参数即内部参数，以及摄像机相对外部参考坐标系的位置和方向，即外部参数，以建立图像像素位置与场景点位置之间的对应关系。在实际应用中，从二维图像中恢复三维世界坐标的精度要求越高，则对摄像机标定的精度也就提出了更高的要求 [24]。由于摄像机的成像并不是一个理想的透视模型，根据不同的使用场合及所要求达到的精度，需要建立不同复杂程度的摄像机模型。目前出现了许多研究摄像机标定的算法 [25−28]，大致可以分成三类。

1. *传统的三维标定方法*

摄像机标定模板是由两个或三个互相垂直的平面组成，这些平面组成具有很高的三维几何精度 [29]，但是这种方法需要昂贵的装备和精细的安装。

2. *二维平面法*

摄像机标定需要得到一个平面模板在不同方位的图像，而平面运动的信息并不重要。由于几乎任何人都能够自己制作这样一个标定设备，因此安装要比传统的方法容易得多，但是不能够得到可靠的摄像机参数 [26,27]。

3. 自标定法

摄像机标定不需要任何的模板，只需要在一个静态的场景中移动相机并得到对应的图像点，仅利用摄像机在运动过程中周围环境的图像与图像之间的对应关系对摄像机进行标定 [28]，其优点在于不依赖于标定装置而在线进行。尽管这种方法不需要任何标定物，但是有很多参数需要估计，因此导致了更为复杂的数学问题和结果的不稳定。

为了实现视觉跟踪中目标的准确跟踪与定位，建立一个准确的模型对于摄像机标定的精度和效率十分重要。另外标定的精度也取决于标定模板上图像测量的精度，因此提取特征点的精确图像坐标至关重要。本书运用具有方格特征的模板进行标定，提出一种灵活的摄像机内外参数标定的多层次处理方法。利用合理的安排标定模板，提出一种快速的方法得到摄像机的中心，然后运用考虑镜头畸变的摄像机模型来估计相机的内部和外部参数，该方法把相机内外部参数分开求解。而在内部参数标定过程中，又把各内部参数的标定分阶段进行。这种标定方法是建立在严格的几何约束关系之上的，并且克服了传统的整体参数标定方法中各未知参数的相关性影响，从而保证了标定参数的一致性和准确度。

2.2 摄像机模型

摄像机模型就是景物由三维空间成像到二维图像平面的物理过程的数学描述。由于精度的需要，人眼或摄像机的透视成像可以近似看作是一个针孔成像模型，这里将用考虑镜头畸变的针孔模型来描述图像在摄像机中形成的过程。

首先建立最简单形式的针孔摄像机结构模型以便描述透视变换。摄像机光路图如图 2.1 所示，设 $(x_{\mathrm{w}}, y_{\mathrm{w}}, z_{\mathrm{w}})$ 是目标点 P 在三维世界坐标系中的坐标，$(x_{\mathrm{c}}, y_{\mathrm{c}}, z_{\mathrm{c}})$ 是目标点 P 在三维摄像机坐标系中的坐标，经过成像后其对应的图像坐标是 (u, v)。摄像机坐标系的原点 o_{c} 位于光学中心，z_{c} 轴与镜头的光轴重合。图像平面对应于 CCD 阵列，平行于 x_{c}-y_{c} 平面，且与原点 o_{c} 的距离为 f，在像平面上定义一个图像坐标系 O-XY，其原点 O 为像平面的主点，即像平面与光轴的交点，X 轴和 Y 轴分别平行于 x_{c}，y_{c} 轴。一个三维空间点 $P = [x_{\mathrm{w}}, y_{\mathrm{w}}, z_{\mathrm{w}}, 1]^{\mathrm{T}}$ 的图像坐标 $p = [u, v, 1]^{\mathrm{T}}$ 可以认为是 P 点经过光学中心 o_{c} 点到 p 点的透视投影，可表示为如下所示的齐次坐标变换形式：

$$\lambda p = C\,[R\ T]\,P \tag{2.1}$$

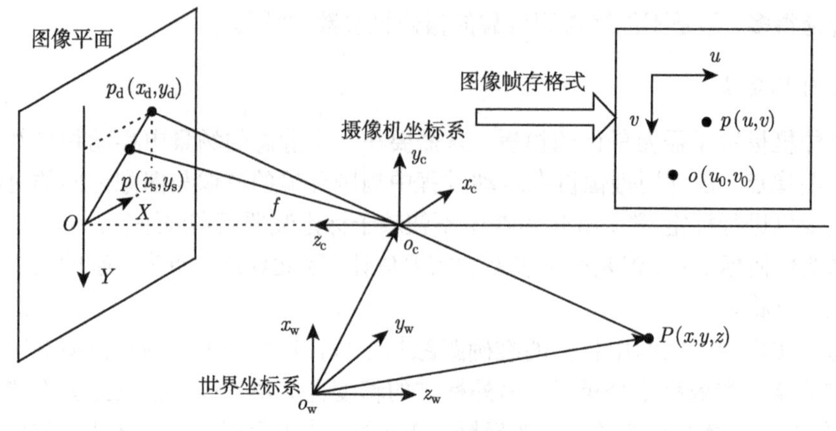

图 2.1　摄像机模型

式中，λ 是比例因子，$R = \begin{bmatrix} r_1 & r_2 & r_3 \\ r_4 & r_5 & r_6 \\ r_7 & r_8 & r_9 \end{bmatrix}$ 是一个 3×3 的正交旋转矩阵，满足 $R^{\mathrm{T}}R = I = \begin{bmatrix} 1 & 0 & 0 \\ 0 & 1 & 0 \\ 0 & 0 & 1 \end{bmatrix}$, $T = [t_x\ t_y\ t_z]^{\mathrm{T}}$ 是 3×1 平移矩阵，分别表示了在世界坐标系和摄像机坐标系之间的相对旋转和平移。C 是摄像机的内部参数矩阵，可以表示为

$$C = \begin{bmatrix} N_x f & 0 & u_0 \\ 0 & N_y f & v_0 \\ 0 & 0 & 1 \end{bmatrix} = \begin{bmatrix} \alpha & 0 & u_0 \\ 0 & \beta & v_0 \\ 0 & 0 & 1 \end{bmatrix} \tag{2.2}$$

式中，N_x 和 N_y 分别是图像平面单位距离上的像素点数，(u_0, v_0) 是主点 o_{c} 所对应的图像中心像素位置。

在计算机视觉系统中，摄像机所获取的图像质量直接影响着图像分析和处理的效果，影响图像质量的因素主要有两个方面：一方面是图像的清晰程度，即图像的灰度或色彩的影响；另一方面是图像中存在着非线性畸变。图像的清晰程度主要受到聚焦的影响，可以主观地进行调整，而相对来说，图像的非线性畸变却是视觉系统客观存在的影响图像质量的主要因素。

因为 CCD 阵列可能未对中，所以主点 O 不必与像平面的几何中心重合，针孔模型只是摄像机真实投影成像的近似。在针孔模型下，摄像机所获取的图像与理想模型成像之间在位置上存在着偏差，这种偏差称为图像的非线性畸变。图像中的非线性畸变会对三维信息的恢复产生很大的影响，因此在进行摄像机标定时就应该考虑这些因素。从摄像机的成像原理和光学系统来分析，产生图像非线性畸变的主要因素有 CCD 的制造误差、透镜折射形成的误差、透镜组合误差、电路制造工艺误差、光电转换误差、电噪声引起的随机误差等。

图像的非线性畸变表现为图像的实际像点位置坐标与理论像点的位置坐标有偏差，这种偏差可以分解为沿透镜径向的畸变误差、沿切向的畸变误差和偏心畸变，如图 2.2 所示。偏心畸变可以通过计算实际的图像中心和理想光心位置的偏差来克服。在工业机器视觉应用中，和切向畸变相比，径向畸变是影响工业机器视觉精度的主要因素，因此，我们只需考虑径向透镜畸变，并用二阶多项式近似表示为

$$\begin{cases} x_{\mathrm{s}} = x_{\mathrm{d}}(1 + kr_{\mathrm{s}}^2) \\ y_{\mathrm{s}} = y_{\mathrm{d}}(1 + kr_{\mathrm{s}}^2) \end{cases} \tag{2.3}$$

如果摄像机无镜头畸变，目标点 P 在像平面上对应的理想图像坐标为 $(x_{\mathrm{d}}, y_{\mathrm{d}})$，但由于镜头畸变，实际像点为 $(x_{\mathrm{s}}, y_{\mathrm{s}})$，其中 $r_{\mathrm{s}}^2 = x_{\mathrm{s}}^2 + y_{\mathrm{s}}^2$，$k$ 是透镜畸变系数。

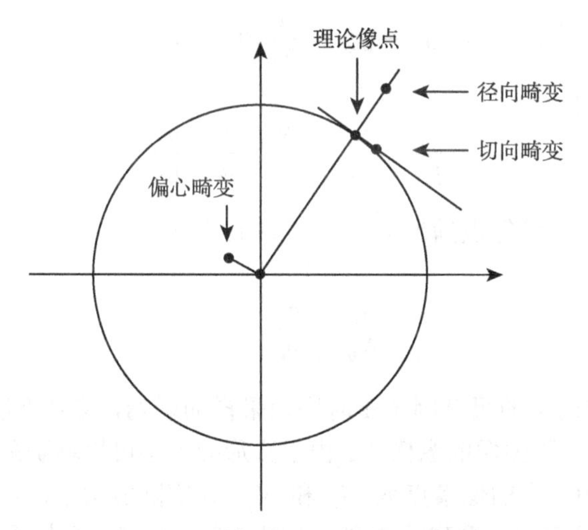

图 2.2　图像的非线性畸变示意图

2.3 标定算法

为了有效地解决摄像机标定问题，对于三维空间的点通过摄像机成像后投影到二维图像平面上，首先必须知道相机的中心，因为它的精度影响了摄像机模型的精度。Wilson 等提出了 15 种测量相机中心的技术 [29]，但是它们几乎都需要昂贵的设备和精确的安装，而且结果也不可靠。因此可以先应用二维平面法以获得一些内部参数，然后利用三维标定物来获取其他的标定参数。

2.3.1　预标定图像的尺度因子

因为数字图像在计算机存储中的坐标单位是由像素表示的，而图像平面坐标系中的单位为长度单位 mm，所以要将这两种坐标系中的坐标相互转换，必须确定水平方向和竖直方向上像素点间的距离。由图像的非线性畸变可以看出，像素坐标越接近光心，非线性畸变越小，光心处的非线性畸变为零，可以近似地认为图像光心部分是线性映射关系，因此可以利用光心附近的点阵求得摄像机在水平和竖直方向上的像素点间距。对于 CCD 摄像机而言，Y 方向相邻两行感光电荷的距离是由硬件制造厂家给出的，因此其 Y 向的尺度因子为一定值，即

$$N_y = \frac{\text{CCD 的 } Y \text{ 方向上的每列像素数}}{\text{CCD 的 } Y \text{ 方向尺寸}} \tag{2.4}$$

由于 $x_{\mathrm{s}i} - x_{\mathrm{s}j} = \dfrac{1}{N_x}[(u_i - u_0) - (u_j - u_0)]$，即 $x_{\mathrm{s}i} - x_{\mathrm{s}j} = \dfrac{1}{N_x}(u_i - u_j)$，同理有

$$y_{\mathrm{s}i} - y_{\mathrm{s}j} = \frac{1}{N_y}(v_i - v_j) \tag{2.5}$$

上面两式相除得到

$$\frac{x_{\mathrm{s}i} - x_{\mathrm{s}j}}{y_{\mathrm{s}i} - y_{\mathrm{s}j}} = \frac{N_y}{N_x} \cdot \frac{u_i - u_j}{v_i - v_j} \tag{2.6}$$

如果在平面上的实际特征点满足 $\dfrac{x_{\mathrm{s}i} - x_{\mathrm{s}j}}{y_{\mathrm{s}i} - y_{\mathrm{s}j}} = 1$，则有

$$\frac{N_x}{N_y} = \frac{u_i - u_j}{v_i - v_j} \tag{2.7}$$

由于在 X 方向上的尺度因子受时序及采样的影响，将是不确定的，可设 N_y 为 1，而 N_x 就代表了图像的纵横比。由于圆形的大小可以精确测量，因此可以得到图像平面单位距离上的像素点数 N_x 和 N_y。在实际应用中，可以用光轴垂直于一平面来拍摄该平面的一系列同心圆，则圆形两个相交且互相垂直的直径像素数的长与宽之比就是 N_x，求出 N_x 的均值，这样可消除随机误差。

2.3.2　确定相机中心

不失一般性，假设标定物平面是在世界坐标系中 $Z = 0$ 的平面上，并且定义旋转矩阵 R 的第 i 列为 r_i，因此有

$$\lambda \, [u \ v \ 1]^{\mathrm{T}} = C \, [r_1 \ r_2 \ t] \, [x_{\mathrm{w}} \ y_{\mathrm{w}} \ 1]^{\mathrm{T}} \tag{2.8}$$

上式也可以表示为

$$\lambda p = HP \tag{2.9}$$

式中，$H = C\,[r_1\ r_2\ t]$，如果 $H = [h_1\ h_2\ h_3]$，那么有

$$[h_1\ h_2\ h_3] = C\,[r_1\ r_2\ t] \tag{2.10}$$

由于 r_1 和 r_2 是正交的，利用缩写 $C^{-\mathrm{T}}$ 来表示 $(C^{-1})^{\mathrm{T}}$ 或者 $(C^{\mathrm{T}})^{-1}$，于是有

$$\begin{cases} h_1^{\mathrm{T}} C^{-\mathrm{T}} C^{-1} h_2 = 0 \\ h_1^{\mathrm{T}} C^{-\mathrm{T}} C^{-1} h_1 = h_2^{\mathrm{T}} C^{-\mathrm{T}} C^{-1} h_2 \end{cases} \tag{2.11}$$

如果 $W = C^{-\mathrm{T}} C^{-1}$，那么 $W^{\mathrm{T}} = W$，因此 W 可以表示为

$$W = \begin{bmatrix} \dfrac{1}{\alpha^2} & 0 & -\dfrac{u_0}{\alpha^2} \\ 0 & \dfrac{1}{\beta^2} & -\dfrac{v_0}{\beta^2} \\ -\dfrac{u_0}{\alpha^2} & -\dfrac{v_0}{\beta^2} & \dfrac{u_0^2}{\alpha^2} + \dfrac{v_0^2}{\beta^2} + 1 \end{bmatrix} \tag{2.12}$$

由于 W 是对称的，可以定义一个六维向量：

$$w = [W_{11},\ W_{12},\ W_{22},\ W_{13},\ W_{23},\ W_{33}]^{\mathrm{T}} \tag{2.13}$$

若把 H 的第 i 列向量表示为 $h_i = [h_{i1}, h_{i2}, h_{i3}]^{\mathrm{T}}$，得到

$$h_i^{\mathrm{T}} W h_j = m_{ij}^{\mathrm{T}} w \tag{2.14}$$

式中：

$$m_{ij} = [h_{i1}h_{j1},\ h_{i1}h_{j2} + h_{i2}h_{j1},\ h_{i2}h_{j2},\ h_{i3}h_{j1} + h_{i1}h_{j3},\ h_{i3}h_{j2} + h_{i2}h_{j3},\ h_{i3}h_{j3}]^{\mathrm{T}} \tag{2.15}$$

则式 (2.11) 中的两个约束可以通过两个相似等式重新表示为

$$\begin{bmatrix} m_{12}^{\mathrm{T}} \\ (m_{11} - m_{12})^{\mathrm{T}} \end{bmatrix} w = 0 \tag{2.16}$$

如果从 n 个不同角度获取图像平面，并且把这些方程叠加在一起，那么有 $Mw = 0$，其中 M 是 $2n \times 6$ 的矩阵。当 $n \geqslant 3$ 时，能够得到一个唯一的解 w，它是矩阵 $M^{\mathrm{T}}M$ 的最小特征值所对应的特征向量。因此可以得到摄像机内部参数 $\alpha = \sqrt{1/W_{11}}$，$\beta = \sqrt{1/W_{22}}$，$u_0 = -W_{13}\alpha^2$，$v_0 = -W_{23}\beta^2$，也能够得到比例因子 $s = N_x/N_y = \alpha/\beta$。

2.3.3 标定其他摄像机参数

我们在一个具有若干共面特征点的三维模板中提取出一些特征点，利用图像处理方法检测图像中的每一个标定点在图像矩阵中的值 (u_i, v_i)，$i = 1, \cdots, N$，其对应的世界坐标为 $(x_{\mathrm{w}i}, y_{\mathrm{w}i}, z_{\mathrm{w}i})$，则每一个标定点所对应的实际像点坐标为

$$\begin{cases} x_{\mathrm{s}i} = (u_i - u_0)/N_x \\ y_{\mathrm{s}i} = (v_i - v_0)/N_y \end{cases} \tag{2.17}$$

由于当镜头畸变很小或者径向畸变占优的时候，只需要考虑径向透镜畸变，因此有

$$\frac{u - u_0}{v - v_0} = \frac{N_x}{N_y} \cdot \frac{r_1 x_{\mathrm{w}} + r_2 y_{\mathrm{w}} + r_3 z_{\mathrm{w}} + t_x}{r_4 x_{\mathrm{w}} + r_5 y_{\mathrm{w}} + r_6 z_{\mathrm{w}} + t_y} \tag{2.18}$$

不失一般性，可选取世界坐标系使得 $z_{\mathrm{w}} = 0$。如果所选取标定点的数目大于 5，那么我们就可以得到如下一个超定的方程组：

$$[x_{\mathrm{w}} y_{\mathrm{s}} \quad y_{\mathrm{w}} y_{\mathrm{s}} \quad y_{\mathrm{s}} \quad -x_{\mathrm{w}} x_{\mathrm{s}} \quad -y_{\mathrm{w}} x_{\mathrm{s}}] \begin{bmatrix} r_1/t_y \\ r_2/t_y \\ t_x/t_y \\ r_4/t_y \\ r_5/t_y \end{bmatrix} = x_{\mathrm{s}} \tag{2.19}$$

由最小二乘法可以解出以下变量：

$$\rho_x = t_x/t_y, \quad \rho_i = r_i/t_y, \quad i = 1, 2, 4, 5 \tag{2.20}$$

通过下式可以得到 t_y：

$$t_y^2 = \frac{\eta - [\eta^2 - 4(\rho_1\rho_5 - \rho_4\rho_2)^2]^{1/2}}{2(\rho_1\rho_5 - \rho_4\rho_2)^2} \tag{2.21}$$

式中，$\eta = \rho_1^2 + \rho_2^2 + \rho_4^2 + \rho_5^2$。

对于世界坐标系的任意一个特征点 $(x_{\mathrm{w}i}, y_{\mathrm{w}i}, z_{\mathrm{w}i})$，可以计算出其在摄像机坐标系中的坐标为

$$\begin{cases} x_{\mathrm{c}i} = r_1 x_{\mathrm{w}i} + r_2 y_{\mathrm{w}i} + r_3 z_{\mathrm{w}i} + t_x \\ y_{\mathrm{c}i} = r_4 x_{\mathrm{w}i} + r_5 y_{\mathrm{w}i} + r_6 z_{\mathrm{w}i} + t_y \end{cases} \tag{2.22}$$

由成像几何关系可知，$x_{\mathrm{c}i}$ 与 $x_{\mathrm{s}i}$ 应该具有相同的符号，$y_{\mathrm{c}i}$ 与 $y_{\mathrm{s}i}$ 也应具有相同的符号。若 $x_{\mathrm{c}i}$ 与 $x_{\mathrm{s}i}$ 同号，$y_{\mathrm{c}i}$ 与 $y_{\mathrm{s}i}$ 同号，则 t_y 符号为正，否则 t_y 符号为负。

这样，知道 t_y 的值，就可以求得 r_1, r_2, r_4, r_5，利用下面两个公式可计算 R:

$$R = \begin{bmatrix} r_1 & r_2 & \sqrt{1-r_1^2-r_2^2} \\ r_4 & r_5 & s\sqrt{1-r_4^2-r_5^2} \\ \begin{matrix} sr_2\sqrt{1-r_4^2-r_5^2}- \\ r_5\sqrt{1-r_1^2-r_2^2} \end{matrix} & \begin{matrix} r_4\sqrt{1-r_1^2-r_2^2}- \\ sr_1\sqrt{1-r_4^2-r_5^2} \end{matrix} & r_1r_5 - r_2r_4 \end{bmatrix} \tag{2.23}$$

另一个解为

$$R = \begin{bmatrix} r_1 & r_2 & -\sqrt{1-r_1^2-r_2^2} \\ r_4 & r_5 & -s\sqrt{1-r_4^2-r_5^2} \\ \begin{matrix} sr_2\sqrt{1-r_4^2-r_5^2}- \\ r_5\sqrt{1-r_1^2-r_2^2} \end{matrix} & \begin{matrix} r_4\sqrt{1-r_1^2-r_2^2}- \\ sr_1\sqrt{1-r_4^2-r_5^2} \end{matrix} & r_1r_5 - r_2r_4 \end{bmatrix} \tag{2.24}$$

式中，符号函数 $s = -\mathrm{sgn}(r_1r_4 + r_2r_5)$。其中旋转矩阵 R 的选取可由试探法确定，即先任选一个，向下计算，若据此 R 值计算出的 $f < 0$，则应选取另一个 R 的解；否则选取正确。

对于每一个标定点，可以得到

$$\begin{cases} f \cdot x_\mathrm{c} \cdot (1 + kr_\mathrm{s}^2) = x_\mathrm{s} \cdot z_\mathrm{c} \\ f \cdot y_\mathrm{c} \cdot (1 + kr_\mathrm{s}^2) = y_\mathrm{s} \cdot z_\mathrm{c} \end{cases} \tag{2.25}$$

式中，$r_\mathrm{s}^2 = x_\mathrm{s}^2 + y_\mathrm{s}^2$，$k$ 是透镜畸变系数。

不失一般性，令 $z_\mathrm{w} = 0$，设

$$\begin{cases} E_x = r_1x_\mathrm{w} + r_2y_\mathrm{w} + t_x \\ E_y = r_4x_\mathrm{w} + r_5y_\mathrm{w} + t_y \\ E_z = r_7x_\mathrm{w} + r_8y_\mathrm{w} + t_z \end{cases} \tag{2.26}$$

又令 $m = f \cdot k$，$G = r_7x_\mathrm{w} + r_8y_\mathrm{w}$，亦即 $x_\mathrm{c} = E_x$，$y_\mathrm{c} = E_y$，$z_\mathrm{c} = E_z$,$G = E_z - t_z$，则有

$$\begin{cases} E_x \cdot f + E_x \cdot r_\mathrm{s}^2 \cdot m - x_\mathrm{s} \cdot t_z = x_\mathrm{s} \cdot G \\ E_y \cdot f + E_y \cdot r_\mathrm{s}^2 \cdot m - y_\mathrm{s} \cdot t_z = y_\mathrm{s} \cdot G \end{cases} \tag{2.27}$$

写成矩阵形式为

$$\begin{bmatrix} E_x & E_x \cdot r_\mathrm{s}^2 & -x_\mathrm{s} \\ E_y & E_y \cdot r_\mathrm{s}^2 & -y_\mathrm{s} \end{bmatrix} \begin{bmatrix} f \\ m \\ t_z \end{bmatrix} = \begin{bmatrix} x_\mathrm{s} \cdot G \\ y_\mathrm{s} \cdot G \end{bmatrix} \tag{2.28}$$

对于 N 个特征点，已知 (u, v) 及其对应的 $(x_\mathrm{w}, y_\mathrm{w}, z_\mathrm{w})$ 坐标，由于 $u = N_x x_\mathrm{s} + u_0$，$v = N_y y_\mathrm{s} + v_0$，可以算出 $(x_\mathrm{s}, y_\mathrm{s})$。利用最小二乘法对以上方程组进行联合求

解，可以得到 f, m, t_z 的最优参数估计值，从而得到 f, k, t_z 的值。采用上述的方程进行求解，可以保证较高的精度。

2.4 实验结果

本书视觉系统中的摄像头采用的是德国 Basler 公司的 A311fc 型彩色 CCD 相机，CCD 尺寸为 0.5 英寸 (1 英寸 =2.54cm)，其分辨率是 640×480。进行标定实验后得到的摄像机内外参数如表 2.1 所示。

表 2.1 标定后的摄像机参数

旋转矩阵 R	r_1	0.999111	转换 T	t_x	−107.632
	r_2	−0.000298		t_y	71.344
	r_3	−0.042161		t_z	241.002
	r_4	−0.004773	内部参数	N_x	98.918
	r_5	−0.994346		N_y	99.174
	r_6	−0.106082		u_0	310.318
	r_7	−0.041891		v_0	240.543
	r_8	0.106189		f	7.900891
	r_9	−0.993463		k	−0.015915

2.4.1 图像的校正效果实验

为了验证标定参数的正确性，我们可以对畸变图像进行校正，通过几何变换来校正失真图像中的各个像素位置以重新得到像素间原来的空间关系，从而产生精确的不失真图像。在进行基于图像分析的运动检测、模式匹配以及对图像特征值高精度测量等定量分析时，都需要进行图像的校正，从而能够粗略地看出标定参数的准确度。

由于从理想图像坐标系到实际图像坐标系的转换可以用奇次坐标系表示为

$$\begin{bmatrix} x_\mathrm{s} \\ y_\mathrm{s} \\ 1 \end{bmatrix} = \begin{bmatrix} 1+kr_\mathrm{s}^2 & 0 & 0 \\ 0 & 1+kr_\mathrm{s}^2 & 0 \\ 0 & 0 & 1 \end{bmatrix} \begin{bmatrix} x_\mathrm{d} \\ y_\mathrm{d} \\ 1 \end{bmatrix} \tag{2.29}$$

从实际图像坐标系到实际计算机帧存坐标系的变换也可以用奇次坐标系表示为

$$\begin{bmatrix} u_\mathrm{s} \\ v_\mathrm{s} \\ 1 \end{bmatrix} = \begin{bmatrix} N_x & 0 & u_0 \\ 0 & N_y & v_0 \\ 0 & 0 & 1 \end{bmatrix} \begin{bmatrix} x_\mathrm{s} \\ y_\mathrm{s} \\ 1 \end{bmatrix} \tag{2.30}$$

式中，$(u_\mathrm{s}, v_\mathrm{s})$ 为实际的计算机帧存坐标。则从理想图像坐标系到实际的计算机帧存坐标系的转换可以用奇次坐标系表示为

$$\begin{bmatrix} u_\mathrm{s} \\ v_\mathrm{s} \\ 1 \end{bmatrix} = \begin{bmatrix} N_x & 0 & u_0 \\ 0 & N_y & v_0 \\ 0 & 0 & 1 \end{bmatrix} \begin{bmatrix} 1+kr_\mathrm{s}^2 & 0 & 0 \\ 0 & 1+kr_\mathrm{s}^2 & 0 \\ 0 & 0 & 1 \end{bmatrix} \begin{bmatrix} x_\mathrm{d} \\ y_\mathrm{d} \\ 1 \end{bmatrix} \tag{2.31}$$

另外，从理想图像坐标系到理想的计算机帧存坐标系的变换也可以用奇次坐标系表示为

$$\begin{bmatrix} u_\mathrm{d} \\ v_\mathrm{d} \\ 1 \end{bmatrix} = \begin{bmatrix} N_x & 0 & u_0 \\ 0 & N_y & v_0 \\ 0 & 0 & 1 \end{bmatrix} \begin{bmatrix} x_\mathrm{d} \\ y_\mathrm{d} \\ 1 \end{bmatrix} \tag{2.32}$$

式中，$(u_\mathrm{d}, v_\mathrm{d})$ 为理想的计算机帧存坐标。

综上所述，从实际的计算机帧存坐标系到理想的计算机帧存坐标系的变换可以用如下奇次坐标系表示为

$$\begin{bmatrix} u_\mathrm{d} \\ v_\mathrm{d} \\ 1 \end{bmatrix} = \begin{bmatrix} N_x & 0 & u_0 \\ 0 & N_y & v_0 \\ 0 & 0 & 1 \end{bmatrix} \left[\begin{bmatrix} N_x & 0 & u_0 \\ 0 & N_y & v_0 \\ 0 & 0 & 1 \end{bmatrix} \begin{bmatrix} 1+kr_\mathrm{s}^2 & 0 & 0 \\ 0 & 1+kr_\mathrm{s}^2 & 0 \\ 0 & 0 & 1 \end{bmatrix} \right]^{-1} \begin{bmatrix} u_\mathrm{s} \\ v_\mathrm{s} \\ 1 \end{bmatrix} \tag{2.33}$$

对图像中的每一个像素利用式 (2.33) 进行校正，便能够得到理想的图像，实验结果如图 2.3 所示。其中图 2.3(a) 是存在着畸变的标定模板图像，图 2.3(b) 是利用标定参数经过校正后的图像，由此可见，畸变图像和理想图像存在很大的差异。

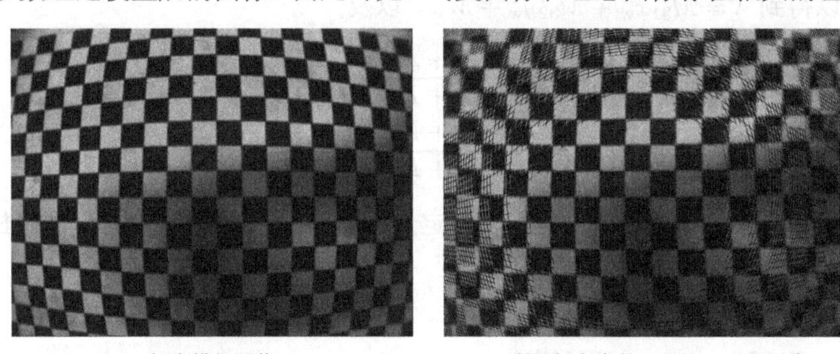

(a) 标定模板图像　　(b) 利用标定参数经过校正后的图像

图 2.3　利用标定参数进行的图像校正实验

2.4.2　标定参数的精度验算

为了验证本标定算法的精度，由于在标定算法中标定物平面是在世界坐标系中 $Z=0$ 的平面上，因此我们利用摄像机标定参数对标定模板上的点进行位置计

算后，再将其和实际位置比较来进行检验。

由于二维图像中的任何一个点都对应于三维空间中的一个点，可以用如下投影方程表示：

$$\lambda p = MP \tag{2.34}$$

式中，$p=[u,v,1]^{\mathrm{T}}$，$P=[x_{\mathrm{w}},y_{\mathrm{w}},z_{\mathrm{w}},1]^{\mathrm{T}}$，$M$ 为投影矩阵：

$$M=\begin{bmatrix} N_x & 0 & u_0 \\ 0 & N_y & v_0 \\ 0 & 0 & 1 \end{bmatrix}\begin{bmatrix} 1+kr_{\mathrm{s}}^2 & 0 & 0 \\ 0 & 1+kr_{\mathrm{s}}^2 & 0 \\ 0 & 0 & 1 \end{bmatrix}\begin{bmatrix} f & 0 & 0 \\ 0 & f & 0 \\ 0 & 0 & 1 \end{bmatrix}[R\ T] \tag{2.35}$$

因此投影方程可以重新表示为

$$\lambda\begin{bmatrix} u \\ v \\ 1 \end{bmatrix}=\begin{bmatrix} M_{11} & M_{12} & M_{13} & M_{14} \\ M_{21} & M_{22} & M_{23} & M_{24} \\ M_{31} & M_{32} & M_{33} & M_{34} \end{bmatrix}\begin{bmatrix} x_{\mathrm{w}} \\ y_{\mathrm{w}} \\ z_{\mathrm{w}} \\ 1 \end{bmatrix} \tag{2.36}$$

因为 $z_{\mathrm{w}}=0$，所以式 (2.36) 可以简化为

$$\lambda\begin{bmatrix} u \\ v \\ 1 \end{bmatrix}=\begin{bmatrix} M_{11} & M_{12} & M_{14} \\ M_{21} & M_{22} & M_{24} \\ M_{31} & M_{32} & M_{34} \end{bmatrix}\begin{bmatrix} x_{\mathrm{w}} \\ y_{\mathrm{w}} \\ 1 \end{bmatrix} \tag{2.37}$$

因此可以得到 $\lambda=M_{31}x_{\mathrm{w}}+M_{32}y_{\mathrm{w}}+M_{34}$，以及

$$\begin{cases} u=\dfrac{M_{11}x_{\mathrm{w}}+M_{12}y_{\mathrm{w}}+M_{14}}{M_{31}x_{\mathrm{w}}+M_{32}y_{\mathrm{w}}+M_{34}} \\ v=\dfrac{M_{21}x_{\mathrm{w}}+M_{22}y_{\mathrm{w}}+M_{24}}{M_{31}x_{\mathrm{w}}+M_{32}y_{\mathrm{w}}+M_{34}} \end{cases} \tag{2.38}$$

式 (2.38) 表示了标定模板上的每一个标定点所对应的图像坐标和实际的三维世界坐标的关系。

式 (2.38) 可以转化为

$$\begin{cases} (uM_{31}-M_{11})\,x_{\mathrm{w}}+(uM_{32}-M_{12})\,y_{\mathrm{w}}=M_{14}-uM_{34} \\ (vM_{31}-M_{21})\,x_{\mathrm{w}}+(vM_{32}-M_{22})\,y_{\mathrm{w}}=M_{24}-vM_{34} \end{cases} \tag{2.39}$$

用矩阵形式表示为

$$\begin{pmatrix} uM_{31}-M_{11} & uM_{32}-M_{12} \\ vM_{31}-M_{21} & vM_{32}-M_{22} \end{pmatrix}\begin{pmatrix} x_{\mathrm{w}} \\ y_{\mathrm{w}} \end{pmatrix}=\begin{pmatrix} M_{14}-uM_{34} \\ M_{24}-vM_{34} \end{pmatrix} \tag{2.40}$$

因此可以得到在已知标定参数情况下标定模板上标定点所对应的三维世界坐标：

$$\begin{pmatrix} x_{\mathrm{w}} \\ y_{\mathrm{w}} \end{pmatrix} = \begin{pmatrix} uM_{31} - M_{11} & uM_{32} - M_{12} \\ vM_{31} - M_{21} & vM_{32} - M_{22} \end{pmatrix}^{-1} \begin{pmatrix} M_{14} - uM_{34} \\ M_{24} - vM_{34} \end{pmatrix} \tag{2.41}$$

对于标定模板上的每一个标定点，我们利用上式根据其图像坐标重新计算其三维世界坐标，并和实际的世界坐标作比较，便能够得出其在 x 方向和 y 方向上的位置精度分布图形，分别如图 2.4(a) 和 (b) 所示。

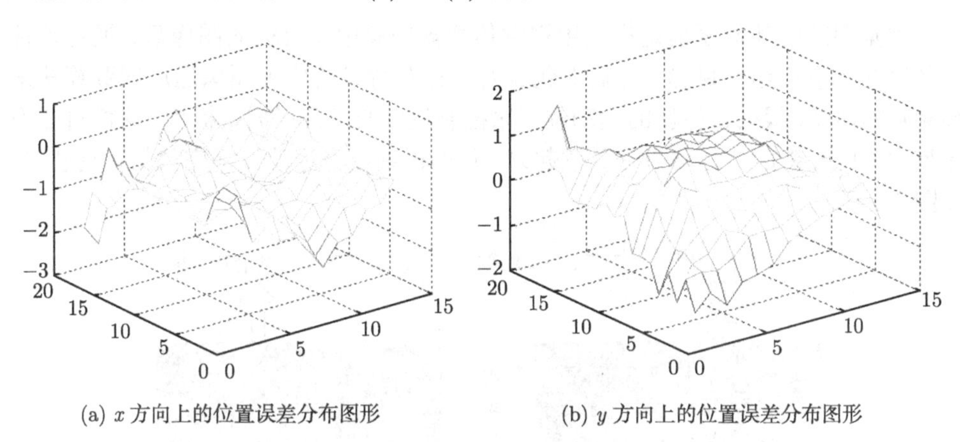

(a) x 方向上的位置误差分布图形

(b) y 方向上的位置误差分布图形

图 2.4 位置误差分布图形

在其位置误差分布图形中，为了计算每一个点利用标定参数所计算出来的三维世界坐标并和其理想的世界坐标作比较，我们可以利用下式来计算其平均误差：

$$\varepsilon = \frac{\sum_{i=1}^{N} \sqrt{(x_{\mathrm{ws}} - x_{\mathrm{wd}})^2 + (y_{\mathrm{ws}} - y_{\mathrm{wd}})^2 + (z_{\mathrm{ws}} - z_{\mathrm{wd}})^2}}{N} \tag{2.42}$$

式中，$(x_{\mathrm{wd}}, y_{\mathrm{wd}}, z_{\mathrm{wd}})$ 是理想的三维坐标，$(x_{\mathrm{ws}}, y_{\mathrm{ws}}, z_{\mathrm{ws}})$ 是实际的计算值，N 是测试点的数目。在本实验中，N 为 13×18=234 个点，计算出的平均误差 $\varepsilon = 0.898\mathrm{mm}$，因此本书所提出的标定算法达到了很高的精度，而且对试验条件要求较低，能够满足运动跟踪时目标特征的位置估计要求。

第3章　视觉跟踪

3.1　视觉跟踪算法的原理

视觉跟踪的基本原理是指利用视觉传感器采集运动目标的图像后，通过目标识别算法提取出运动目标，然后对包含有目标及背景的序列图像运用跟踪算法来预测它的运动，根据目标新的运动位置来控制相应的云台或伺服机构，这样将图像序列中不同帧中同一运动目标关联起来，从而得到各个运动目标完整的运动轨迹，如图 3.1 所示。

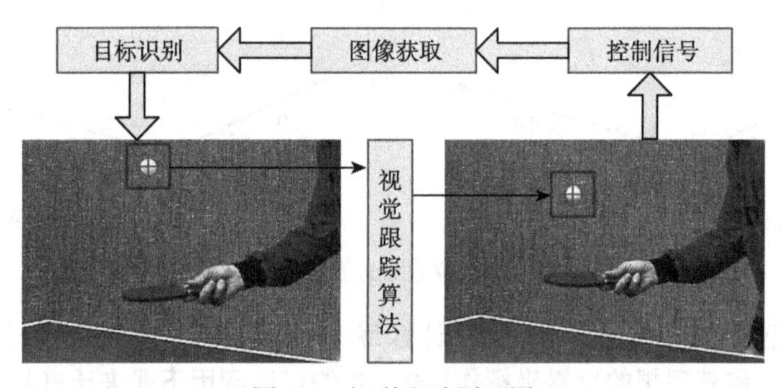

图 3.1　视觉跟踪原理图

目标识别是实现目标跟踪的前提，主要算法包括图像的预处理、图像分割、特征提取、运动分析和目标跟踪等。目前，随着人工智能和电子计算机技术等相关领域的发展，目标识别和跟踪技术也得到了很大的提高。但是，目前对于这方面的研究还存在很大的局限性。例如，对于某类目标的研究算法在实验室环境中识别和跟踪的效果很好，然而在实际应用中，随着许多不可预知的环境条件 (如光照、天气、背景) 的影响，使得图像识别变得困难，导致不能够有效跟踪目标。

图像分割和特征提取一直是图像处理和模式识别领域的重点和难点。图像分割是特征提取和目标识别的关键环节，在近 20 年来，研究者主要对阈值分割、边缘检测和区域提取这三种分割方法进行了研究。最近，人们开始将马尔科夫模型、神经网络、遗传算法、小波理论、分行理论、模糊理论与粗糙集理论等研究成果运用于图像分割领域，取得了很大进展。虽然图像分割算法在很多方面取得了创新，但是由于图像种类的多样性，不可能用一个精确的数学公式来描述所有的图像分割过程，因此现在还没有一种对任何图像都适用的分割算法。

特征提取是运动目标识别的前提条件，决定着运动目标识别的成功率。目前，用于运动目标识别的图像特征主要有以下几个。

(1) 视觉特征：如图像的颜色、形状、边缘、轮廓、纹理、区域等；

(2) 变换系数特征：如傅里叶变换、自回归模型系数等；

(3) 代数特征：如图像矩阵的奇异值分解、非负矩阵计算等；

(4) 统计特征：如直方图、各种矩特征等。

识别出跟踪目标后即可转入跟踪状态。在正常情况下，跟踪算法能够有效跟踪运动目标，但是当目标由于姿态急剧变化、严重被遮挡，甚至暂时脱离视觉传感器范围时，所跟踪的目标就会丢失，在这种情况下就需要重新检测和识别目标，直到出现在图像序列中为止。

由于所跟踪目标种类的多样性和环境的千变万化，出现了许多具有针对性的视觉跟踪算法，我们对现有视觉跟踪的基本方法的学习和总结必将给我们对新的方法的探索和研究带来启发和帮助。由于对研究方法进行分类的界限不是绝对的，下面我们将从方法论的角度概况性地总结现有的几种主要的视觉跟踪方法。

1. 基于特征的视觉跟踪方法

基于特征的视觉跟踪方法 [30,31] 利用了特征位置的变化信息，通常由三个过程构成。首先，从图像序列中提取出对灰度或颜色变化不敏感的显著特征，如边缘、拐角、有明显标记的区域所对应的点、线段、曲线等。然后，在不同图像中寻找特征点的对应关系，也就是匹配。现有的匹配技术包括模板匹配、金字塔分层搜索匹配、树搜索匹配、约束松弛匹配和假设检验匹配等。最后是计算运动信息。在对于非刚体目标的跟踪方法中，主要有基于主动轮廓模型的跟踪方法 [32]，它是通过能量最小化的原则进行的。但是这种模型依赖于图像中的细微变化，对图像噪声敏感，不能用于实时和快速的目标跟踪。而基于跳跃模型的主动轮廓跟踪方法 [33] 可以在不连续的情况下由节点设置表达，依靠寻找最大倾斜点找到物体确切的边界位置，然而最大的缺点是对遮挡情况特别敏感。

2. 基于相关的视觉跟踪方法

人类具有识别自然界中各种生物和物体的能力，这是计算机难以做到的。我们之所以能够认出熟悉的人和事物，是因为我们具有对它们的先验知识，在我们的脑海中已经有它们的模板。根据这些模板，我们才能够通过视觉识别出各种不同的物体。基于相关的视觉跟踪方法 [34−36] 的基本思想是把一个预先存储的目标模板作为识别的依据，然后对图像序列中的各个子区域图像和目标模板进行比较，找到和目标模板最为相似的一个图像区域，则认为它是当前目标的位置。这种算法具有很好的识别能力，可以跟踪复杂背景中的目标，但是它对于非刚性目标姿态变化的适应性差，而且由于计算量大，一般情况下满足不了实时跟踪的要求。

3. *基于运动的视觉跟踪方法*

基于运动的视觉跟踪方法是利用图像序列中目标的运动信息来对目标进行跟踪的一种方法 [37]。对于灰度图像而言，这种运动信息又称为光流 [38]。物体在光源照射下，其表面的灰度呈现一定的空间分布，称为灰度模式，光流就是图像中灰度模式运动的速度。光流表达了图像中运动目标的变化信息，可用来确定目标的运动。对于光流的定义是以点为基础，所有光流点的集合就是光流场 [39]。光流场是一种二维瞬时速度场，它是物体的三维速度场在成像平面上的投影，不仅包含了被观测物体的运动信息，而且包含了三维物体结构的丰富信息。由于实际景物中的速度场不一定总是与图像中的直观速度场有唯一的对应关系，而且偏导数的计算会加重噪声水平，使得基于光流的方法在实际应用中常常不稳定。与灰度图像相比，彩色图像能够提供更为丰富的光学信息，彩色图像光流场可以使得光流场计算的不适定问题转变成适定问题 [40]。

3.2　视觉跟踪研究框架

对于视觉跟踪问题，可以把视觉跟踪系统大致分成由下向上 (bottom-up) 的研究框架和由上向下 (top-down) 的研究框架 [41]。由下向上的方法是通过分析图像的内容对目标进行建模和定位来计算目标的状态，它又称为基于数据驱动 (data-driven) 的方法 [42]。例如，通过曲线拟合来重建参数形状。这种方法不依赖于先验知识，通常效率较高，然而这种算法的鲁棒性在很大程度上取决于图像分析的能力，这是由于图像像素的拟合、聚类和轮廓描述等处理可能被杂波和噪声所干扰。而由上向下的研究方法需要基于目标模型通过图像量测数据对状态进行假设检验。这种方法对图像分析的依赖性较少，这是由于目标的假设能够为图像分析提供强有力的约束。但是它的性能是由产生和检验这种假设的方法所决定的。为了达到可靠而有效的跟踪，必须进行一系列的假设，这样就要涉及更多的计算。

3.2.1　统计方法在视觉跟踪中的研究现状

现有的视觉跟踪方法大多不能够对特征空间进行分析，特别是不适合于对复杂性特征的分析。在复杂环境中进行视觉特征的跟踪充满了不确定性，因此有必要采取具有学习与适应能力的统计模型来识别和跟踪感兴趣的目标。在视觉跟踪中，运动目标特征存在着不确定性的噪声，但是这种特征又具有一定的统计分布规律。如何基于统计模型识别运动目标，预测和估计多个目标的运动，并实现各帧之间运动目标的准确跟踪和定位，是视觉跟踪领域的重要研究方向。

长期以来，统计方法一直是计算机视觉与模式识别领域的研究重点之一。特别是近年来，统计学习理论得到了广泛的应用和推广。Parzen 等 [43] 研究了密度估计的非参数方法。比较重要的研究成果还有神经网络 [44−46]、主成分分析 [47]、支持向量机 [48]、信任传播方法 [49] 等。同时，基于贝叶斯学习的统计方法也成为了研究的主流。在统计学领域里，主要有两类计算问题：一类是最大似然估计的计算；另一类是贝叶斯计算。从计算方法来讲，这两者是可以合并讨论的，因为最大似然估计的计算类似于贝叶斯中对于后验众数的计算。贝叶斯计算方法已有很多，大体上可以分为两类：一类是直接应用于后验分布以得到后验众数的估计，以及这种估计的渐近方差或其近似；另一类是数据添加算法，它不是直接对复杂的后验分布进行极大化或进行模拟，而是在观测数据的基础上加上一些“隐数据”，从而简化计算并完成一系列简单的极大化或模拟，该“隐数据”可以是不完全数据或未知参数。特别是 EM(expectation maximization) 算法、马尔科夫链蒙特卡罗 (Markov Chain Monte Carlo，MCMC) 方法、隐马尔科夫模型 (hide Markov model，HMM) 等算法的引入，使得贝叶斯统计方法成为信息处理的强大工具。

按照视觉跟踪算法的研究框架，基于统计模型的视觉跟踪研究方法也可以大致分为由下向上的研究方法和由上向下的研究方法。前者由下向上分析和处理目标的状态变化，而后者采用由上向下的方法对运动目标进行跟踪、对环境知识进行学习、对跟踪过程中的各种假设位置进行评估。

3.2.2　由下向上的研究方法

在利用统计模型进行视觉跟踪的方法中，基于直方图统计的方法和基于均值移位 (Mean shift) 的方法是典型的由下向上的研究方法。

1. *基于直方图统计的视觉跟踪方法*

直方图是目前最简单的、最常用的密度估计方法，它从直观的角度提出了以频率代替概率进行密度估计的方法 [50]。直方图是一种统计后得出的特征数据，它反映了图像中像素的分布特性和规律，能够描述出图像的一些统计特征，如亮度和颜色等，因而根据这些统计特征在序列图像的下一帧中寻找目标的最佳位置。

基于直方图统计的方法具有如下优点：

(1) 直方图统计方法非常适合于对非刚体目标的特征建模，因为对于非刚体目标图像我们很难通过形状信息对目标进行描述，然而无论目标如何变形，它的颜色或亮度的统计分布基本上是不变的；

(2) 对光照变化不敏感，采用合理的颜色模型对特征的直方图统计不会造成显著的改变；

(3) 计算量比较稳定，由于对于目标的变形或伸缩运动，直方图统计中的分量个数是恒定不变的，这样就使得模式匹配算法的计算量稳定，不会随着目标尺度的改变而改变；

(4) 计算量较小，直方图的统计方法相当于对目标图像进行了空间的降维处理，这在很大程度上降低了模式匹配的计算量。

然而，基于直方图统计的方法也存在着一个很大的缺陷，那就是对具有相似颜色分布的目标很难区分，会很容易导致系统对虚假目标的误跟踪。

2. 基于 Mean shift 的视觉跟踪方法

为了解决对虚假目标的误跟踪问题，基于核函数的直方图统计方法，也就是基于 Mean shift 的方法引起了人们的极大兴趣。它是一种确定性的统计方法。Mean shift 理论是在 1975 年由 Fukunaga 等 [51] 提出的，但是直到 Cheng [52] 在他的论文中提起这种方法时才引起了人们的广泛关注，在图像分割和视觉跟踪领域出现了许多研究成果。

最初的对于 Mean shift 算法的研究主要集中在图像分割领域，它的理论基础是特征空间的稠密区域对应于最大的概率密度函数，通过分析图像的特征空间和聚类来达到分割的目的，它的基本计算模块采用的是传统的模式识别程序。利用特征空间聚类而进行图像分割的方法是将图像空间中的元素用对应的特征空间点表示，通过特征空间中点的聚类，再将这些聚类点映射回图像空间，从而得到图像分割的结果。进行特征分类时，如果已知样本所属的类别和类条件概率密度函数的形式，则为监督参数估计。但是在实际的图像分割应用中，我们并不知道确切的类别数和密度分布的参数形式，在这种情况下就必须使用非监督性的非参数估计方法。Mean shift 正是一种非参数的多模态密度估计方法，它对概率密度函数的估计采用的是 Parzen 窗函数方法，也就是核密度估计器。在视觉跟踪的应用中，通过应用一个各向同性的核，定义一个空间平滑的相似性函数，计算核中的元素所取的权值不同，并定义目标模型和预测目标模型的距离。这种统计的观测方法具有如下的优点：它应用了一种度量结构，有清楚的基于直方图的几何特征描述；它应用了离散密度的统计，对于任意的分布都有效。

3.2.3 由上向下的研究方法

近年来，在智能信息处理与数据分析的应用中，如信号处理、控制系统分析、视觉分析等，都是通过观测值来估计系统的未知状态。随着计算数学、概率论、数理统计、信息论、模式识别等学科的发展，以及电子计算机的计算和存储能力的快速提高，概率论在通过随机变量处理不可预知的信息方面提供了有效的工具。作为概率论中最为强大的工具，贝叶斯理论为视觉跟踪问题提供了一个理论框架，贝叶斯统计分析方法逐渐成为了计算机视觉研究领域中的主流，在贝叶斯理论框架下的视觉跟踪算法则是由上向下的研究方法。

1. 贝叶斯统计方法

贝叶斯 (Bayes) 于 1702 年 4 月出生于英国的一个牧师家庭，1761 年逝世，是英国的业余数学家及牧师，以贝叶斯定理而著称。贝叶斯理论的奠基性工作是贝叶斯把用来解决机遇的学说问题在概率上的发现写在一个小册子上面，用来预测不确定性情况下事件发生的可能性。其实贝叶斯的发现是一种归纳推理的理论，也是一种新的统计技术，后被一些统计学术界的学者发展为一种系统的统计推断方法，称为贝叶斯方法。由于贝叶斯理论太超前了，并且需要电脑才能进行概率的计算，所以他的理论在过去的两百多年中都被忽视了。著名的数学家拉普拉斯 (Laplace) 亲自证明了具有更一般性的贝叶斯定理，并且用贝叶斯提出的方法导出了“相继律”，把它应用于解决天体力学、医学统计等领域的问题，贝叶斯的理论和方法才逐渐被人们理解和重视起来。

更重要的是在一些实际的应用领域，包括在自然科学、社会科学以及经济与商业活动中，贝叶斯方法得到了很多成功的应用，贝叶斯学派已经成为了一股不容忽视的力量。萨维奇 (Savage) 是现代贝叶斯分析的奠基人之一，他于 1954 年写了《统计学基础》一书，从而奠定了他在学术界的声誉。1976 年，英国统计学家 Harrison 教授和 Stevens 教授在英国皇家学会上宣读了论文《贝叶斯预测》，引起了人们的极大兴趣。此后在欧美等国家，这个方法的理论研究和应用在通信、控制、人工智能、经济管理、气象预报等领域得到了迅猛的发展。时至今日，贝叶斯理论的影响日益扩大。

统计学中有两个流派，即经典学派和贝叶斯学派。经典学派也称抽样学派，在 20 世纪初由英国的皮尔逊 (Pearson)、费歇尔 (Fisher) 和奈曼 (Neyman) 等完成这一系统的理论，如假设检验、矩估计法、区间估计、最小二乘法、最大似然估计法等。这些学者倾向于用最能够影响统计结果中的数字来解释概率，在当时颇受欢迎。实践证明经典学派的理论和方法是有意义的，它指导人们在许多领域中做出了重要的贡献。经典学派对概率的理解就是频率的稳定性，离开了重复试验，就谈不上如何去理解概率，因此经典学派也称为频率学派。而贝叶斯学派赞成主观概率，视参数为随机变量且具有先验分布，将事件的概率理解为认识主体对事件出现可能性大小的相信程度。贝叶斯统计推断学派重视先验信息的收集和数据处理，它与经典统计学的主要差别在于是否利用先验信息。然而，到目前为止，贝叶斯统计还没有一个通用的能够确定先验分布的方法。贝叶斯统计推断学派认为后验分布综合了先验和样本的知识，希望将主观判断和直觉正式地引入统计推断和决策分析中去，从而建立信息综合推断和决策分析过程的基础，可以帮助我们对参数做出比先验分布更为合理的判断。

贝叶斯统计学派认为对参数所做的任何估计或统计推断 (如参数估计、假设检验等) 必须基于而且只能基于参数的后验分布来进行，因为后验分布综合了更多的信息，先验分布反映了试验前对参数的认识，用先验分布能够描述这种认识，然后基于抽取的样本再对先验知识作修正，得到后验分布，而后验分布反映了在得到样本信息后对参数认识的深化，它们的差异是样本信息出现后人们对参数认识的一种调整，所以根据后验分布对参数所做出的估计和统计推断应该更为合理和可靠。贝叶斯统计学把先验信息与样本信息结合起来用于推断之中, 所以基于现代贝叶斯统计学的贝叶斯方法可以处理推断、参数估计以及模型选择等问题，是研究智能信息处理方法的主要数学工具。

由于计算机视觉是人工智能领域中最具有代表性的应用学科，基于贝叶斯方法的统计计算机视觉一直是视觉的一个重要的方向，20 世纪 90 年代以前，统计计算机视觉主要是基于马尔科夫随机场 (Markov random field，MRF) 理论来建模，并且取得了许多重要的视觉计算模型和方法。近几年来，由于统计学一批新的具有重要实用价值的理论和方法的出现，计算机视觉的研究从几何学方法又向统计方法转移。这是因为计算机视觉是一门实践性非常强的学科，计算机视觉中的许多问题都是不适定的，要求算法具有一定的鲁棒性和适应性，而统计的方法以它众多的优点，成为目前计算机视觉研究领域的主要方法。

2. *基于贝叶斯方法的视觉跟踪研究*

基于贝叶斯估计的跟踪就是在已知目标状态的先验概率情况下，在获得新的量测数据后，不断求解目标状态的最大后验概率的过程。基于贝叶斯原理，这个后验分布可以通过状态的先验分布和联系状态与观测的似然函数来确定。它将系统状态的求解转换为基于贝叶斯定理的后验概率的求解。因此，基于贝叶斯统计方法的视觉跟踪问题可以认为是一种“最优推理”的过程:

$$P(X|Y) = \frac{P(Y|X)P(X)}{P(Y)} \tag{3.1}$$

式中，Y 表示图像；X 表示视觉跟踪中感兴趣的特征；$P(X)$ 为感兴趣的特征的先验概率分布；$P(Y)$ 为所观测到的图像中特征的概率分布；$P(Y|X)$ 为给定检测到感兴趣目标情况下图像特征的概率分布，也称为似然函数；$P(X|Y)$ 是在给定观测到图像的情况下感兴趣的特征出现的概率分布，也就是所需求解的后验概率分布。

图 3.2 为基于贝叶斯推理的视觉跟踪系统框架原理图。在模型和参数的后验概率的基础上，选取不同的损失函数就可以对模型和参数做出决策，如通过最大后验估计 (maximum a posterior, MAP)、边缘后验概率估计 (marginal posterior mode, MPM)、后验均值估计 (posterior median, MP) 等。

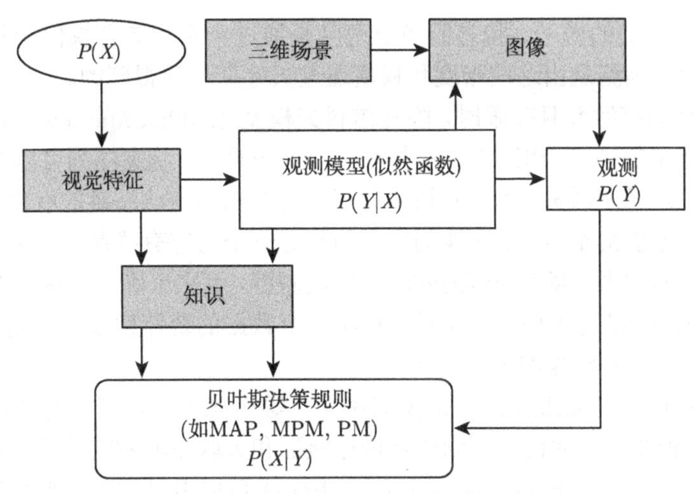

图 3.2　基于贝叶斯推理的视觉跟踪系统框架

基于贝叶斯概率模型的跟踪框架通常采用“状态空间”的方法对离散动态系统进行描述。目标的运动信息由动态方程中的状态向量 $\{X_k\}_{k=0,1,2,\cdots}$ 表示，其中 k 表示离散时间序列。目标的状态是跟踪系统的输出，如位置、速度、加速度等。而观测向量 $\{Y_k\}_{k=0,1,2,\cdots}$ 是指从图像中得到的各种特征，如颜色、纹理、边缘以及轮廓等。其状态是由系统的状态方程 $X_k=f(X_{k-1},V_{k-1})$ 和观测方程 $Y_k=h(X_k,W_k)$ 所决定的。其中 $\{V_k\}_{k=0,1,2,\cdots}$ 和 $\{W_k\}_{k=0,1,2,\cdots}$ 分别表示过程噪声和观测噪声，通常假定它们是独立同分布的。

视觉跟踪的实质就是在给定观测值 $\{Y_k\}_{k=0,1,2,\cdots}$ 的条件下估计当前的状态值，也就是得到概率密度分布函数 $p(X_k|Y_{1:k})$。为了解决这个问题，贝叶斯递归滤波由两个步骤组成。首先是预测步骤，也就是利用状态方程和已经计算出的在 $k-1$ 时刻的概率密度分布函数 $p(X_{k-1}|Y_{1:k-1})$ 计算出当前状态的先验概率分布函数 $p(X_k|Y_{1:k-1})$，然后是更新步骤，也就是利用当前观测值的似然函数 $p(Y_k|X_k)$ 来计算状态的后验概率 $p(X_k|Y_{1:k})$。

当图像序列中的噪声为高斯分布，并且 f 和 h 都是线性函数的时候，Kalman 滤波是解决上述问题的最优方法。当 f 和 h 是非线性函数的时候，可以利用扩展 Kalman 滤波 (extended Kalman filter, EKF) 解决上述问题。

由于经典的 Kalman 滤波只能够解决线性、高斯和单模态的情况，而在实际的视觉跟踪过程中，后验概率密度分布函数通常是非线性、非高斯和多模态的情况。近年来，粒子滤波方法也被称为序列蒙特卡罗方法，被用来作为视觉跟踪的重要工具，它是一种基于随机理论的统计方法。这种方法简单、灵活，能够进行非线性函数和非高斯噪声的滤波。在基于粒子滤波方法的目标跟踪方法中，把目标的状态看作是一些具有权值的粒子。状态的当前密度是通过一系列具有权值的随机样本表示的，新的状态预测是由这些密度和权值通过贝叶斯估计得到的。

当状态空间离散并且有限时，隐马尔科夫模型 (hidden Markov model, HMM) 也在视觉跟踪中得到了应用。在非高斯状态空间模型中，状态序列可以假定是一个不能观测到的隐马尔科夫过程。隐马尔科夫过程是指假定状态链的取值，初始分布与转移矩阵都不能测量得到，而能测量到的是另一个与它有联系的，且可以观测到的一个取值于有限集的随机变量序列，称为观测链，就完全确定了状态链与观测链的联合统计规律。隐马尔科夫模型是一种不完全数据的统计模型，它既能反映对象的随机性，又能反映对象的潜在结构。

视觉跟踪过程中如果存在场景模糊和噪声等干扰因素，就可能导致虚假目标的出现，在这种情况下如何对观测数据进行验证和关联是非常重要的。概率数据关联滤波 (joint probability data association, JPDA) 自提出以来，受到了人们的普遍关注，它在杂波环境中具有很好的跟踪性能。

参数估计是统计推断的基本问题之一。在贝叶斯概率模型中，对于似然函数方程的求解却没有一般的理论方法，在实际应用中主要借助于数字最优化方法。最大似然估计是一种常用的参数估计方法，它是以观测值出现的概率最大作为准则。最大似然估计把参数看作是确定而未知的，最好的估计值是在获得实际观察样本的概率为最大的条件下得到的。如果参数是在参数空间中能够使得似然函数极大化的参数值，那么这些参数就是参数空间中的最大似然估计量。

似然函数最大化可以通过梯度方法来实现，而这往往要求似然函数有比较好的解析性质，但是在大多数情况下很难满足这种要求，因此必须寻求别的解决方法。正是在这种情况下，人们提出了 EM 算法。EM 算法是基于最大似然框架进行极大似然估计的一种有效方法，它主要应用于下面两种非完全数据参数估计：第一，观测数据不完全，这是由于观测过程的局限性所导致的；第二，似然函数不是解析的，或者似然函数的表达式过于复杂，从而导致极大似然函数的传统估计方法失效，这种情况在模式识别中经常出现。EM 算法主要用于非完全参数估计，它是通过假设隐变量的存在，极大地简化了似然函数方程，从而解决了方程求解问题，它的最大优点是简单和稳定。对于一些特殊的参数估计问题，利用 EM 算法可以较容易地实现。EM 算法的主要目的是提供一个简单的迭代算法计算后验密度函数，但是它的结果只能保证收敛到后验密度函数的局部稳定点，并不能保证收敛到全局最大值点。为了解决这些问题，一些新的更为有效的算法在近几年也不断出现。

由上到下的研究方法利用先验知识对跟踪问题建立统计模型，然后利用序列图像对模型进行验证。但是这些先验知识 (如运动模型、观测似然等) 往往是通过学习得到的，因此难于在实际应用当中实现实时的跟踪。

3.3 Mean shift 视觉跟踪算法

3.3.1 颜色特征统计方法

颜色特征是重要的视觉特征，针对颜色特征的直方图统计方法能够给出图像特征的概貌性描述，因此在复杂的背景中具有很好的鲁棒性，并且具有统计特征旋转不变性和尺度不变性等优点。利用颜色特征进行运动目标跟踪的算法可以分为两类：基于参数估计的统计方法和非参数估计的统计方法，这两种方法都是对图像区域建立颜色分布的模型。基于参数估计的统计方法是通过对颜色空间 (如 RGB 空间、HSI 空间、YUV 空间) 使用高斯分布模型来建立目标区域的颜色分布模型。例如，使用高斯混合模型建立目标颜色分布，可以实现对驾驶员人脸的跟踪，还可以在语音档案中实现自动语音识别与跟踪，但是高斯模型数却难以选择。而非参数方法能够克服参数估计方法的缺陷，基于 Mean shift 的算法就是一种典型的基于直方图统计的非参数估计方法。Mean shift 算法是一种高效的模式匹配算法，由于不需要进行全局搜索，在视觉跟踪领域得到了广泛的应用。它利用梯度优化方法来减少特征搜索匹配的时间，以实现快速的目标定位，同时利用 Bhattacharyya 系数作为对目标模板和候选模板的相似性度量。

由于传统的基于 Mean shift 的视觉跟踪方法在跟踪目标时，必须保证在下一帧的运动目标不能完全脱离上一帧目标的位置，也就是说两帧之间的目标在图像空间中必须有一部分是覆盖上的，否则传统的基于 Mean shift 的视觉跟踪方法就会跟踪不上。在所要跟踪的目标运动范围过大的情况下，在两帧之间如果运动目标在图像空间没有重叠时，传统的 Mean shift 方法只能够在原来的目标窗口区域内迭代求解取得局部最优值，而得不到实际的跟踪位置，这样就使得运动目标跟踪失效。针对这个问题，在传统的基于 Mean shift 的视觉跟踪算法及其性能分析的基础上，本书根据目标模型与候选模型之间的相似性度量函数，提出了一种由粗到精搜索核匹配的 Mean shift 视觉跟踪算法，实验结果验证了本书算法能够对大范围运动的目标进行快速而且准确的视觉跟踪与定位。

3.3.2 目标模型的表示

目标模型是由一个选定的区域来确定的。为了消除目标大小不同的影响，所有的目标模型都要经过归一化处理，这样在水平和竖直方向上目标区域的大小分别为 h_x 和 h_y。设目标模型以 0 为中心，$\{x_i^*\}_{i=1\cdots n}$ 为定义在目标模型区域的归一化像素位置。给定一个各向同性的核函数 $k(x)$，它满足非负、对称和单调递减三个条件。核函数的作用是给目标模型区域的像素设置权值，即靠近目标中心的像素赋予较大的权值，而远离目标中心的像素赋予较小的权值。由于远离目标区域的在区域外围的像素容易受到背景因素的干扰和其他目标遮掩的影响，而权的使用在很大程度上增加了密度估计的鲁棒性，提高了目标跟踪时的特征搜索能力。

这里可以用 $\mu = \{1, \cdots, m\}$ 表示目标模型颜色特征的直方图，函数 $b(x_i): R^2 \to \mu$ 把位置为 x_i 的点映射到颜色特征的直方图，则目标模型的特征概率分布计算公式为

$$\hat{q}_u = C\sum_{i=1}^{n} k(\|x_i^*\|^2)\delta[b(x_i^*) - u] \tag{3.2}$$

式中，$C = \dfrac{1}{\sum\limits_{i=1}^{n} k(\|x_i^*\|^2)}$，$\delta$ 是 Kronecker delta 函数，$u \in \mu$。

3.3.3　候选模型的表示

令 $\{x_i^*\}_{i=1\cdots n_h}$ 表示在当前帧中以 y 为中心的归一化像素位置，利用与目标模型相同的核函数 $k(x)$，并假设核窗宽为 h，则候选模型的颜色特征概率分布函数可以表示为

$$\hat{p}_u(y) = C_h\sum_{i=1}^{n_h} k\left(\left\|\frac{y - x_i}{h}\right\|^2\right)\delta[b(x_i^*) - u] \tag{3.3}$$

式中，$C_h = \dfrac{1}{\sum\limits_{i=1}^{n_h} k\left(\left\|\dfrac{y - x_i}{h}\right\|^2\right)}$ 是归一化常量，n_h 为候选模型中总的像素数目。注意到由于 x_i 的像素位置是在一个有规则的网格中，而 y 只是其中的一个节点，因此 C_h 的值不是取决于 y 的位置。核窗宽 h 为候选目标的尺度，在实际的目标跟踪与定位中，可以认为它是候选目标的像素数。

3.3.4　基于 Bhattacharyya 系数的相似性度量

目标模型与候选模型之间的距离可以用一个相似性度量函数来定义。为了实现不同目标之间的对比，这个距离应该有一个度量结构。我们用如下公式表示 $\hat{p}$ 和 $\hat{q}$ 之间的相似度函数：

$$\hat{\rho}(y) \equiv \rho[\hat{p}(y), \hat{q}] \tag{3.4}$$

函数 $\hat{\rho}(y)$ 表示的是相似程度，它在图像中的局部最大值意味着第二帧中的目标与第一帧中目标模型 q 具有相似的描述。如果仅对目标进行谱分析，在图像上相邻位置的相似度函数可能会出现很大的变化，而且空间信息会丢失。要找到这些函数的最大值，难以应用基于梯度的优化方法进行求解，只能够利用计算量很大的穷尽搜索法。通过在特征空间区域上利用一个各向同性核对目标特征进行加权以计算相似度函数，$\hat{\rho}(y)$ 就成了 y 的一个平滑函数。

当目标模型和候选区域模型表达为核函数加权的形式后，相似度函数也就继承了核函数 $k(x)$ 的性质。一个可微分的核轮廓函数就产生了一个可微分的相似度函数，利用有效的基于梯度的最优化方法就能够找到函数的最优值。一个连续的核函数的引入相当于在图像矩阵位置上进行了插值处理，而所应用的目标模型的表达并不会限制相似度测量的方式，而且不同的函数可以为 ρ 所应用。

我们定义目标模型与候选模型这两种离散分布之间的距离为

$$d(y) = \sqrt{1-\rho[\hat{p}(\hat{y}),\hat{q}]} \tag{3.5}$$

而对于上式的最小化相当于最大化 Bhattacharyya 系数：

$$\hat{\rho}(y) \equiv \rho[\hat{p}(\hat{y}_0),\hat{q}] = \sum_{u=1}^{m}\sqrt{\hat{p}_u(\hat{y}_0)\hat{q}} \tag{3.6}$$

Bhattacharyya 系数是一类收敛型的度量工具，它是 m 维单位向量 $(\sqrt{\hat{p_1}},\cdots,\sqrt{\hat{p_m}})^{\mathrm{T}}$ 和 $(\sqrt{\hat{q_1}},\cdots,\sqrt{\hat{q_m}})^{\mathrm{T}}$ 夹角的余弦值。这种统计度量方法具有如下的优点：它应用了一种度量结构，有清楚的几何特征描述；它应用了离散密度的统计，不受目标的比例变化的影响，对于任意的分布都有效；它避免了由于空的直方图引起的奇异问题。

泰勒 (Taylor) 公式在微分学中占有很重要的位置，尤其在解决一些具体问题时具有十分重要的应用价值。在 $\hat{p}_u(\hat{y}_0)$ 处应用泰勒展开，可以得到 $\hat{\rho}(y) = \sum\limits_{u=1}^{m}\sqrt{\hat{p_u}(y)\hat{q_u}}$ 的一阶线性逼近：

$$\rho[\hat{p}(\hat{y}),\hat{q}] \approx \sum_{u=1}^{m}\sqrt{\hat{p}_u(\hat{y}_0)\hat{q}} + \frac{\partial\rho[\hat{p}(\hat{y}),\hat{q}]}{\partial\hat{p}_u(\hat{y}_0)}[\hat{p}(\hat{y})-\hat{p}_u(\hat{y}_0)] \tag{3.7}$$

对上式的右边求导数，展开得到：

$$\begin{aligned}
\rho[\hat{p}(\hat{y}),\hat{q}] &\approx \sum_{u=1}^{m}\sqrt{\hat{p}_u(\hat{y}_0)\hat{q}} + \frac{1}{2}\sum_{u=1}^{m}\sqrt{\frac{\hat{q}}{\hat{p}_u(\hat{y}_0)}}\cdot[\hat{p}(\hat{y})-\hat{p}_u(\hat{y}_0)] \\
&= \sum_{u=1}^{m}\sqrt{\hat{p}_u(\hat{y}_0)\hat{q}} + \frac{1}{2}\sum_{u=1}^{m}\sqrt{\frac{\hat{q}}{\hat{p}_u(\hat{y}_0)}}\hat{p}(\hat{y}) - \frac{1}{2}\sum_{u=1}^{m}\sqrt{\frac{\hat{q}}{\hat{p}_u(\hat{y}_0)}}\hat{p}_u(\hat{y}_0) \\
&= \frac{1}{2}\sum_{u=1}^{m}\sqrt{\hat{p}_u(\hat{y}_0)\hat{q}} + \frac{1}{2}\sum_{u=1}^{m}\sqrt{\frac{\hat{q}}{\hat{p}_u(\hat{y}_0)}}\hat{p}(\hat{y}) \\
&= \frac{1}{2}\sum_{u=1}^{m}\sqrt{\hat{p}_u(\hat{y}_0)\hat{q}} + \frac{1}{2}\sum_{u=1}^{m}\hat{p}_u(y)\sqrt{\frac{\hat{q}_u}{\hat{p}_u(\hat{y}_0)}}
\end{aligned} \tag{3.8}$$

由于候选目标模型表示为

$$\hat{p}_u(y) = C_h \sum_{i=1}^{n_h} k\left(\left\|\frac{y-x_i}{h}\right\|^2\right)\delta[b(x_i^*)-u] \tag{3.9}$$

将其代入一阶泰勒展开式，得到

$$\rho[\hat{p}(\hat{y}),\hat{q}] \approx \frac{1}{2}\sum_{u=1}^{m}\sqrt{\hat{p}_u(\hat{y}_0)\hat{q}} + \frac{C_h}{2}\sum_{i=1}^{n_h} w_i k\left(\left\|\frac{y-x_i}{h}\right\|^2\right) \tag{3.10}$$

式中，$w_i = \sum\limits_{u=1}^{m}\sqrt{\dfrac{\hat{q}_u}{\hat{p}_u(\hat{y}_0)}}\delta[b(x_i)-u]$。

3.3.5 核密度梯度估计

要使 Bhattacharyya 系数 $\hat{\rho}(y)$ 最大，必须使得 $\rho[\hat{p}(\hat{y}),\hat{q}]$ 中的第二项

$$\hat{f}(x) = \frac{C_h}{2}\sum_{i=1}^{n_h} w_i k\left(\left\|\frac{y-x_i}{h}\right\|^2\right) \tag{3.11}$$

为最大 (第一项为常数)，实际上这就是核密度估计公式：$\hat{f}(x) = \dfrac{1}{nh^d}\sum\limits_{i=1}^{n} k\left(\dfrac{x-X_i}{h}\right)$。

要使核密度估计值最大，则必须满足 $\nabla f(x)=0$。对 $f(x)$ 求导，得到

$$\begin{aligned}\nabla f_k(x) &= \frac{C_h}{2}\cdot 2(y-x_i)\cdot\frac{1}{h^2}\cdot\sum_{i=1}^{n_h} w_i k'\left(\left\|\frac{y-x_i}{h}\right\|^2\right)\\ &= \frac{C_h}{h^2}\cdot\sum_{i=1}^{n_h}(y-x_i)w_i k'\left(\left\|\frac{y-x_i}{h}\right\|^2\right)\end{aligned} \tag{3.12}$$

令 $g(x) = -k'(x)$，则

$$\nabla f_k(x) = \frac{C_h}{h^2}\cdot\sum_{i=1}^{n_h}(x_i-y)w_i g\left(\left\|\frac{y-x_i}{h}\right\|^2\right) \tag{3.13}$$

上式展开为

$$\begin{aligned}\nabla f_k(x) &= \frac{C_h}{h^2}\left[\sum_{i=1}^{n_h} x_i w_i g\left(\left\|\frac{y-x_i}{h}\right\|^2\right) - \sum_{i=1}^{n_h} y w_i g\left(\left\|\frac{y-x_i}{h}\right\|^2\right)\right]\\ &= \frac{C_h}{h^2}\left[\sum_{i=1}^{n_h} w_i g\left(\left\|\frac{y-x_i}{h}\right\|^2\right)\frac{\sum\limits_{i=1}^{n_h} x_i w_i g\left(\left\|\frac{y-x_i}{h}\right\|^2\right)}{\sum\limits_{i=1}^{n_h} w_i g\left(\left\|\frac{y-x_i}{h}\right\|^2\right)} - \sum_{i=1}^{n_h} w_i g\left(\left\|\frac{y-x_i}{h}\right\|^2\right) y\right]\end{aligned}$$

$$
\begin{aligned}
&= \frac{2}{h^2}\left\{\frac{C_h}{2}\sum_{i=1}^{n_h} w_i g\left(\left\|\frac{y-x_i}{h}\right\|^2\right)\left[\frac{\sum_{i=1}^{n_h} x_i w_i g\left(\left\|\frac{y-x_i}{h}\right\|^2\right)}{\sum_{i=1}^{n_h} w_i g\left(\left\|\frac{y-x_i}{h}\right\|^2\right)} - y\right]\right\} \\
&= \frac{2}{h^2}\cdot f_g(x) m_g(x)
\end{aligned} \tag{3.14}
$$

由此可得 Mean shift 向量:

$$
m_g(x) = \frac{h^2}{2}\frac{\nabla f_k(x)}{f_g(x)} \tag{3.15}
$$

式中,

$$
f_g(x) = \frac{C_h}{2}\sum_{i=1}^{n_h} w_i g\left(\left\|\frac{y-x_i}{h}\right\|^2\right) \tag{3.16}
$$

这样 Mean shift 向量的表达式为

$$
m_g(x) = \frac{\sum_{i=1}^{n_h} x_i w_i g\left(\left\|\frac{y-x_i}{h}\right\|^2\right)}{\sum_{i=1}^{n_h} w_i g\left(\left\|\frac{y-x_i}{h}\right\|^2\right)} - y \tag{3.17}
$$

上式表明,在位置 x 处,利用核 $g(\cdot)$ 计算的 Mean shift 向量与利用核 $k(\cdot)$ 获得的规范化密度梯度估计是成比例的,因此 Mean shift 向量 $m_g(x)$ 总是朝着 $\nabla f_k(x) = 0$,即核密度增长最大的方向移动。这也直观地表明,局部的均值是朝着大多数点存在的区域移动。由于 Mean shift 向量总是与局部梯度估计的方向一致,因此它能够定义一条路径,这条路径正是指向于所估计密度的稳定点,而密度的峰值就是这些稳定点。因此 Mean shift 程序是通过如下两个部分连续进行:

(1) 计算 Mean shift 向量 $m_g(x)$;

(2) 利用 $m_g(x)$ 平移核窗 $g(\cdot)$,

这样就保证收敛到式 (3.17) 具有零梯度的最近点。对于特征空间的分析来说,在具有较低密度值的区域,其 Mean shift 向量的步伐会比较大。而相反地,在接近于局部最大值的区域,Mean shift 向量的步伐会比较小,同时对于特征空间的分析会更精确。可以说,Mean shift 程序是一种自适应的梯度上升法。

3.3.6 Mean shift 算法的计算复杂度分析

假设 N_{iter} 表示算法在每一帧中需要迭代的平均次数,n_h 为候选模型中总的像素数目。在步骤 2 中,算法需要计算候选区域的概率分布函数 $\{\hat{p}_u(\hat{y}_0)\}_{u=1\cdots m}$。在步骤 3 中,新的位置 y_1 的计算需要依次进行一次加法、一次乘法、一次除法,

循环 n_h 次，因此 Mean shift 算法的计算复杂度为

$$T_C = N_{\text{iter}}(T_{\text{hist}} + n_h \cdot T_s) \tag{3.18}$$

式中，T_{hist} 为统计候选区域的概率分布函数所需要的计算代价，T_s 为一次加法、一次乘法和一次除法的总共计算代价。

这里也简单分析一下穷尽搜索法的计算复杂度，穷尽搜索法是以搜索区域的每一点为新的候选目标的中心，候选区域的面积等于目标区域的大小，因此需要进行 n_h 次的相似度函数的计算，而每一次计算相似度函数时需要候选区域的概率分布函数的计算代价为 T_{hist}，因此穷尽搜索法的计算代价 T_A 应该为

$$T_A = n_h \cdot T_{\text{hist}} \tag{3.19}$$

由于 Mean shift 算法的平均迭代次数为 4~5 次，而 $T_{\text{hist}} \gg T_s$，因此穷尽搜索法的计算量远远大于 Mean shift 算法的计算量。

3.3.7 Mean shift 迭代求解局部最优值的性能分析

由于对 Bhattacharyya 系数 $\rho[\hat{p}(\hat{y}_0), \hat{q}]$ 的求解采用一阶线性逼近，因而使得 $\sum_{u=1}^{m} \sqrt{\hat{p_u}(\hat{y}_0)\hat{q}}$ 的最大化问题转变成了对如下公式的最大值估计问题：

$$\hat{f}(x) = \frac{C_h}{2} \sum_{i=1}^{n_h} w_i k \left(\left\| \frac{y - x_i}{h} \right\|^2 \right) \tag{3.20}$$

而上式的最大化问题和权函数 $w(\cdot)$ 有关：

$$w_i = \sum_{u=1}^{m} \sqrt{\frac{\hat{q}_u}{\hat{p}_u(\hat{y}_0)}} \delta[b(x_i) - u] \tag{3.21}$$

也就是相当于求得的最佳位置是满足目标中所有点的权和核函数值的累加值应该为最大，这显然和进行一阶线性逼近的泰勒展开以前的最优值指标不一致。Mean shift 方法的实际优化目标函数并不是 $\sum_{u=1}^{m} \sqrt{q_u \cdot p_u}$，而是 $\sum_{u=1}^{m} \sqrt{\frac{q_u}{p_u}}$，此目标函数不能说出明显的实际物理意义。因为假设在目标作微小移动时，用了上述目标函数泰勒展开的一阶近似，并且以求解一阶项极大的方式来求出最优解，所以解只是原目标函数最优解的一种近似，当泰勒展开式的高阶项不能忽略时 (如图像目标快速移动，搜索空间大的情况)，这个近似的误差就会比较大。因此，在 Mean shift 算法中经过多次迭代计算所得到的局部最优位置和目标特征的实际最优值存在着或多或少的差异。Mean shift 的迭代方法可理解为一种局部寻优的方法 (求权密度“板”

的加权质心)，当权场是多极值时就可能收敛到局部极值点，因此在针对目标快速移动的跟踪时会出现跟踪不上的问题。这也是我们在进行视觉跟踪算法的研究时发现 Mean shift 算法存在的缺陷和不足，需要我们在后续几章中进行进一步的深入研究。

3.3.8　实验结果

针对于分辨率为 320×240 的 180 帧标准冰球图像序列，我们对它应用 Mean shift 算法进行了实验，然而，经过上面的分析，所计算出的运动目标的实际位置并不一定是最佳的特征匹配位置。如图 3.3(a) 所示，需要跟踪的运动目标是框内的冰球球员，框的尺寸大小为 23×39，框的中心位置为 (289, 66)。图 3.3(b)、(d)、(f) 则为部分跟踪序列，在球员上面的粗框是最优的 Bhattacharyya 系数相关值所对应的位置，而细框是实际计算出来的球员跟踪位置。图 3.3(c)、(e)、(g) 分别对应于图 3.3(b)、(d)、(f) 在跟踪窗口区域内的 Bhattacharyya 系数分布函数的三维图形。图中的实验结果表明，Mean shift 算法所计算出来的实际的 Bhattacharyya 系数值和最优的 Bhattacharyya 系数值之间存在着差异。

(a) 第 1 帧运动目标的模型图像

(b) 第 5 帧图像

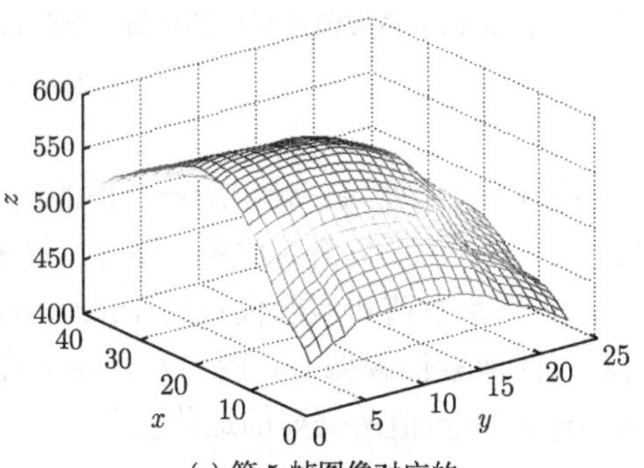

(c) 第 5 帧图像对应的 Bhattacharyya 系数分布函数三维图形

(d) 第 42 帧图像

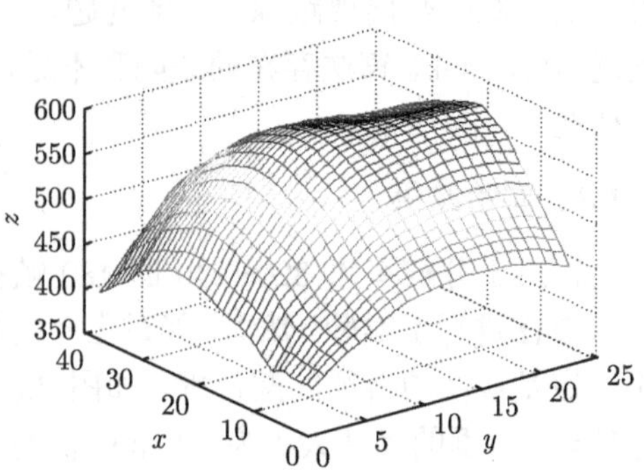

(e) 第 42 帧图像对应的
Bhattacharyya 系数分布函数三维图形

(f) 第 66 帧图像

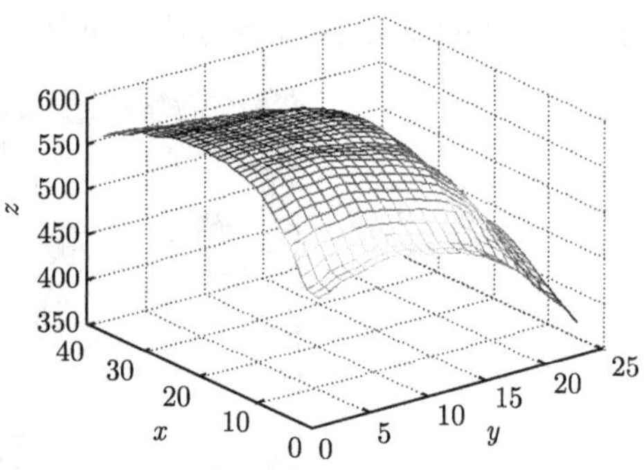

(g) 第 66 帧图像对应的
Bhattacharyya 系数分布函数三维图形

图 3.3 最优的 Bhattacharyya 系数值所对应的位置 (粗框表示) 和实际计算出的 Bhattacharyya 系数值所对应的位置 (细框表示) 以及所对应的 Bhattacharyya 系数分布函数的三维图形

图 3.4 表示在每一帧中所计算出的最优的 Bhattacharyya 系数值和实际位置的 Bhattacharyya 系数值对比图。图 3.5 描述了在每一帧中所计算出的最优的 Bhattacharyya 系数值和实际位置的 Bhattacharyya 系数值分别在 x 方向和 y 方向上所对应的像素位置偏差。图 3.6 所示为在每一帧中进行迭代求解局部最优 Bhattacharyya 系数值所需要的迭代次数。

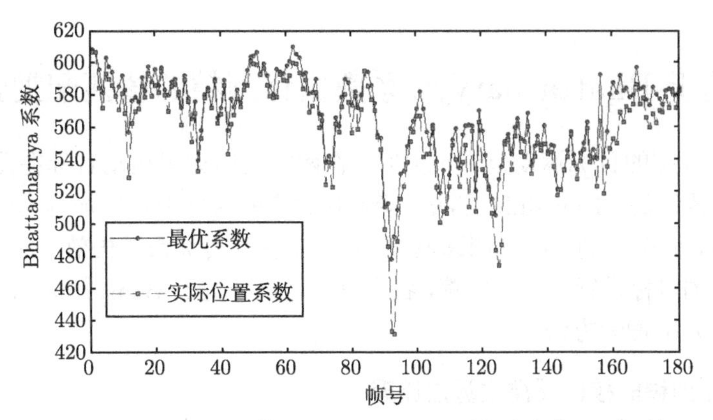

图 3.4 在每一帧中所计算出的最优的 Bhattacharyya 系数值和实际位置的 Bhattacharyya 系数值对比图

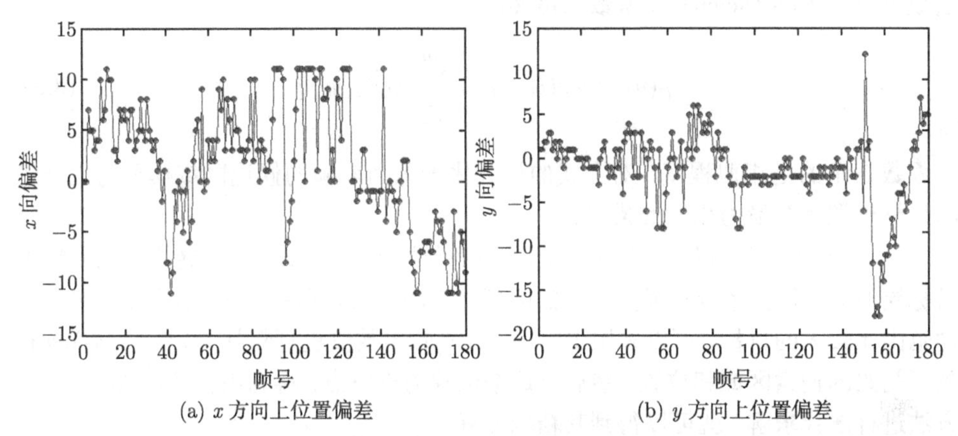

(a) x 方向上位置偏差 (b) y 方向上位置偏差

图 3.5 最优的 Bhattacharyya 系数值和实际位置的 Bhattacharyya 系数值在图像上所对应的像素位置偏差

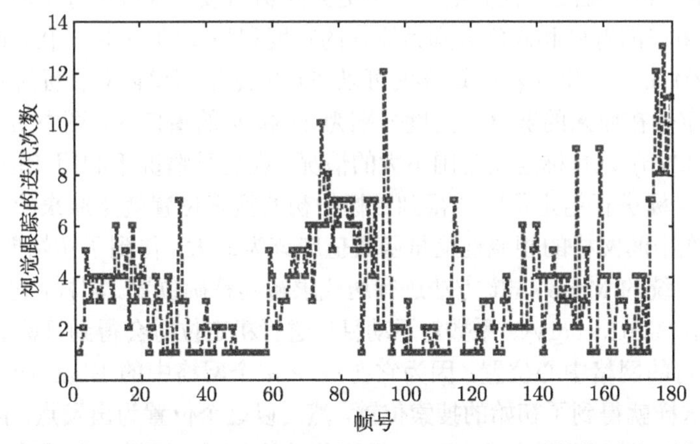

图 3.6 在每一帧中进行迭代求解局部最优 Bhattacharyya 系数值所需要的迭代次数

3.4 基于 Bhattacharyya 系数由粗到精的核匹配搜索方法

当所要跟踪的目标运动范围过大时，在两帧之间如果运动目标在图像空间没有重叠，则传统的 Mean shift 方法只能够在原来的目标窗口区域内迭代求解取得局部最优值，而得不到实际的跟踪位置，这样就使得目标跟踪失效。为了能够对运动范围过大的目标进行有效的跟踪，我们提出了一种基于 Bhattacharyya 系数的由粗到精的核匹配搜索方法。

3.4.1 由粗到精的核匹配搜索算法原理

由于在 Mean shift 视觉跟踪算法中，目标模型与候选模型之间的相似性度量函数可以由 Bhattacharyya 系数来定义：

$$\hat{\rho}(y) \equiv \rho[\hat{p}(\hat{y}_0), \hat{q}] = \sum_{u=1}^{m} \sqrt{\hat{p_u}(\hat{y}_0)\hat{q}} \tag{3.22}$$

该系数表示的是相似程度，对上式的最大化表示当前帧的候选区域模型与上一帧的目标模型具有最为相似的描述。

Mean shift 视觉跟踪算法的目标是在当前帧中的候选区域内寻找与上一帧中目标模型的特征概率分布最为相似的区域作为跟踪目标所在的位置。因此，对于运动范围比较大的目标，可以采用 Bhattacharyya 系数值进行粗搜索定位，这样就得到了初始的搜索区域和位置，然后以这个位置为出发点，再利用传统的 Mean shift 方法进行迭代求解，就可以得到其精确位置。

如图 3.7(a) 所示，对于图中的运动目标，在预先定义好的跟踪窗口宽度和高度分别为 w 和 h 的基础上，我们定义一个更大的初始搜索区域进行粗略的搜索，假设新的跟踪窗口的宽度和高度分别为原来的宽度和高度的 m 和 n 倍，也就是宽度和高度分别为 $m \times w$ 和 $n \times h$，这样就可以在新的跟踪窗口内对目标进行粗略的定位，把目标定位在原来的宽度和高度分别为 w 和 h 的窗口内，图中 m 和 n 的值都是 3。图 3.7(b) 是目标运动范围不大的情况，在这种情况下利用 Bhattacharyya 系数对运动目标进行粗定位时会得到目标的初始搜索位置就是原来的网格中心位置，由于它在中间网格的相似性度量函数值应该为最大，得到了初始搜索位置后，可以再利用传统的 Mean shift 方法进行迭代求解其精确位置。同样，对于图 3.7(c) 的情况，利用 Bhattacharyya 系数对运动目标进行粗定位时会得到目标的初始搜索位置是左上角的网格中心位置，因为它在 $m \times n$ 个网格中的 Bhattacharyya 系数值为最大，这样就得到了初始的搜索位置，然后以这个位置为出发点，再利用传统的 Mean shift 方法进行迭代求解可以得到其精确位置。同样，如果目标在两帧之间的运动范围更大，则在宽和高上的网格个数可以再增加，如 3×5 个网格、5×5 个网格等，这样就解决了大运动范围的跟踪问题。

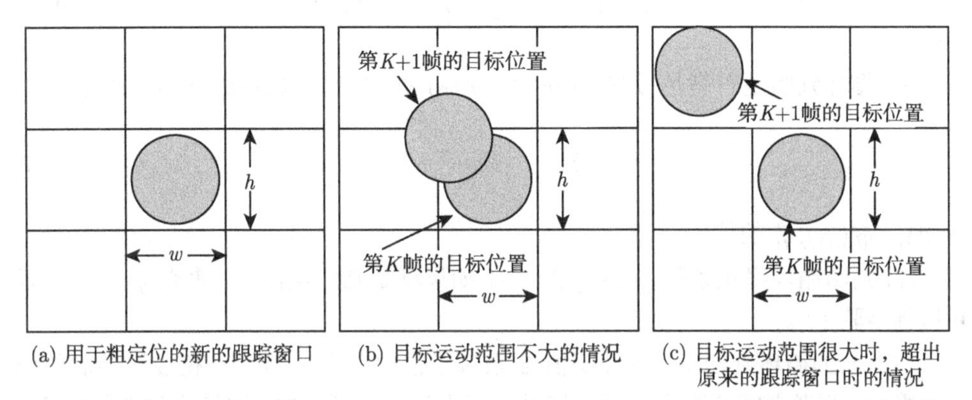

(a) 用于粗定位的新的跟踪窗口　(b) 目标运动范围不大的情况　(c) 目标运动范围很大时，超出原来的跟踪窗口时的情况

图 3.7　基于 Bhattacharyya 系数由粗到精搜索核匹配的 Mean shift 视觉跟踪算法描述

已知下列条件：目标的概率分布函数 $\{\hat{q}_u\}_{u=1\cdots m}$；在前一帧中的初始位置 $\hat{y}_0$；定义窗口宽度和高度；定义搜索网格数为 $m\times n$。基于 Bhattacharyya 系数由粗到精的核匹配搜索方法的程序步骤如下：

(1) 初始化运动目标的初始位置 $\hat{y}_0$，分别计算以 $m\times n$ 网格为候选区域的概率分布函数 $\{\hat{p}_u(\hat{y}_0)\}_{u=1\cdots m}$，并根据目标的概率分布函数 $\{\hat{q}_u\}_{u=1\cdots m}$ 分别计算每一个网格的相似性度量函数 Bhattacharyya 系数：

$$\rho[\hat{p}(\hat{y}_0),\hat{q}]=\sum_{u=1}^{m}\sqrt{\hat{p}(\hat{y}_0)\hat{q}} \tag{3.23}$$

(2) 找出 $m\times n$ 网格中最大的 Bhattacharyya 系数所对应的网格，并把这个网格的中心位置值作为目标新的搜索位置 $\hat{y}_0$ 的值；

(3) 计算权：

$$\omega_i=\sum_{u=1}^{m}\sqrt{\frac{\hat{q}_u}{\hat{p}_u(\hat{y}_0)}}\delta[b(x_i)-u] \tag{3.24}$$

(4) 计算候选目标的下一个位置：

$$\hat{y}_1=\frac{\sum\limits_{i=1}^{n_h}x_i\omega_i g\left(\left\|\dfrac{\hat{y}_0-x_i}{h}\right\|^2\right)}{\sum\limits_{i=1}^{n_h}\omega_i g\left(\left\|\dfrac{\hat{y}_0-x_i}{h}\right\|^2\right)} \tag{3.25}$$

(5) 计算候选目标的概率分布函数 $\{\hat{p}_u(\hat{y}_1)\}_{u=1\cdots m}$，并计算 Bhattacharyya 系数：

$$\rho[\hat{p}(\hat{y}_1), \hat{q}] = \sum_{u=1}^{m} \sqrt{\hat{p}_u(\hat{y}_1)\hat{q}_u} \tag{3.26}$$

(6) 循环判断是否满足 $\rho[\hat{p}(\hat{y}_1), \hat{q}] < \rho[\hat{p}(\hat{y}_0), \hat{q}]$，如果满足则进行如下操作：

$$\hat{y}_1 \leftarrow \frac{1}{2}(\hat{y}_0 + \hat{y}_1) \tag{3.27}$$

并计算 $\rho[\hat{p}(\hat{y}_1), \hat{q}]$ 的值；

(7) 判断循环终止条件 $\|\hat{y}_1 - \hat{y}_0\| < \varepsilon$，如果满足则停止循环，否则 $\hat{y}_0 \leftarrow \hat{y}_1$，返回执行步骤 (3)。

在上面的循环判断中，条件阈值 ε 限制了位置向量 $\hat{y}_0$ 和 $\hat{y}_1$ 在经过最后的迭代计算后，两者之间的距离差异应该是在容忍误差范围之内。比较小的条件阈值 ε 能够保证搜索结果具有较高的精度，但是这就增加了迭代计算的次数。为了保证跟踪的精度，但是又不失实时性，可以限制迭代搜索的最高次数，一般迭代次数大都小于 15 次。

3.4.2 实验结果

本书实验采用的是分辨率为 352×240 的 84 帧标准乒乓球图像测试序列，在该图像序列中，大部分图像序列中的乒乓球在两帧之间没有在图像空间中的重叠，因此应用传统的 Mean shift 方法得不到实际的跟踪位置，从而跟踪失效。如图 3.8(a) 所示，需要跟踪的运动目标是方框内的乒乓球，方框的大小为 13×13，方框的中心位置为 (145, 65)。图 3.8(b)~(h) 则为部分跟踪序列，在乒乓球上面的方框是根据本书视觉跟踪算法所计算出来的乒乓球的位置，另外，用“田”字型框表示乒乓球在上一帧中的跟踪位置。

(a) 第 1 帧运动目标的模型图像

(b) 第 10 帧图像跟踪结果

(c) 第 30 帧图像跟踪结果　(d) 第 42 帧图像跟踪结果

(e) 第 56 帧图像跟踪结果　(f) 第 66 帧图像跟踪结果

(g) 第 77 帧图像跟踪结果　(h) 第 84 帧图像跟踪结果

图 3.8 基于由粗到精搜索核匹配的 Mean shift 方法所跟踪的乒乓球位置 (方框表示) 以及乒乓球在上一帧中的跟踪位置 (“田”字型框表示)

从图 3.8 中可以看出，在图像序列中，由于需要跟踪的运动目标乒乓球在比赛过程中运动速度很快，在相邻两帧之间基本上很少出现区域部分重叠的情况，而是出现在周围距离上一帧跟踪位置并不是太远的区域范围内，因此传统的 Mean shift 方法不能够对这种运动目标进行有效的跟踪，而应用本书所提出的算法能够有效地利用目标模型与候选模型之间的相似性度量函数 Bhattacharyya 系数，在实现对运动目标初始的粗定位情况下，再利用 Mean shift 方法进行迭代求解局部最优值，从而实现目标的精确定位。在本实验中利用 Bhattacharyya 系数进行粗定位的搜索区域定义为 5×5 个网格。

因为本书算法是一种由粗到精进行运动目标的跟踪定位，所以它在两帧之间利用 Mean shift 方法进行运动目标的模式匹配时，能够更快地迭代收敛到局部最优解。如图 3.9 所示为利用传统的 Mean shift 方法进行目标跟踪时所需要的迭代求解次数，它的平均迭代次数为 4.5181 次，其中最低的迭代计算为 1 次，最高的迭代计算为 12 次。图 3.10 所示为利用本书算法进行目标跟踪时所需要的迭代求解次数，它的平均迭代次数为 2.4940 次，其中最低的迭代计算为 1 次，最高的迭代计算为 5 次。因此通过对两种方法的迭代次数的比较，可以看出本书所提出的由粗到精搜索核匹配的算法是一种对运动目标跟踪定位的快速算法。

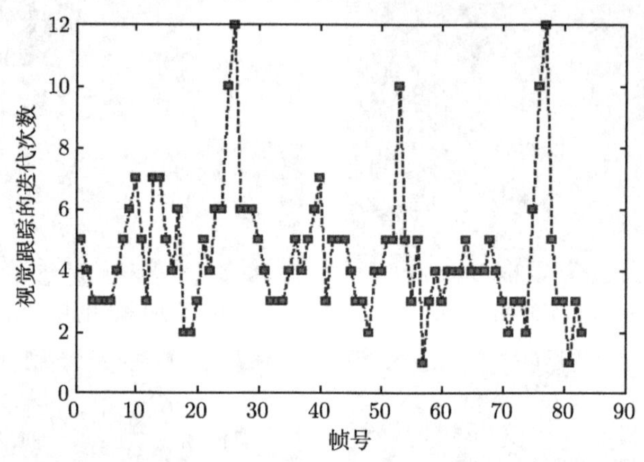

图 3.9　传统的 Mean shift 方法所需要的迭代次数

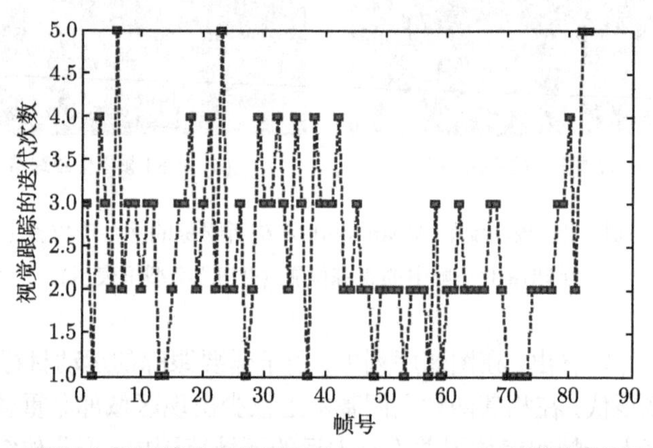

图 3.10　基于由粗到精搜索核匹配的 Mean shift 方法所需要的迭代次数

3.5　基于统计特征最大后验概率的视觉跟踪算法

现有的视觉跟踪方法大多都不能够对特征空间进行分析，特别是不适合于对复杂性特征的分析。在复杂环境中进行视觉特征的跟踪充满了不确定性，因此有必要采取具有学习与适应能力的统计模型来识别和跟踪感兴趣的目标。在视觉跟踪中，运动目标包含着不确定性噪声的特征，但是这种特征又具有一定的统计分布规律。如何基于统计特征识别运动目标，预测和估计多个目标的运动，并实现各帧之间运动目标的准确跟踪和定位，是视觉跟踪领域的重要研究方向。近年来，随着计算数学、概率论、数理统计、信息论、模式识别等学科的发展，电子计算机的计算和存储能力快速提高，概率论在通过随机变量处理不可预知的信息方面提供了有效的工具。

在统计方法中，直方图是一种最简单和最常用的密度估计方法，它从直观的角度提出了以频率代替概率进行密度估计的方法。直方图是一种统计后得出的特征数据，它反映了图像中像素的分布特性和规律，能够描述出图像的一些统计特征，如亮度和颜色等，因而根据这些统计特征在序列图像的下一帧中寻找目标的最佳位置。对于彩色图像序列，由于颜色对物体的旋转、平移、变形等变化不敏感的优点，本书的算法采用颜色直方图分布作为运动目标的统计特征。

在当前视觉跟踪中的图像匹配技术中，基于巴氏系数 (Bhattacharyya Coefficient) 指标 (简称巴氏指标) 的图像匹配方法是应用最为广泛的方法之一。备受关注的 Mean shift 跟踪算法就是以巴氏指标作为模板与待匹配区域之间相似度衡量的依据。但对于一些实际匹配问题，应用巴氏指标计算所得的最优值位置与目标对象的真实位置之间有明显偏差，甚至会出现错误匹配的情况。本书分析了该现象出现的原因，并提出一种新的图像相似性度量指标，即最大后验概率指标。该指标利用搜索区域的统计特征抑制匹配区域特征中背景成分的影响，根据待测目标与目标模板之间匹配程度的后验概率值实现相似性度量。无论是指标函数的峰值特性分布图还是序列图像的匹配结果，本书所提出的指标都明显优于巴氏指标。

3.5.1 视觉跟踪中图像匹配问题的描述

在视觉跟踪系统中，由于在相邻两帧图像序列之间运动目标不会发生大范围的运动，因此我们总是假设目标图像处于搜索区域之内。在进行视觉跟踪的研究时，为了便于分析和描述，我们需要对图像序列中的目标区域、搜索区域、待匹配区域等进行定义。

在整幅图像的某个区域内寻找与模板统计特征最为相近的区域，就是基于统计特征的图像匹配问题，称该区域为“搜索区域”，进行匹配的各个子区域为“待匹配区域”，特征最为接近的区域为“目标区域”。待匹配区域的形状和大小根据模板以及图像序列中对象形状的变化性质确定。显然，搜索区域必然包含多个待匹配区域。搜索区域的大小按照目标的运动范围来确定，以能够覆盖住任何两帧图像之间的运动目标为宜。

假设模板特征向量用 q 表示，待匹配区域的特征向量用 p 表示，它们都是 m_u 维向量。如果特征表示颜色直方图，RGB 三基色分别用 16 个等级表示，则对应的特征向量维数 $m_u = 4096$。

假设 $C(\cdot, \cdot): R^{m_u} \times R^{m_u} \to R^+$ 是某一种判断两个特征向量之间“相似程度”的判别指标函数，其值随相似程度的提高而增加，则基于统计特征的图像匹配问题可以抽象为如下性能指标的优化问题：

$$\max_{i \in \{1, \cdots, n_s\}} C(q, p^i) \tag{3.28}$$

式中，n_s 是搜索区域中待匹配区域的总数，p^i 表示第 i 个待匹配区域的特征向量，i 为优化变量，得到最为相似的匹配区域。

3.5.2 图像特征分析

视觉跟踪中图像匹配的目的是要将图像序列中的目标从复杂的背景中识别出来。最理想的情况是除目标区域外，搜索区域中任意匹配区域的特征向量与模板特征向量近似正交。对于这种情况，基于相关性判别、巴氏指标等相似性度量的图像匹配方法都是非常有效的。

然而实际情况并非如此简单，在实际的图像序列中，背景和目标的特征经常相互交织在一起。首先，同一特征可能为目标和背景所共有；另外，由于目标和相机的运动会造成图像中对象被“拉毛”，自然会出现目标和背景交融在一起的现象。企图从模板特征中消去背景特征，即对模板特征正交化处理，在大部分情况下是很困难的。况且背景往往不是单一的和静态的，要在模板特征中删除所有可能出现的背景特征是很难做到的，由于无法预测未出现的背景情况，即便可以做，目标特征可能也就所剩无几了。

在目标区域中，由于目标视角改变、光照变化、干扰以及局部遮挡等，使得一些原本属于目标的特征严重衰减甚至消失；在周围的背景区域中，模板特征中的目标与背景所共有的特征会大量出现。在这样的情况下，一些相似性度量指标在目标区域的值不一定能够确保大于非目标区域的值，因此可能造成匹配错误。

当应用巴氏指标进行图像匹配时，可能会出现匹配有偏，甚至匹配错误的现象。根据正确匹配区域和有偏匹配区域中统计特征数值的大小关系对模板特征进行分类：若某模板特征在正确匹配区域中的统计值大于有偏匹配区域中的统计值，则定义为“目标类特征”，否则定义为“交融类特征”。通常交融类特征在背景中大量出现，而目标类特征在目标区域中占优。在非目标区中交融类特征大幅度增加，对判别指标的上升产生了很大的影响，甚至超过了在目标区中目标类特征的匹配作用，这是引起错误判别的主要原因。

3.5.3 最大后验概率指标

根据以上分析，我们认为解决匹配偏差和匹配错误的一种思路是设法削弱交融类特征对判别指标的影响。交融类特征的一个明显特点是在背景中大量出现，因此可以增加一个在搜索区域中进行特征统计的环节，将统计结果用于对判别指标的修正。

搜索区域是指一个包含目标区域及其周围背景的较大区域，在搜索区域中大量分散出现的特征属于交融类的可能性必然大。计算搜索区域的统计特征向量 s，$s \in R^{m_u}$。用分量 s_u 去除第 u 个特征对应的模板特征和待匹配区域特征的相关积 $p_u q_u$。如果第 u 个特征属于交融类特征，则相关积受到很大抑制；而如果第 u 个特征属于目标类特征，较小的 s_u 相对提升了该特征相关积的权重。于是得到如下所示的判别指标：

$$\phi(p,q)=\frac{1}{m}\sum_{u=1}^{m_u}p_u\frac{q_u}{s_u} \tag{3.29}$$

上式判别指标代表统计特征匹配的后验概率。

令 n_{p} 为搜索区域中的像素总数，模板像素数等于 m，待匹配区域像素数等于 n_{c}。对于任一待匹配区域，依次检测区域中每一个像素，设编号为 j 的像素的特征为 $u(j)$。如果待匹配区域与目标区域重合 (见图 3.11)，则检测该像素特征为 $u(j)$ 的先验概率为

$$\frac{q_{u(j)}}{m}\cdot\frac{1}{n_{\mathrm{p}}} \tag{3.30}$$

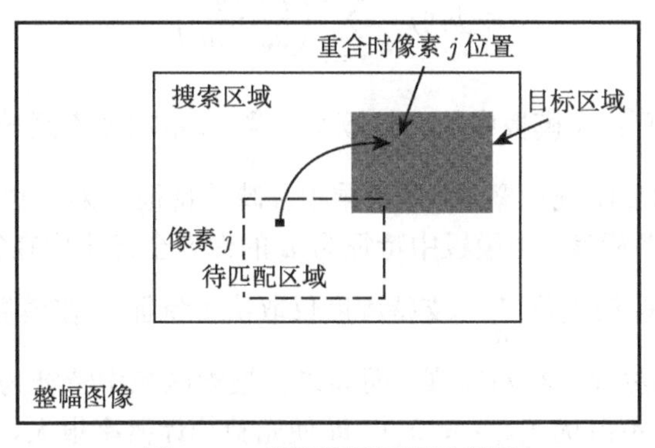

图 3.11 统计特征匹配示意图

根据实测结果，在搜索区域中任意检测到一个像素为特征 $u(j)$ 的后验统计概率为

$$\frac{s_{u(j)}}{n_{\mathrm{p}}} \tag{3.31}$$

式中，$s_{u(j)}$ 为搜索区域统计特征向量 s 的第 $u(j)$ 分量。因此，以测得待匹配区域中一个指定位置像素 j 等于第 $u(j)$ 特征 (对应于事件 Y_j) 来判别该待匹配区域是目标区域 (对应于事件 X) 的条件概率 $P(X|Y_j)$ 满足概率乘法法则：

$$P(X|Y_j)\frac{s_{u(j)}}{n_{\mathrm{p}}} = \frac{q_{u(j)}}{m} \cdot \frac{1}{n_{\mathrm{p}}} \tag{3.32}$$

即

$$P(X|Y_j) = \frac{1}{m} \cdot \frac{q_{u(j)}}{s_{u(j)}} \tag{3.33}$$

对于不同的像素点，以上条件概率相互独立，因此检测待匹配区域中全部 n_{c} 个像素后，判别该匹配区域是目标区域的条件概率为

$$P(X|Y) = \frac{1}{m}\sum_{j=1}^{n_{\mathrm{c}}} \frac{q_{u(j)}}{s_{u(j)}} \tag{3.34}$$

上式中的和是按像素点求和，如果按特征进行归类，可推导出式 (3.34) 判别指标为

$$P(X|Y) = \frac{1}{m}\sum_{u=1}^{m_u}\left(\sum_{j|u(j)=u} 1\right)\frac{q_u}{s_u} = \frac{1}{m}\sum_{u=1}^{m_u} p_u \frac{q_u}{s_u} = \phi(p,q) \tag{3.35}$$

3.5.4　最大后验概率指标分析

最大后验概率判别指标可写为如下形式：

$$\phi(p,q) = \sum_{u=1}^{m_u}\left(\frac{p_u}{s_u} \cdot \frac{q_u}{m}\right) \tag{3.36}$$

式中，$\frac{q_u}{m}$ 表示特征 u 在模板中的统计概率，$\frac{p_u}{s_u}$ 表示在搜索区域中特征 u 出现在某待匹配区域中的后验统计概率，两者乘积反映了特征 u 对于该匹配区域“中选”目标区域的“支持”程度。当模板中特征为 u 的像素全部集中在待匹配区域中 (即 $p_u = s_u$)，$\frac{p_u}{s_u} \cdot \frac{q_u}{m}$ 取最大值 $\frac{q_u}{m}$，支持程度仅取决于特征 u 在模板中的先验统计概率，占份量大的当然应该相对重视；而如果在搜索区域中特征为 u 的像素在待匹配区域中的出现并不占优 ($p_u << s_u$)，即便先验统计概率很大，特征 u 对该区域“中选”目标区域的支持程度也并不高。

3.5.5　最大后验概率指标的主要特点

首先比较最大后验概率指标与巴氏指标在搜索区域内的函数峰值特性分布图，根据其形状对比评价不同指标对目标和背景的分辨能力。在图 3.12～ 图 3.14 给出

的对比图中，局部图像中的大框表示搜索区域，小框表示目标区域。已对函数峰值特性分布图的数据进行了归一化处理，其峰值都为 1。最大后验概率指标的重要特点如下。

(1) 特点一：最大后验概率指标的峰值特性明显。

这是由于随着待匹配区偏离目标区，背景特征增加，而最大后验概率指标对背景特征的影响有忽略作用。在图 3.12(a) 所示的局部图像中，图 3.12(c) 所示的最大后验概率指标函数的峰值特性明显优于图 3.12(b) 所示的巴氏指标函数的峰值特性。

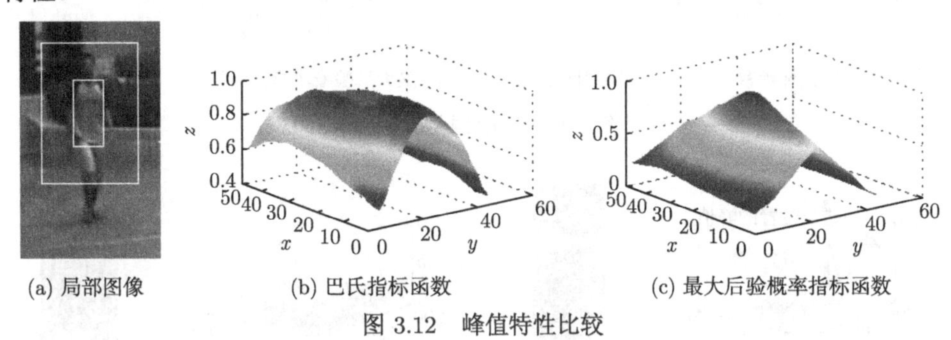

(a) 局部图像　　(b) 巴氏指标函数　　(c) 最大后验概率指标函数

图 3.12　峰值特性比较

(2) 特点二：最大后验概率指标对模板尺度的选择约束较小。

这是由于在模板中所包含的交融特征在背景中会大量出现，将在计算判别指标时被抑制。相关图像如图 3.13 所示，两组图像对应的模板大小分别为 17×17 和 39×39。由图可见，随着模板尺寸的增大，最大后验概率指标仍然表现出了良好的峰值特性，而巴氏指标的峰值特性却随之减弱。此特点对于实现匹配窗口自适应调整以及对图像变分辨率处理都十分有利。

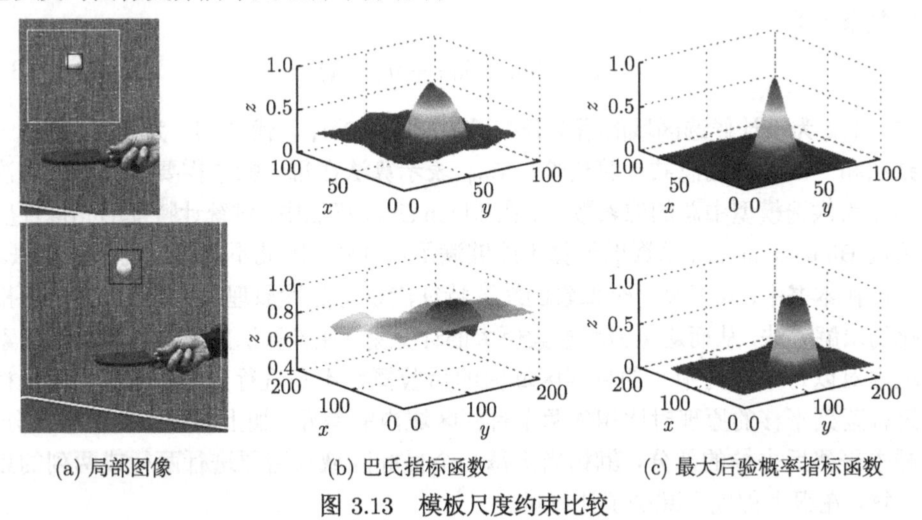

(a) 局部图像　　(b) 巴氏指标函数　　(c) 最大后验概率指标函数

图 3.13　模板尺度约束比较

(3) 特点三：与巴氏判别指标相比，可有效避免出现匹配偏差和匹配错误。

相关图像如图 3.14 和图 3.15 所示。其中，图 (a) 和图 (b) 分别为巴氏指标函数和按巴氏指标得到的有偏或错误目标位置；图 (c) 和图 (d) 分别为最大后验概率指标函数和按最大后验概率指标判别得到的正确目标位置。

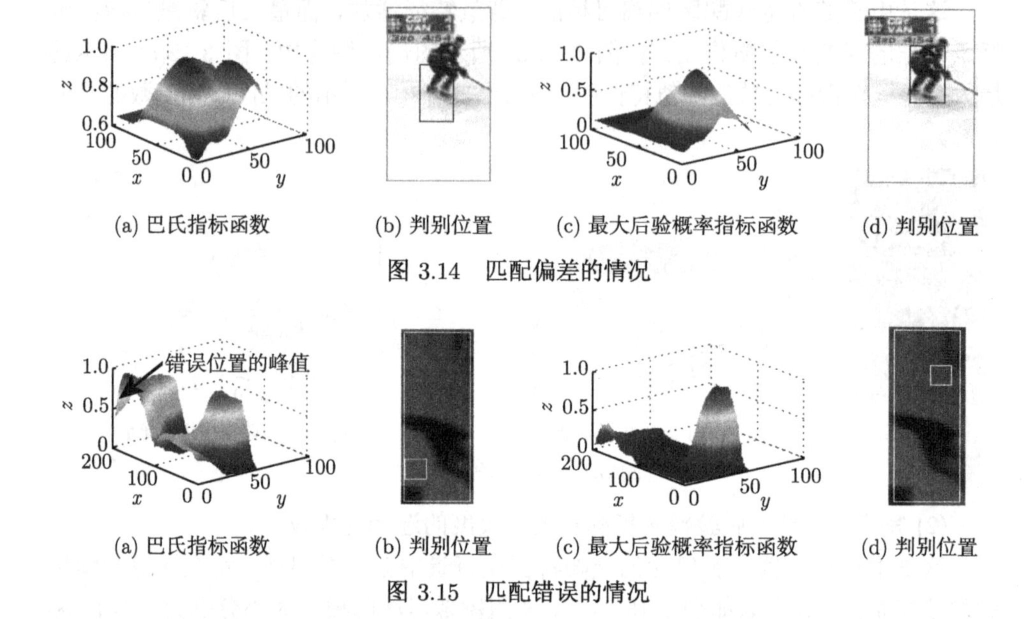

(a) 巴氏指标函数　(b) 判别位置　(c) 最大后验概率指标函数　(d) 判别位置

图 3.14　匹配偏差的情况

(a) 巴氏指标函数　(b) 判别位置　(c) 最大后验概率指标函数　(d) 判别位置

图 3.15　匹配错误的情况

3.5.6　算法计算复杂度分析

在前面 Mean shift 算法的计算复杂度章节中，我们分析了 Mean shift 算法的计算复杂度为

$$T_C = N_{\text{iter}}(T_{\text{hist}} + n_h \cdot T_s) \tag{3.37}$$

式中，T_{hist} 为统计候选区域的概率分布函数所需要的计算代价，T_s 为一次加法、一次乘法和一次除法的总共计算代价，N_{iter} 表示算法在每一帧中需要迭代的平均次数，n_h 为候选模型中总的像素数目。在 Mean shift 算法中，对统计特征的相似性度量函数 Bhattacharyya 系数的计算不能够满足可加性，因此不能够使用简化算法。

而在本书中，对于每一个像素的统计特征满足可加性原理，因此可以采用递推优化的求解方法，从而避免穷尽搜索巨大的计算量。递推算法的基本思路是在搜索区域内对以每个点为中心的目标区域内的后验概率不是进行全部的累加，而是按照逐行逐列平移的原理对比相邻两个目标区域内的差异，加上新增加的像素部分，再减去平移后去掉的部分，就相当于每一个目标区域只需要进行两行或两列的累加计算，在很大程度上减少了计算量。

对于本书中需要跟踪的运动目标，假设目标宽度和高度分别为 w 和 h，定义的跟踪窗口的宽度和高度分别为运动目标宽度和高度的 m 和 n 倍，也就是跟踪窗口的宽度和高度分别为 $m \cdot w$ 和 $n \cdot h$。如果利用穷尽搜索法计算需要的累加次数为 $m \cdot n \cdot w^2 \cdot h^2$，则计算量非常大。而利用递推优化的计算方法，计算复杂度 T_B 为

$$T_B = m \cdot n \cdot w \cdot h \cdot T_d + 4(m-1) \cdot (n-1) \cdot w \cdot h \cdot T_a \tag{3.38}$$

式中，T_d 为一次除法运算所需要的计算代价，T_a 为一次加法运算所需要的计算代价。因此本书中采用递推优化方法的计算复杂度 T_B 比 Mean shift 算法的计算复杂度 T_C 要小。

3.5.7 算法性能分析

Mean shift 方法的实际优化目标函数并不是 $\sum_{u=1}^{m} \sqrt{q_u \cdot p_u}$，而是 $\sum_{u=1}^{m} \sqrt{\frac{q_u}{p_u}}$，此目标函数不能说出明显的实际物理意义。因为假设在目标微小移动时，用了上述目标函数泰勒展开的一阶近似，并且以求解一阶项极大的方式来求出最优解，所以解只是原目标函数最优解的一种近似，当泰勒展开式的高阶项不能忽略时 (如图像目标快速移动、搜索空间大的情况)，这个近似的误差就会比较大。Mean shift 的迭代方法可理解为一种局部寻优的方法 (求权密度“板”的加权质心)，当权场是多极值时就可能收敛到局部极值点，因此在针对目标快速移动的跟踪时会出现跟踪不上的问题。而本书所提出的算法是一种全新的视觉跟踪算法，这种算法无需核函数，不需要迭代计算，能够达到全局最优，克服了 Mean shift 方法利用核函数进行优化的诸多缺点。

3.5.8 实验结果

为了检验算法的效果，我们采用两组图像序列应用本书所提出的算法进行实验。本书的算法使用 Matlab 7.0 语言开发环境，采用 CPU 为 PIV 2.4G，内存为 512M 的计算机和 Windows 2000 操作系统。

图 3.16 中采用的是标准的冰球图像序列利用本书所提出的最大后验概率的统计方法进行了视觉跟踪实验。

在图 3.16 中，图的左边全部为图像序列，分辨率为 320×240，目标模板的大小为 22×37，搜索窗口的宽为目标模板宽的 4.5 倍，搜索窗口的高为目标模板高的 3.5 倍。图像中的大框表示的是以上一帧图像的运动目标位置为中心，在当前图像序列帧中的搜索区域；本书算法所跟踪到的运动员的目标区域用小框表示。按照本书算法，在搜索区域中的后验概率分布函数值表示在右边的三维图形中。通过和前面章节中利用 Mean shift 算法进行冰球图像序列目标跟踪中的 Bhattacharyya 系

数分布函数三维图形比较，我们可以看出本书算法的后验概率分布函数图形更容易得到最优解，因此本书算法的性能指标具有优越性。

(a) 第5帧图像

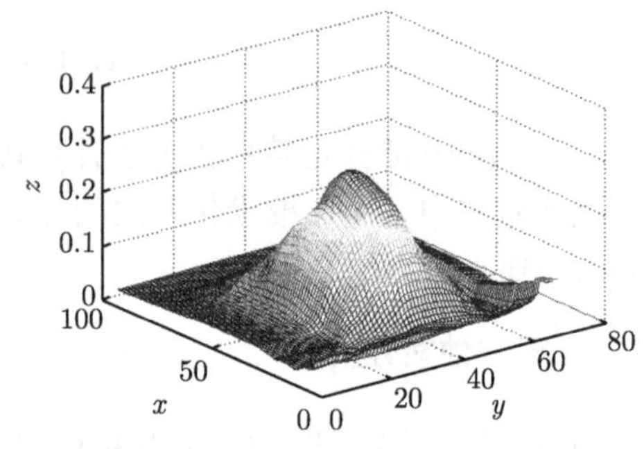

(b) 第5帧图像对应的后验概率分布函数的三维图像

(c) 第42帧图像

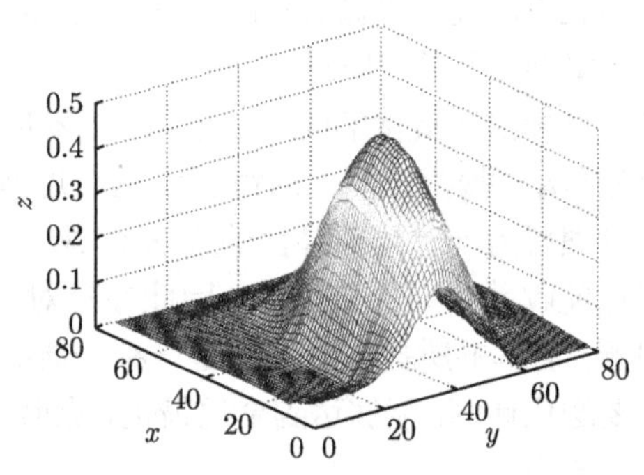

(d) 第42帧图像对应的后验概率分布函数的三维图像

(e) 第66帧图像

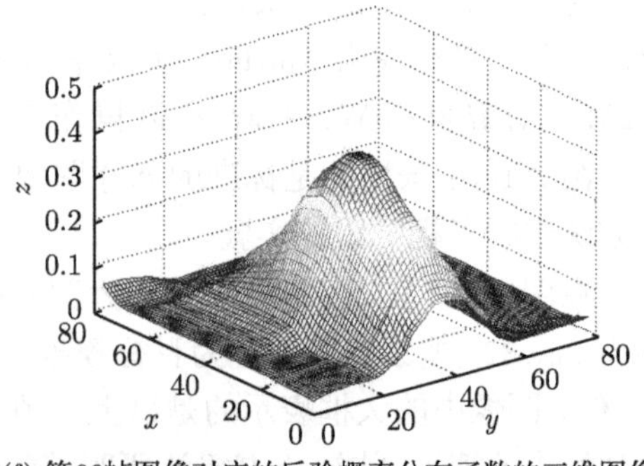

(f) 第66帧图像对应的后验概率分布函数的三维图像

(g) 第75帧图像

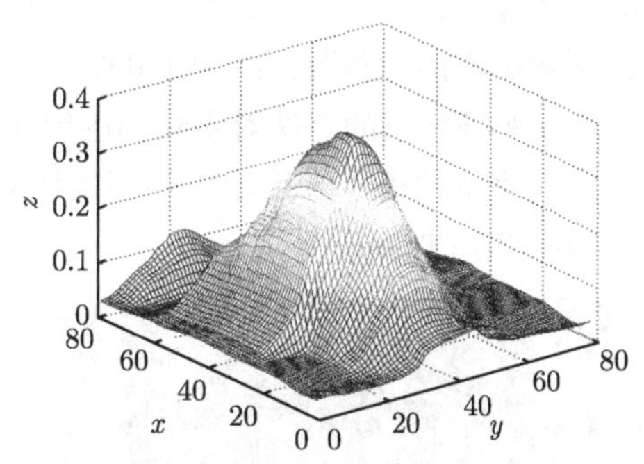

(h) 第75帧图像对应的后验概率分布函数的三维图像

(i) 第125帧图像

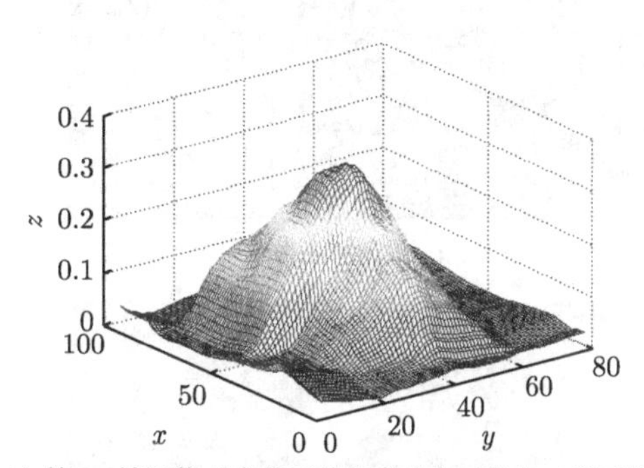

(j) 第125帧图像对应的后验概率分布函数的三维图像

图 3.16 图像序列和搜索窗口区域内所对应的后验概率分布函数的三维图形

在图 3.17(a) 中，我们给出了对冰球图像序列利用 Mean shift 方法进行视觉跟踪实验时每一帧所需的计算时间。在实验中，每一帧图像序列平均所需的计算时间约为 0.0688s。在图 3.17(b) 中，我们给出了对冰球图像序列利用本书所提出的最大

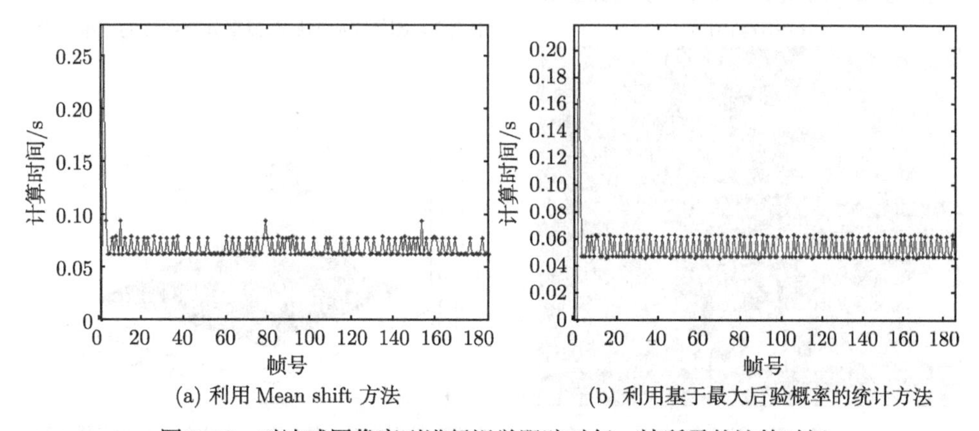

(a) 利用 Mean shift 方法 (b) 利用基于最大后验概率的统计方法

图 3.17 对冰球图像序列进行视觉跟踪时每一帧所需的计算时间

后验概率算法进行视觉跟踪实验时每一帧所需的计算时间。在实验中，每一帧图像序列平均所需的计算时间约为 0.0533s。

为了验证本书的算法对实际的图像序列是否能够进行有效的运动目标跟踪，我们在实验室中拍摄了一组足球的图像序列，利用本书算法所进行的视觉跟踪实验结果如图 3.18 所示。

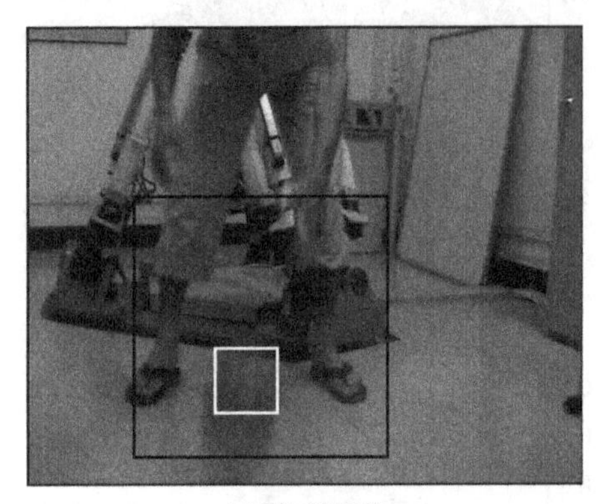

(a) 第5帧图像

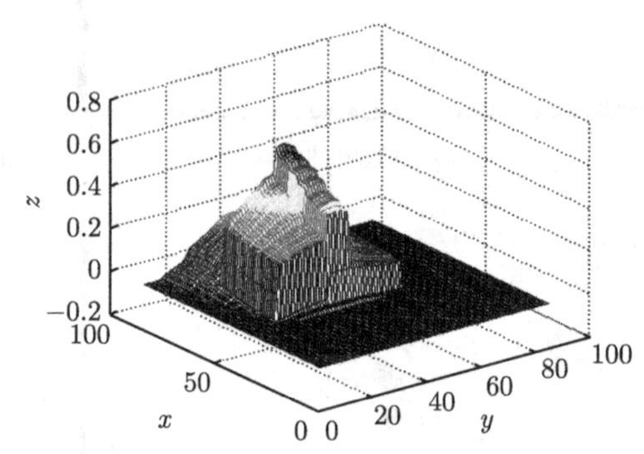

(b) 第5帧图像对应的后验概率分布函数的三维图形

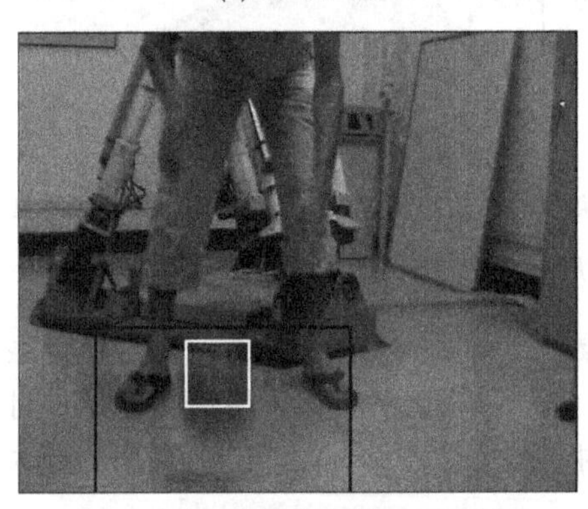

(c) 第7帧图像

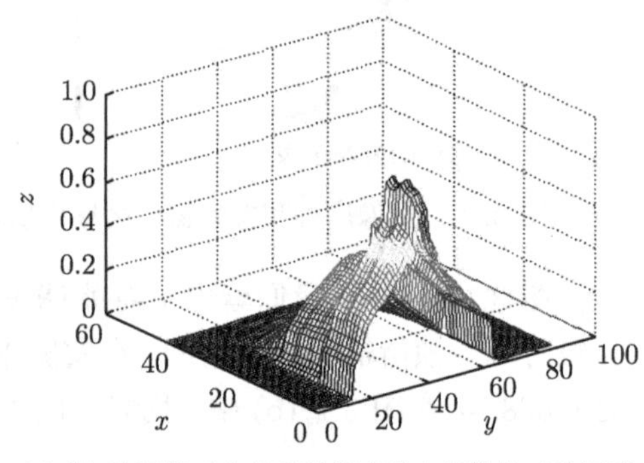

(d) 第7帧图像对应的后验概率分布函数的三维图形

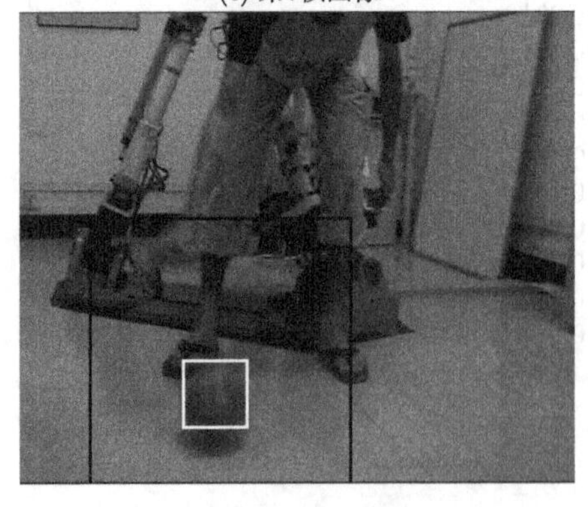

(e) 第96帧图像

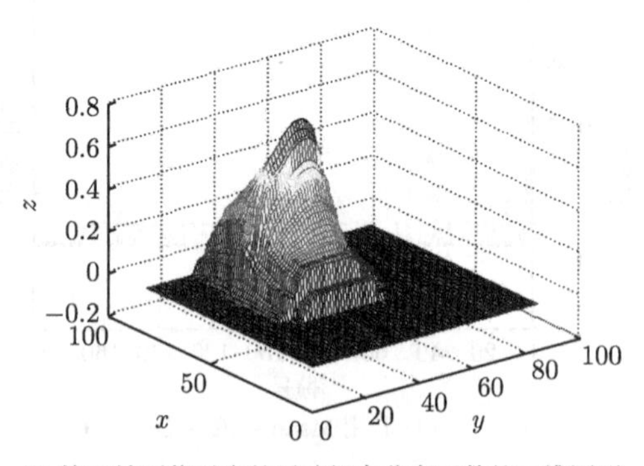

(f) 第96帧图像对应的后验概率分布函数的三维图形

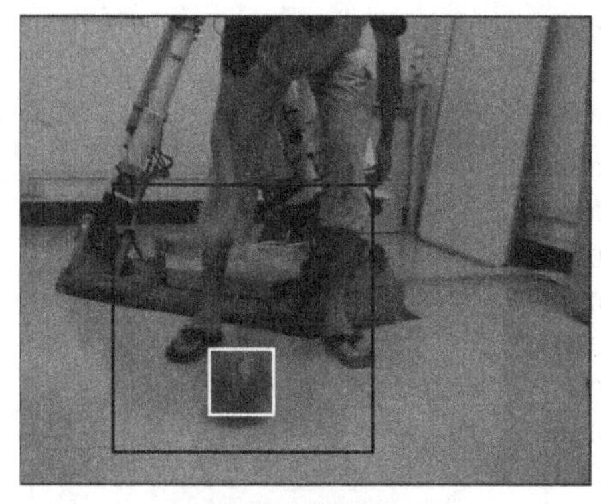

(g) 第123帧图像

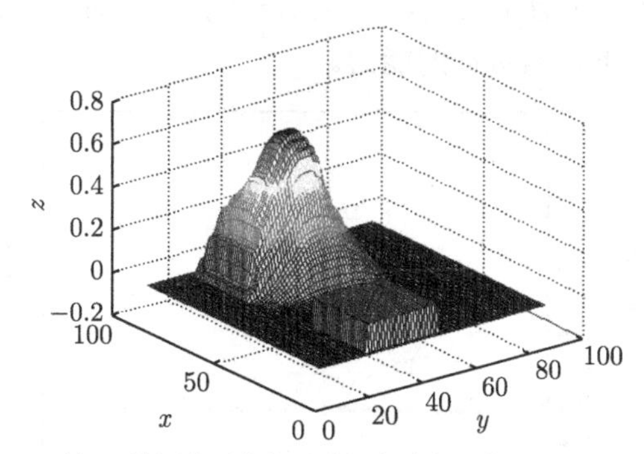

(h) 第123帧图像对应的后验概率分布函数的三维图形

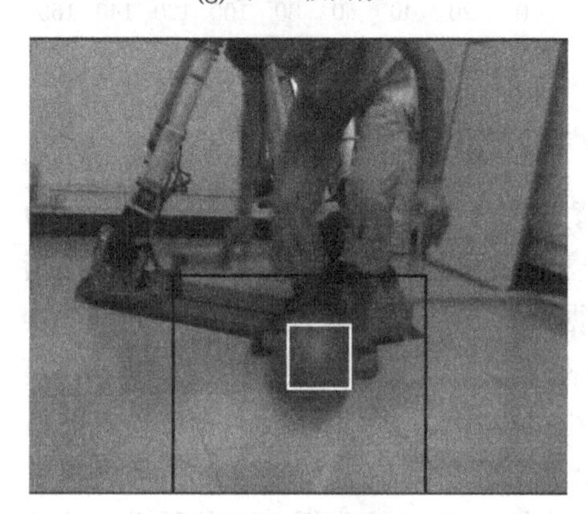

(i) 第159帧图像

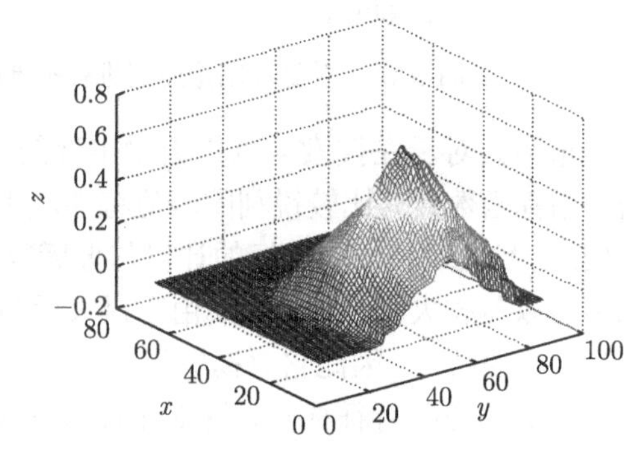

(j) 第159帧图像对应的后验概率分布函数的三维图形

图 3.18　图像序列和搜索窗口区域内所对应的后验概率分布函数的三维图形

在图 3.18 中，图的左半部分为图像序列，分辨率为 640×480，目标模板的大小为 81×81，搜索窗口的宽为目标模板宽的 4.1 倍，搜索窗口的高为目标模板高的 4.1 倍。图像中的大框表示的是以上一帧图像的运动目标位置为中心，在当前图像序列帧中的搜索区域；本书算法所跟踪到的球的目标区域用小框表示。按照本书算法，在搜索区域中的后验概率分布函数值表示在图右半部分的三维图形中。

在图 3.19(a) 中，我们给出了对在实验室中拍摄的一组足球图像序列利用 Mean shift 方法进行视觉跟踪实验时每一帧所需的计算时间。在实验中，每一帧图像序列平均所需的计算时间约为 0.3633s。在图 3.19(b) 中，我们给出了对足球图像序列利用本书所提出的最大后验概率方法进行视觉跟踪实验时每一帧所需的计算时间。在实验中，每一帧图像序列平均所需的计算时间约为 0.2826s。

本书算法采用颜色直方图分布作为运动目标的统计特征，针对应用巴氏指标进行图像匹配时可能出现偏差和错误的问题，提出了一种基于最大后验概率的视觉跟踪算法。利用搜索区域的统计特征，有效地抑制了判别指标中背景与目标交融部分特征的影响，从而突出了目标独有特征在指标中的作用，明显增强了在复杂背景下搜索目标的能力。

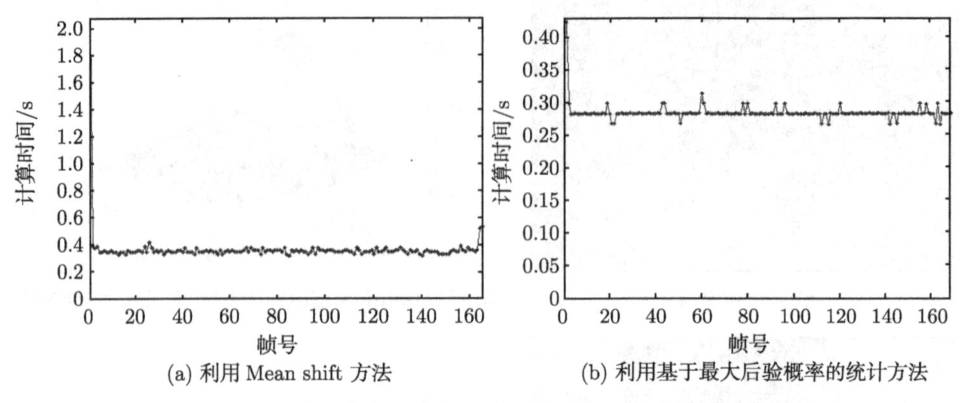

(a) 利用 Mean shift 方法　　(b) 利用基于最大后验概率的统计方法

图 3.19　对足球图像序列进行视觉跟踪时每一帧所需的计算时间

正因为对于在搜索区域中大量出现的背景特征的贡献有抑制作用，最大后验概率指标函数具有比较锐利的峰值特性，很容易搜索到唯一最优解。另外与巴氏指标相比，最大后验概率指标的计算与像素数据之间是线性关系，因此在寻优算法实现中可以节省大量计算时间。由于最大后验概率指标能够在一定程度上“区分”背景和目标的特征，因此它对模板尺度选择的约束较小，允许在模板中夹带较多的背景与目标的交融特征成分，这对于图像匹配窗口的自适应调整以及对图像进行变分辨率处理都十分有利。通过对算法性能和计算复杂度的分析，本书所提出的算法无需核函数，不需要迭代计算，能够在运动范围较大的目标跟踪过程中达到全局最优。计算复杂度分析也表明本书算法计算代价小于 Mean shift 算法，序列图像匹配的实验结果验证了基于最大后验概率指标的算法在跟踪性能各项指标上的有效性。

3.6　基于变分辨率的自适应窗口目标跟踪方法研究

通常情况下，视觉跟踪过程中，运动目标的窗口是在目标识别后由初始的跟踪窗口尺寸所决定的，在整个跟踪过程中运动目标的窗口大小不再发生变化。然而，在对运动目标的视觉跟踪过程中，由于物体运动时景深会产生或多或少的变化，运动目标在经过视觉传感器成像后所得到的二维图像的大小也会随之改变。特别是当物体离视觉传感器越来越近时，运动目标的尺寸会越来越大，这时如果还按照原来固定不变的跟踪窗口大小进行视觉跟踪，常常会导致运动目标跟踪不准确，甚至丢失目标，从而导致跟踪失败。然而到目前为止，还没有一个非常好的解决目标跟踪过程中自适应窗口问题的方法。

最近几年，有一些学者对运动目标跟踪过程中的自适应窗口问题进行了研究。Comaniciu [42] 就提出了一种基于数据驱动的核窗宽选择方法。它是一种对核密度进行估计时的最优核窗宽选择方法，但是这种方法计算特别耗费时间，不能实现实时的自适应窗口目标跟踪。Ning-Song 等 [53] 也提出了在核函数框架下的自适应窗口目标跟踪方法。这种方法的基本思想是提取出每一帧图像中运动目标的边缘角点特征，再对下一帧中提取出的运动目标的边缘角点特征区域进行搜索，以找到最佳匹配的模式，然后再根据所匹配到边缘角点特征的位置对目标窗口进行自适应调整。由于这种方法需要对每一帧图像序列进行图像处理和边缘角点特征检测，因此效率很低。Collins [54] 提出了一种在尺度空间进行视窗跟踪的算法，利用 Lindeberg 理论对不同的尺度空间进行滤波，并且运用核密度估计方法跟踪尺度空间中的峰值，其中每一个峰值都代表了一个图像视窗的空间位置和尺度。当运动目标尺寸缩小时，该方法能够得到比较满意的结果，但是当运动目标尺寸逐渐变大时，目标跟踪窗口的尺寸不一定变大，甚至很容易变小，这是由于基于 Bhattacharyya 系数的相似性度量经常会在较小的跟踪窗口内达到局部最大值，这就造成了运动目标自适应窗口尺寸的不准确。

我们在上一章中研究了基于最大后验概率的视觉跟踪算法。在此基础上，我们根据运动目标尺度变化时目标特征的后验概率分布模型，提出了一种基于变分辨率的自适应窗口目标跟踪方法。

3.6.1 基于变分辨率的自适应窗口目标跟踪方法

由于当目标运动时随着景深的变化，运动目标的大小也会随之改变，特别是在运动目标尺度逐渐变大时，基于统计模型的视觉跟踪算法的计算量也将随之增加，为了实现实时而且高效的跟踪，我们采用一种变分辨率的特征统计方法，也就是当目标大于某一尺寸时，采用多分辨率的特征统计方法，使得需要计算的实际分辨率保持和给定的分辨率一致。在对运动目标实现自适应窗口的跟踪时，特征统计的分辨率也随之改变，对尺寸越大的运动目标尺度赋予更低的分辨率，这样就实现了基于变分辨率的自适应窗口目标跟踪过程。

如图 3.20 所示，对于左图中的运动目标，如果预先定义好的目标跟踪窗口宽度和高度分别为 w 和 h，如右图所示，当运动目标的尺寸不断增大时，假设新的目标跟踪窗口的宽度 W 和高度 H 分别为原来的宽度和高度的 m 和 n 倍，也就是宽度和高度分别为 $m \times w$ 和 $n \times h$，如果不采用降低分辨率处理，那么计算量就会变得非常大。假设运动目标在宽度和高度方向上的最佳分辨率分别为 w 和 h，当新的目标跟踪窗口的宽度 W 和高度 H 分别为原来的宽度和高度的 m 和 n 倍，如果分别在宽度和高度方向上每隔 m 和 n 个像素进行采样，那么需要进行特征统计的采样点只是在水平方向实线和垂直方向实线的交点上。经过这样的变分辨率处理，

原来的分辨率为 $W \times H$ 的运动目标所需要计算的分辨率就变成了 $w \times h$。这样即使目标变得非常大，经过变分辨率的处理后视觉跟踪算法在计算量的要求上并没有改变，而且这种变分辨率的均匀采样方法并不会影响特征统计的准确性，反而在很大程度上提高了计算效率，而这对于实时的视觉跟踪系统来说是至关重要的。

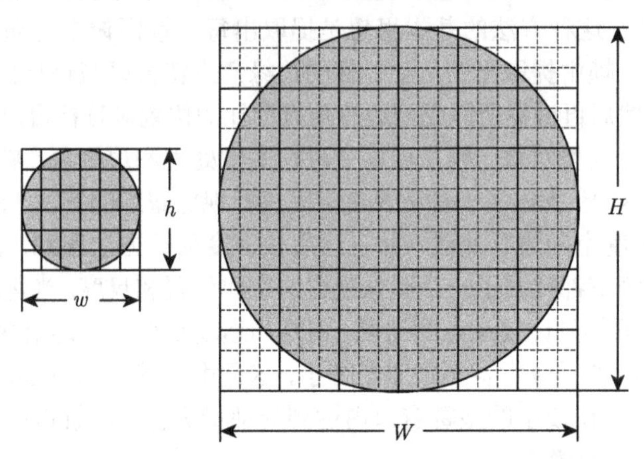

图 3.20　基于变分辨率的运动目标特征统计描述

一般情况下，运动目标如果离视觉传感器的景深比较大时，需要跟踪的目标并不会因为它在三维空间中各个方向上的运动而导致目标在二维图像上呈现太大的尺度变化。然而在有些情况下，例如机器人比赛时对足球的跟踪，足球在场地的运动过程中，离机器人的视觉传感器时远时近，难于预测它的景深，而且在远处和近处两种情况下足球在图像中的成像大小变化非常明显，这时如果还按照初始给定的固定不变的跟踪窗口大小，常常会导致跟踪失败。

为了解决目标跟踪中的自适应窗口调整问题，我们深入研究了上一章中提出的基于最大后验概率的视觉跟踪算法，分析了运动目标窗口内外框上后验概率贡献指标，建立了自适应窗口调整目标尺度的数学模型。

如图 3.21 所示，对于左图中的运动目标，如果它在第 K 帧中的目标跟踪窗口宽度和高度分别为 w 和 h，如右图所示，它表示了运动目标在第 $K+1$ 帧中尺寸可能会出现变大、不变和变小三种情况。当运动目标变大时，尺寸可以定义为 $(W_{\text{big}}, H_{\text{big}})$；当运动目标变小时，尺寸可以定义为 $(W_{\text{small}}, H_{\text{small}})$。

我们分别计算原始框和内外各一层框上的后验概率贡献指标。由于当运动目标尺寸增大时，在图像中目标的内框、原始框和外框大部分均会成为运动目标的特征，而外框上原来的背景就会变成运动目标的特征区域，因此，内框、原始框和外框上的后验概率贡献指标均会比较大。同理，当运动目标尺寸减小时，在图像中的内框、原始框和外框大部分均会成为背景的特征，内框上原来的运动目标特征可能会部分变成背景的特征区域，因此，内框、原始框和外框上的后验概率贡献指标均会比较小。

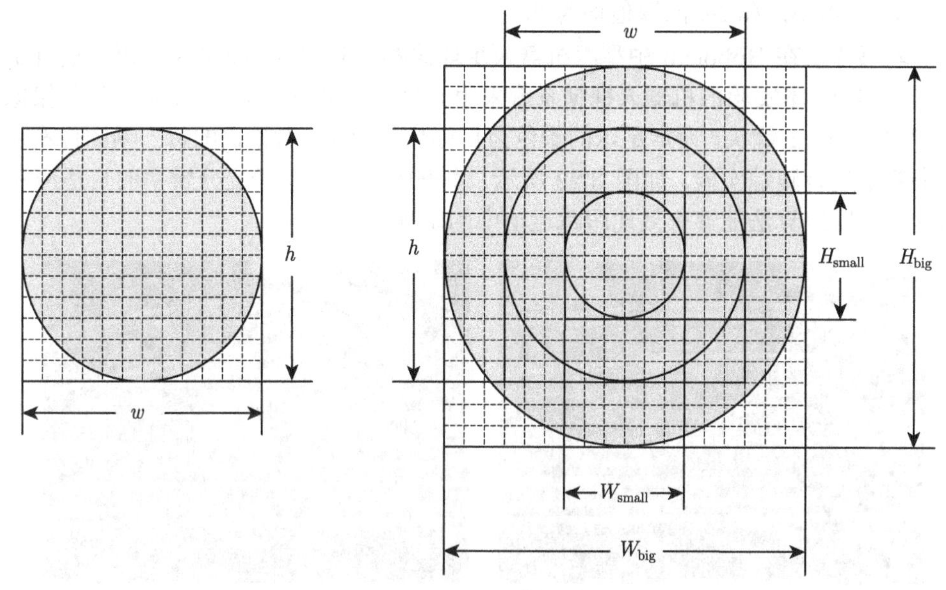

图 3.21 基于自适应窗口的运动目标跟踪描述

假设原始框上的后验概率贡献指标为 P_{old}，内框上的后验概率贡献指标为 P_{small}，外框上的后验概率贡献指标为 P_{big}，每两帧之间在宽度和高度上调整的尺寸分别为 S_w 和 S_h，则可以建立如下自适应窗口调整模型：

$$\begin{cases} w = w - S_w; \\ h = h - S_h; \end{cases} \quad P_{\text{old}} < \alpha, P_{\text{small}} < \beta \tag{3.39a}$$

$$\begin{cases} w = w + S_w; \\ h = h + S_h; \end{cases} \quad P_{\text{old}} > \phi, P_{\text{small}} > \gamma, P_{\text{big}} > \lambda \tag{3.39b}$$

式中，α，β，ϕ，γ 和 λ 分别为后验概率贡献指标阈值。

由于本书采用了变分辨率的特征统计采样方法，因此在对后验概率的贡献指标分析的基础上，利用运动目标的自适应窗口调整模型，需要跟踪的运动目标大小的变化并不会改变视觉跟踪算法的计算复杂度，这样就成功地实现了基于变分辨率的自适应窗口目标跟踪算法。在得到大小变化的运动目标在图像序列中的尺寸后，利用已经标定好的摄像机参数，就能够计算出它在三维空间中的位置。

3.6.2 实验结果

为了验证本书的算法对实际的图像序列是否能够进行有效的运动目标跟踪，我们在实验室中拍摄了 1000 帧一组跟踪人脸的图像序列，利用本书算法进行了基于变分辨率的自适应窗口视觉跟踪实验。在本实验中，$\alpha = 0.6$，$\beta = 0.3$，$\phi = 0.75$，$\gamma = 0.5$，$\lambda = 0.8$，S_w 和 S_h 的取值均为 2。

本书算法在 Robocup 中型组机器人足球比赛中利用 Visual C++ 语言进行了成功的实验。本实验的机器人视觉系统采用分辨率为 640×480 的 Basler 彩色摄像机和 Computar 镜头。设定足球的颜色为目标颜色模型，对拍摄的每一帧图像利用本书算法进行跟踪实验。如图 3.22 所示，本书所提出的基于变分辨率的自适应窗口的目标跟踪算法能够有效地跟踪运动中的足球。

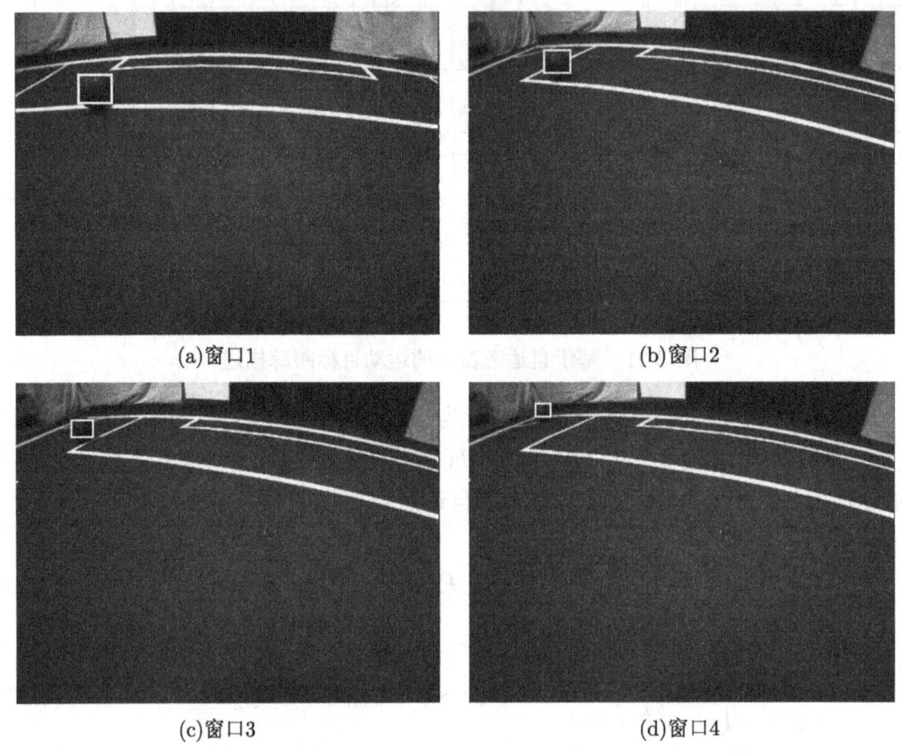

(a)窗口1　(b)窗口2

(c)窗口3　(d)窗口4

图 3.22　Robocup 机器人足球比赛中基于变分辨率的自适应窗口跟踪足球实验

针对在对运动目标的视觉跟踪过程中，由于物体运动时景深发生变化所导致的由视觉传感器成像后所得到的二维图像中运动目标的大小也随之改变这一问题，本书提出了一种基于变分辨率的自适应窗口目标跟踪方法。在基于最大后验概率的视觉跟踪算法基础上，分析了运动目标窗口内外框上的后验概率贡献指标，建立了自适应窗口调整目标尺度的模型。由于当运动目标尺寸变化时，其分辨率也相应变化，为了保证跟踪的实时性和效率，采用了变分辨率的特征统计采样方法。在对运动目标实现自适应窗口的跟踪时，特征统计的分辨率也随之改变，对尺寸越大的运动目标尺度赋予更低的分辨率，这样就实现了基于变分辨率的自适应窗口目标跟踪过程。实验结果验证了所提出算法的有效性。另外，在得到大小变化的运动目标在图像序列中的尺寸后，利用已经标定好的摄像机参数，能够计算出它在三维空间中的位置，本书算法在本课题组的机器人目标跟踪中得到了成功的应用。

3.7 基于粒子滤波的目标跟踪算法研究

粒子滤波，也称序列蒙特卡罗方法，它是通过非参数化的蒙特卡罗方法模拟实现递推贝叶斯滤波，适用于任何能用状态空间模型表示的非线性系统，以及传统卡尔曼滤波无法表示的非线性系统，并且能维持多种假设，鲁棒性好。粒子滤波方法灵活，容易实现，由于具有并行结构，适用于并行处理系统。粒子是描述目标状态的各种可能点，在图像目标中可看作一个像素点，而滤波就是滤出目标最有可能的状态。

3.7.1 粒子滤波原理

粒子滤波的核心思想就是用一些离散的加权随机采样粒子集 $S=\left\{\left(s^{(n)},\pi^{(n)}\right)\middle| n=1\cdots N\right\}$ 来近似状态变量的概率密度函数，其中 $s^{(n)}$ 为粒子，$\pi^{(n)}$ 为该粒子对应的权值。跟踪目标的状态由 X_t 来描述，向量 Z_t 代表到时刻 t 的所有观测量 $\{z_1,\cdots,z_t\}$。每一个粒子代表目标的一个假设状态，对应离散采样概率 π，其中，$\sum\limits_{n=1}^{N}\pi^{(n)}=1$。采样粒子集的进化是根据系统模型对每一个粒子进行推广而完成的。粒子集中的每一个粒子根据观测重新进行权重分配，每一个粒子选择的概率为 $\pi^{(n)}=p\left(z_t|X_t=s_t^{(n)}\right)$。一个目标的状态可以由这些粒子的加权平均得到：

$$E[S]=\sum_{n=1}^{N}\pi^{(n)}s^{(n)} \tag{3.40}$$

传统的粒子滤波方法适用于彩色图像跟踪，采用 Bhattacharyya 距离更新由粒子滤波器计算所得到的后验分布。分布的每一个样本代表一个长方形区域，可以给定为

$$s=\{x,y,\dot{x},\dot{y},H_x,H_y,\dot{a}\} \tag{3.41}$$

式中，x,y 代表区域的中心位置，$\dot{x},\dot{y}$ 代表运动的位置，H_x,H_y 表示长方形区域的长和宽，$\dot{a}$ 是对应的尺度变换。

粒子样本集可以通过如下一阶自回归动态方程进行推广：

$$s_t=As_{t-1}+w_{t-1} \tag{3.42}$$

式中，A 为 7×7 的参数矩阵，w_{t-1} 是一个加性零均值的高斯随机噪声。当目标的状态传播具有加速度时，则可以推广采用二阶自回归模型。

为了对粒子进行权重估计，采用 Bhattacharyya 距离计算目标直方图与假定区域直方图的相似性。每一个假定区域由状态向量 $s^{(n)}$ 指定，目标直方图 q 和候选直方图 $p_{s^{(n)}}$ 采用下面的形式进行计算：

$$p_y^{(u)} = f\sum_{i=1}^{I} k\left(\frac{\|y-x_i\|}{a}\right)\delta\left[h\left(x_i\right)-u\right] \tag{3.43}$$

式中，f 是归一化因子，k 是 Epanechnikov 核函数，I 是区域的像素数，y 为区域的中心，x_i 为像素点，a 为区域的对角线长，δ 是 Kronecker delta 函数，u 为颜色特征向量的维数，$h\left(x_i\right)$ 为像素点 x_i 所对应的颜色特征向量。

由于颜色分布与目标模型接近的样本之间的 Bhattacharyya 距离会很小，而对应的粒子权重会很大，故

$$\pi^{(n)} = \frac{1}{\sqrt{2\pi}\sigma}\mathrm{e}^{-\frac{d^2}{2\sigma^2}} = \frac{1}{\sqrt{2\pi}\sigma}\mathrm{e}^{-\frac{1-\rho(p_s(n),q)}{2\sigma^2}} \tag{3.44}$$

上式服从方差为 σ 的高斯分布。在滤波期间，具有较高权值的样本粒子也许会被多次选择，导致重复拷贝，而那些权值相对小的样本粒子就会被淘汰。

3.7.2　基于后验概率的粒子滤波算法

目标在运动过程中可能会产生目标图像形状、尺度变化和出现部分遮挡等问题，导致传统的粒子滤波算法发生跟踪漂移、跟踪不准确甚至跟踪丢失等情况，本书引入了基于后验概率的相似性度量模型对目标区域和候选粒子区域进行匹配，来提高粒子的利用效率，用非常少的粒子就能够逼近目标的真实状态，很好地实现了运动目标的跟踪。算法的具体步骤如下：

(1) 根据各粒子的权值 $\pi_{t-1}^{(n)}$ 重采样 S_{t-1}。

① 计算归一化累积概率 c'_{t-1}：

$$\begin{cases} c_{t-1}^{0} = 0 \\ c_{t-1}^{(n)} = c_{t-1}^{(n-1)} + \pi_{t-1}^{(n)} \\ c_{t-1}^{\prime(n)} = \frac{c_{t-1}^{(n)}}{c_{t-1}^{(N)}} \end{cases} \tag{3.45}$$

② 产生均匀分布的随机数 $r\in[0,1]$；

③ 利用二分法寻找满足 $c_{t-1}^{\prime(n)} \geqslant r$ 的最小的 j；

④ 产生 $s_{t-1}^{\prime(n)} = s_{t-1}^{(j)}$。

(2) 通过线性动态方程从 $t-1$ 时刻粒子集 S'_{t-1} 求 k 时刻的粒子集：

$$s_t^{(n)} = As'^{(n)}_{t-1} + w_{t-1}^{(n)} \tag{3.46}$$

式中，$w_{t-1}^{(n)} \sim N\left(0, \sigma^2\right)$。

(3) 观测颜色分布。

① 对粒子集 S_t 中的每一个粒子计算其颜色分布：

$$p_{s_t^{(n)}}^{(u)} = f\sum_{i=1}^{I} k\left(\frac{\left\|s_t^{(n)} - x_i\right\|}{a}\right)\delta\left[h\left(x_i\right) - u\right] \tag{3.47}$$

② 计算粒子集 S_t 的每一个粒子样本与目标模板的相似度度量函数：

$$\rho(p, q) = \sum_{u=1}^{m}\left(\frac{p_u}{s_u} \cdot \frac{q_u}{m}\right) \tag{3.48}$$

③ 计算粒子集 S_t 中每个粒子的权值：

$$\pi^{(n)} = \frac{1}{\sqrt{2\pi}\sigma}\mathrm{e}^{-\frac{1-\rho(p_S(n), q)}{2\sigma^2}} \tag{3.49}$$

④ 计算粒子集 S_t 的加权平均状态估计：

$$E\left[S_t\right] = \sum_{n=1}^{N}\pi^{(n)}s_t^{(n)} \tag{3.50}$$

在复杂环境下，光照条件、视场角度以及景深的变化都有可能影响基于颜色分布的粒子滤波器的质量。为了克服这些原因导致的目标状态的变化，我们在观测期间慢速更新目标模型。当目标被遮挡或者有太多噪声时，通过去除图像不属于目标本体部分而保证在目标丢失时目标模型不被更新。因此，我们使用如下更新模型：

$$\pi_{E[S]} > \pi_T \tag{3.51}$$

式中，$\pi_{E[S]}$ 是平均状态 $E[S]$ 的观测概率，而 π_T 是阈值。

目标模型的更新方程如下式所示，由于直方图的每一维都有权重系数 α，对应于均值状态直方图 $p_{E[S_t]}$ 的贡献大小，t 时刻的目标模板定义为

$$q_t^{(u)} = (1-\alpha)q_{t-1}^{(u)} + \alpha p_{E[S_t]}^{(u)} \tag{3.52}$$

因此，对于粒子滤波的整个样本集，目标模型只有一个，分别进行自适应更新，当然，我们还可以考虑为每个样本使用不同的目标模型，以提高目标对环境变化的适应性。

3.7.3　实验结果

为了验证本书的算法对实际的视频图像序列是否能够进行有效的运动目标跟踪，我们采用一组 500 帧、分辨率为 752×560 的标准汽车图像序列，运用 Matlab 语言分别对传统粒子滤波算法和本书基于后验概率度量的粒子滤波算法进行跟踪实验，所采用的计算机为 2G 主频、1G 内存。图 3.23(a)~(f) 为传统粒子滤波算法采用 300 个粒子得到的跟踪位置。图 3.24(a)~(f) 为本书算法采用 80 个粒子得到的位置。可见本书算法抗遮挡能力强，所计算出的目标轨迹更稳定，更符合目标的运动曲线。

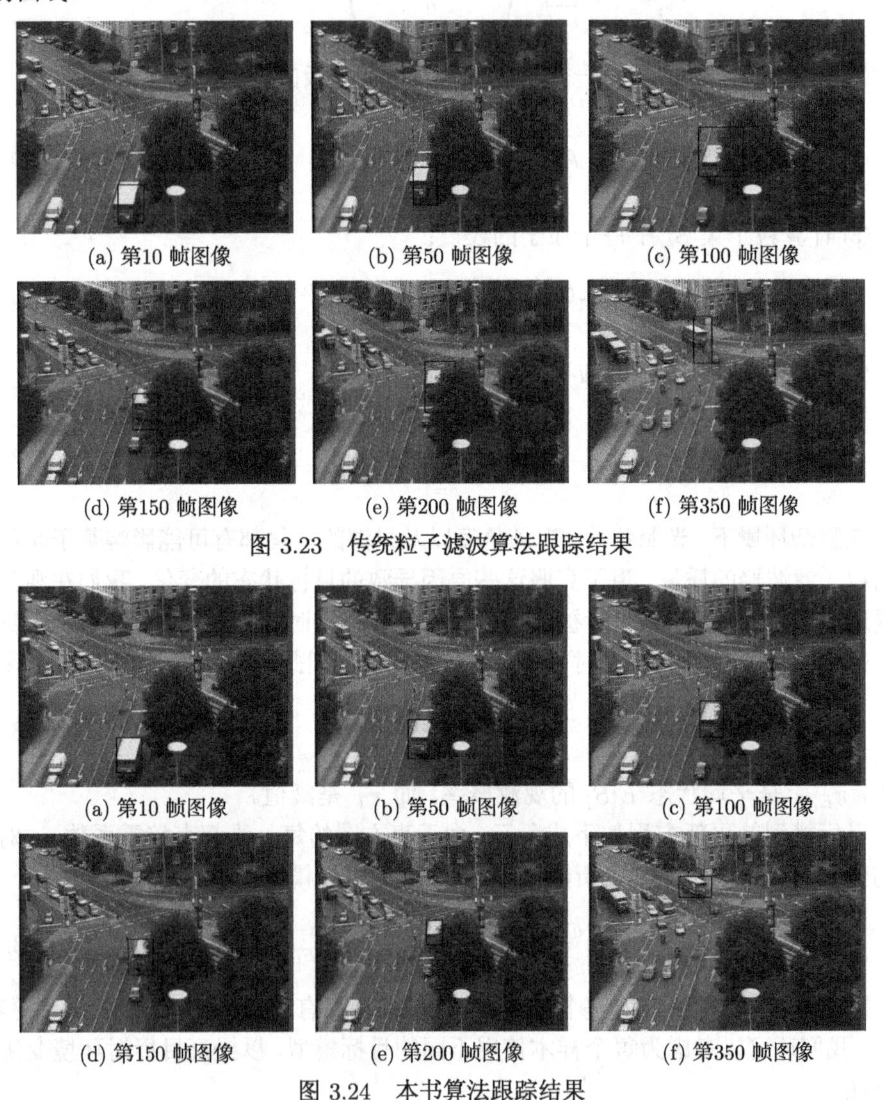

(a) 第10 帧图像　(b) 第50 帧图像　(c) 第100 帧图像

(d) 第150 帧图像　(e) 第200 帧图像　(f) 第350 帧图像

图 3.23　传统粒子滤波算法跟踪结果

(a) 第10 帧图像　(b) 第50 帧图像　(c) 第100 帧图像

(d) 第150 帧图像　(e) 第200 帧图像　(f) 第350 帧图像

图 3.24　本书算法跟踪结果

3.8　基于 TLD 的目标跟踪算法

3.8.1　算法构成

TLD(跟踪检测学习) 算法框架是一个用于针对视频中未知物体长期跟踪的架构。简单来说，算法由三部分组成：跟踪模块、检测模块和学习模块。跟踪模块实现相邻帧的短时目标跟踪；检测模块是在全图中检测疑似目标；学习模块则根据跟踪模块和检测模块的结果进行学习，生成训练样本来对跟踪模块的正负样本和检测模块的目标概率模型进行更新，避免以后出现类似错误。TLD 算法模块如图 3.25 所示。

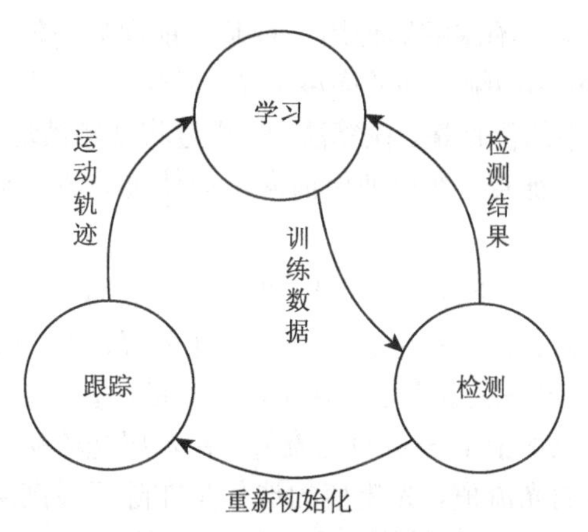

图 3.25　TLD 算法模块图

TLD 算法最大的特点就在于能对锁定的目标进行不断的学习，以获取目标最新的外观特征，从而及时完善跟踪，以达到最佳的状态。也就是说，开始时只提供一帧静止的目标图像，但随着目标的不断运动，系统能持续不断地进行探测学习，记忆目标的各种变化，并实时识别，经过一段时间的学习之后，目标就再也无法躲过。

TLD 算法采用了跟踪和检测相结合的策略，是一种自适应的、可靠的跟踪技术。跟踪器和检测器并行运行，二者所产生的结果都参与学习过程，学习后的模型又反作用于跟踪器和检测器，对其进行实时更新，从而保证了即使在目标外观发生变化的情况下也能够被持续跟踪。检测器和跟踪器的计算结果通过综合模块进行加权，得到真实目标位置。TLD 算法架构如图 3.26 所示，下面对各模块分别介绍。

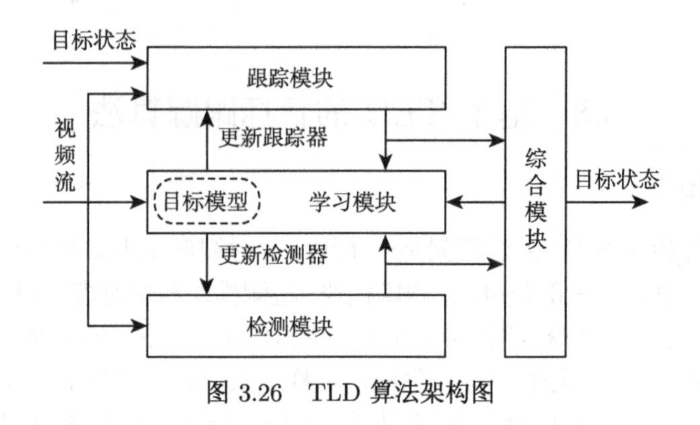

图 3.26　TLD 算法架构图

3.8.2　跟踪模块

跟踪检测学习框架中的跟踪器使用一种基于前向后向轨迹的 LK 光流法。光流法理论假设目标在相邻两帧之间的亮度恒定，即光线不会发生大的变化，从而推出特征点在连续两帧中的位移量。在算法中，通过将视频帧均匀画网格，选取每个网格的左上角顶点为特征点，然后使用前向后向轨迹光流法来跟踪预测这些特征点在下一帧中的位置。

LK 光流法采用的是一个迭代的过程，即使在图像灰度不连续的大位移运动下仍能实现对目标的跟踪。首先利用金字塔对图像分层，因此最上层图像的分辨率最低，这样光流值的计算是从金字塔的最上层进行的，接下来光流初始值的确定是在本层金字塔光流值上加上上一层的光流值，在本层光流初始值确定的基础上才能够计算下一层光流的光流值，光流值的迭代是在除了最高层外的其他层上进行的，当到达最后一层时，光流就转换为光流矢量，用这个信息去估计出跟踪目标的状态。光流法特点是搜索区域大，相邻帧可在目标发生较大位移情况下实现稳定跟踪，然而其跟踪精度相对不高。

在跟踪检测学习算法中，通过将视频帧均匀画网格，选取每个网格的左上角顶点为特征点，然后使用前向后向轨迹光流法来跟踪预测这些特征点在下一帧中的位置。前向后向跟踪概念如图 3.27 所示。工作原理是从前一帧 (左图) 向当前帧 (右图) 跟踪，找到匹配点 (右图两个点)，再以当前帧 (右图) 图像作为模板在前一帧 (左图) 图像中找匹配点，形成闭环。如果在前一帧中找到的匹配点 (左图上下两个点) 与之前的起始点 (左图中间点) 距离小于阈值，则认为跟踪正确，否则为错误跟踪。图 3.28 中点 1 和点 2 在相邻帧图像中，若采用传统方法，仅通过判断光流预测点找到位置，在实际中可能发生错误。但加入前向后向跟踪算法后，则很容易判断出点 2 的错误跟踪。

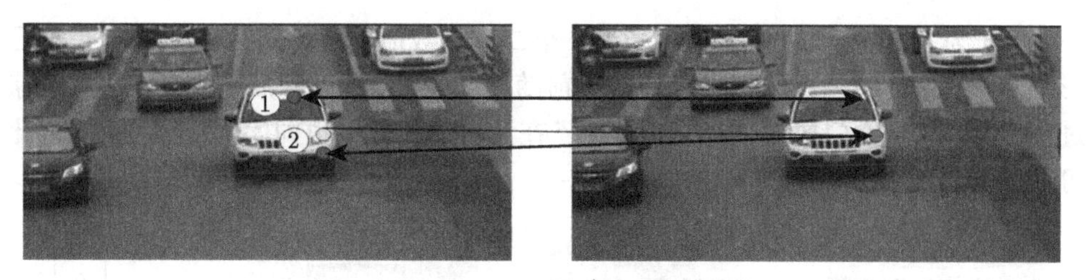

图 3.27 前向后向跟踪原理

3.8.3 检测模块

检测器主要用来定位视频每一帧中目标的位置。跟踪检测学习算法中的目标检测器主要是一个级联分类器，其主要由方差分类器、集合分类器以及最近邻分类器三部分组成，如图 3.28 所示。

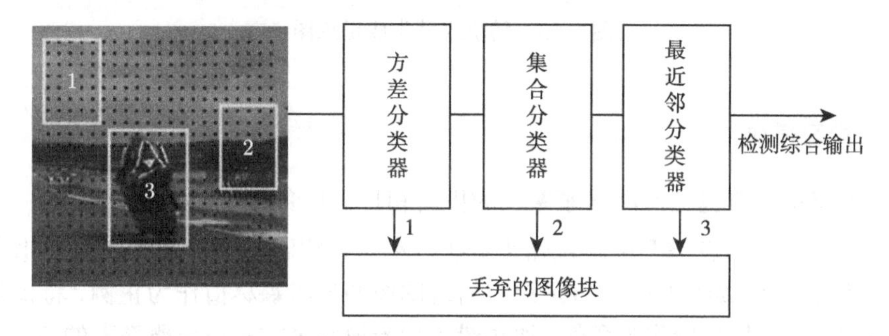

图 3.28 TLD 检测器原理

第一步方差分类器是用波门大小的方框遍历全图，计算每个方框的方差，如果方差太小 (小于跟踪器计算的方差阈值) 则放弃该方框。

第二步集合分类器是对计算通过方差检测的方框计算其随机森林数值。根据该数值查询检测器的概率表，获取其为真实目标的概率。概率值范围为 [0,1]，此处认为大于 0.6 即为疑似目标。通常这样对全图检测出的疑似目标数量在 30 个以下。

第三步最近邻分类器对疑似目标计算它们与正样本的相关系数，如果一个扫描窗口与在线模型的相关相似度大于给定的阈值，就把这样的扫描窗口分类为目标样本，认为其通过了最近邻的分类器，被分类为正样本的图像块。

最后检测综合输出为疑似目标的相关系数如果大于跟踪器跟踪目标的相关系数，则认为跟踪器出现错误，将检测器的疑似目标作为真实目标输出。这就是检测器对跟踪器的纠正。

检测模块的核心算法是随机森林。随机森林算法如图 3.29 所示。首先对波门内图像做滤波处理，然后随机产生多组成对的像素点 (树叶)，比较各点对灰度的大小，大于为 1，小于为 0，组合后产生一个二进制数值 (树)。像这样产生多棵树后形成随机森林。随机森林每次都是跟踪前随机产生，退出跟踪后则重新产生，跟踪过程中不变。当波门放大缩小时，“树叶”在波门中的位置也同比例发生变化，因此可适应目标的缩放。

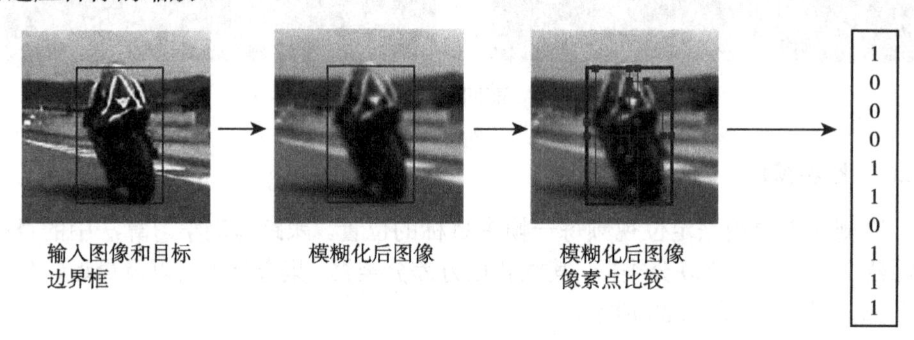

图 3.29　随机森林生成示意图

3.8.4　学习模块

学习模块主要包括检测器概率表的更新和目标正负样本的更新及判决。

检测器的概率表需要由跟踪器来维护。在进入跟踪之前，概率表初始化为全零。在每帧图像稳定跟踪后，将跟踪点附近图像的随机森林值作为正例，将检测器检测出的错误疑似目标作为负例，通过最大后验概率公式去更新概率表的值。由于正负例子的数量不多，能够快速完成更新。经过数秒训练后，概率表趋于稳定，即可用来判别疑似目标。

目标正负样本主要用来完成是否为真实目标的判决。正样本为目标图像，每次刷新模板后，并不是用新模板来替代旧模板，而是将它们都保存下来，形成正样本库，也就是目标图像库。负样本为干扰物图像，与跟踪波门距离较远的景物都认为是干扰物，如果干扰物与目标的相似度比较大，则放入负样本库。例如发生错车时，非目标车辆的图像就会被放入负样本库。之后目标重新出现，学习模块就会判断当前跟踪目标与正样本和负样本的“距离”，进而区分出跟踪目标更像干扰物还是真实目标。

正负样本库也可理解为多模板跟踪，样本即为模板。它可以克服受干扰时模板刷新错误的影响。传统跟踪算法中，模板是唯一的，模板一旦刷新错误，则会导致跟踪失败。正样本库则可保证在错误刷新模板的情况下，只要正确正样本的数量大于错误正样本的数量，同样能依靠正样本库找到真实目标。而负样本库可最大程度避免将干扰物刷新为目标模板，也就是减少错误正样本的数量，如图 3.30 所示。

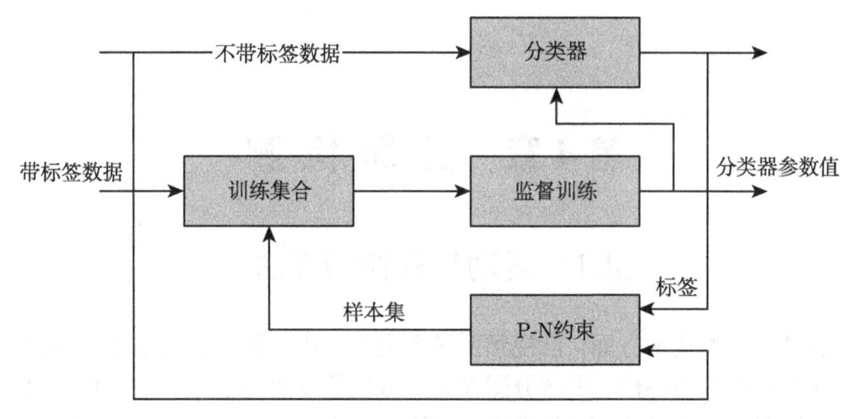

图 3.30 正、负样本学习算法框架

正负样本学习的主要步骤如下:

(1) 利用已有的标记样本训练出一个初始的分类器;

(2) 利用分类器对未标记的样本进行分类判断;

(3) 识别出分类判断的结果与结构约束不符合的样本, 并且重新对这些样本进行标记;

(4) 将重新标记后的样本加入训练集中, 并再次训练分类器;

(5) 跳转至步骤 (1) 循环执行。

基于跟踪检测学习框架的目标跟踪算法由三部分组成: 跟踪模块、检测模块、学习模块。跟踪模块实现相邻帧的短时目标跟踪; 检测模块是在全图中检测疑似目标; 学习模块则根据跟踪模块和检测模块的结果进行学习, 生成训练样本来对跟踪模块的正负样本和检测模块的目标概率模型进行更新, 避免以后出现类似错误。

第4章 目 标 检 测

4.1 运动目标检测算法

在动目标检测技术方面，以视频图像配准为基础。算法框架主要包括三部分：图像进行配准和运动补偿、求差分图像和差分图像动目标提取。在动目标检测中，参考帧和检测帧基本重叠，因此特征提取的成功率更高。在两帧图像配准后，采用帧间运动目标检测算法提取运动目标。

4.1.1 背景匹配技术

基于灰度的方法和基于特征的方法是图像配准中常用的两类匹配技术。块匹配和灰度投影匹配是常用的基于灰度的匹配方法，其复杂度不高，而精度略低。

基于特征的图像配准是图像配准方法中的一大类，这类方法的主要共同之处是首先对图像中关键信息进行提取，再利用提取的特征完成两幅图像特征之间的匹配，通过特征的匹配关系建立图像间的几何变换模型以完成图像的配准。由于图像中有很多可以利用的特征，因而产生了多种基于特征的方法：特征点 (包括角点、高曲率点等)、直线段、边缘、轮廓、闭合区域、特征结构以及统计特征 (如几何矩、重心等)。其中，基于特征点的图像配准技术优势最为突出，因而应用最为广泛。这些优点主要体现在以下三个方面：

(1) 图像的特征点比图像的像素点要少很多，从而大大减少了匹配过程的计算量；

(2) 特征点的匹配度量值对位置变化比较敏感，可以提高匹配的精度；

(3) 特征点的提取过程可以减少噪声的影响，对灰度变换、图像变形以及遮挡都有较好的适应能力。

在特征点中角点是图像的一个重要的局部特征，其直观定义是指在至少两个方向上图像灰度变化均较大的点。在实际图像中，轮廓的拐角、线段的末端等都是角点。角点特征因具有信息量丰富、便于测量和表示、能够适应环境光照变化等优点，而成为许多特征匹配算法的首选。本章也正是在这样的背景下对著名的 Harris 角点检测算法及原理进行了深入的讨论，进而研究基于 Harris 特征点旋转不变性的特征点匹配算法。

1. 块匹配法

块匹配法是图像配准中常用的一种方法，该方法不需要对图像序列进行预处理，只需要在原始图像数据上进行运算，可以保留图像序列中每一帧图像的全部信息，该算法原理简单，可以快速实现。其中对每一子块匹配寻求局部运动矢量时，可以采用相同的搜索准则、搜索路径等方法，具体到背景匹配算法时，需要将多块的运动矢量进行最小二乘后得到背景的全局运动矢量。

块匹配法首先就是将图像划分成许多互不重叠的子块，并认为子块内的所有像素都具有运动一致性，且只作平移运动。其次，在参考图像中的每一子块的对应范围内，以一定的匹配准则搜索与当前图像子块的最匹配位置，由此可获得许多组图像块匹配对。最后，再将这些匹配对采用最小二乘法以某一固定的运动变换模型来估计图像的运动量。

块匹配算法原理简单，易于实现。但在具体工程应用中，如下的几类问题已经暴露：首先，当图像序列帧间变化不大时，为了提高搜索速度，可以用小的搜索窗口；反之，如果处理的图像序列中帧与帧之间的变化很大，则必须用大的窗口进行搜索，这样会直接导致系统的计算量和存储资源呈几何指数急剧增加；其次，由于块匹配运动估计只能处理摄像机的平移运动，对旋转角度过大或形变量过大的图像变化难以进行精确的匹配，不精确的块匹配必然会导致最终图像运动估计的精确程度。因此，目前块匹配算法难以在运动矢量估计中进行工程化应用。

2. 灰度投影法

灰度投影法用于运动估计的最基本的理论来源：尽管图像序列帧间存在着几何变化和照度变化，但相邻帧间的图像重合区域具有相似的灰度分布特点。灰度投影法将图像横纵方向产生的直方图映射成两个独立的一维波形，即图像各行列灰度曲线，它反映了图像灰度在横纵两个方向的分布特点，对应曲线的相对位移量即为相邻帧画面的运动矢量。

灰度投影法具有较高的计算速度，但这是以损失图像的大量信息作为代价的，因此，灰度投影法的应用条件是要保证图像的灰度变化较丰富，图像要有一定的对比度，否则，灰度投影曲线变化不明显，难以精确求出运动矢量或根本无法进行相关运算。但通常电子稳像系统由于成像环境复杂，图像序列之间的运动不仅包括平移运动，还包括局部场景的独立运动等，这些因素都会影响灰度投影算法的精度，直接将灰度投影算法应用于背景匹配，配准性能将不能保证。

3. 基于 Brief 特征的背景匹配技术

电子稳像本质上也是在实现图像配准，然而电子稳像的目的是提供稳定的视频图像画面，其要求的配准精度不如拼接和目标检测中要求的精度高，一两个像素的误差并不会导致视频图像的明显变换。而在拼接中，一个像素的误差会导致相邻两幅图像出现画面不连续，一个像素的误差也会导致目标检测中虚景增加。同时，目标检测也要求良好的配准实时性，SIFT 特征具有抗尺度缩放、平移旋转等优越的稳定性，在图像拼接中，两幅图像来自相邻传感器，差异较大势必需要此稳定特征，而在目标检测中参考帧与检测帧图像一般为相邻 1 至 3 帧同传感器连续图像，差异不会过于显著，结合配准精度要求和检测实时性，这里采用 Brief (binary robust independent elementary features) 特征，这个特征描述子是由洛桑联邦理工学院 (EPFL) 的 Calonder 在 ECCV 2010 上提出的，主要思路就是在特征点附近随机选取若干点对，将这些点对的灰度值的大小组合成一个二进制串，并将这个二进制串作为该特征点的特征描述子。

Brief 的优点在于速度，但是对于大角度旋转不具有旋转不变性，并且不具有尺度不变性。对于与相邻帧图像配准，其尺度和旋转角度均不会有较大变化，因此适宜采用 Brief 特征作为目标检测图像配准。

Brief 特征本身不具备特征点提取功能，它是一种特征点描述器，一般采用 SIFT、SURF 等特征点位置进行计算。为提高算法实时性，在本书中采用 Harris 角点提取算法，根据图像尺寸选择 Harris 角点响应最大前若干角点来实现。

4.1.2　帧间运动目标检测

在帧间差分后的残差图像中，运动目标区域的边缘部分的灰度值较高，同时，在其他部分还存在有噪声干扰成分。为了得到最后的运动目标区域，还要进一步进行差分目标的阈值分割，本书中使用区域生长结合管道滤波的算法实现，流程如图 4.1 所示。

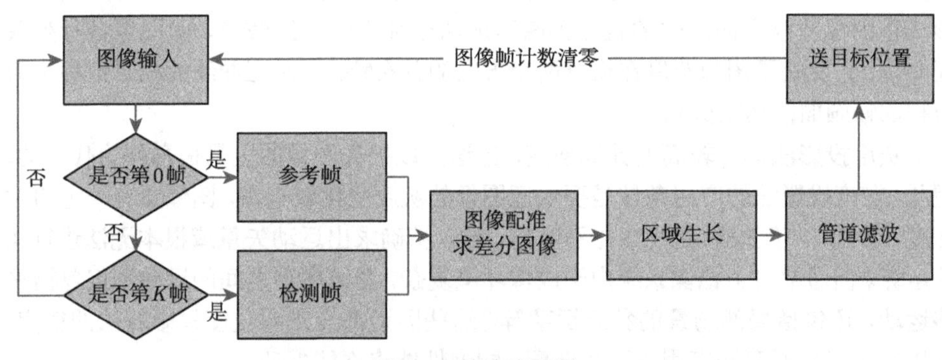

图 4.1　算法流程图

对于相隔 K 帧的两幅图像，在实施图像配准后得到参考帧与配准帧，两帧图像相减求差分图像，即可得到图像中运动部分。对于差分图，通过经典图像处理算法 ——FloodFill 算法得到其中的运动部件，对运动部件采用基于 EM 的聚类算法合并为若干感兴趣目标，最终通过管道滤波基于多帧图像连续性实现最终目标检测。

1. 求差分图像

根据差分图像提取目标的前提是假设目标和背景存在一定的灰度差，其基本原理是：对于运动目标在相隔一定帧的两幅图像中相对背景发生了变化，当背景稳定后，两幅图像作绝对差后则可减去均一的背景部分，而在目标所在位置会得到灰度差，选取一定阈值滤除掉背景细微变换作差引起的噪声，将目标差分部分保留下来。对于监控视频图像，相隔数帧的图像背景只会存在很缓慢的变换，因此配准后作差的噪声很小，而目标运动速度较快，一般能够准确提取出运动目标所在区域的差分。

假设在相隔一定时间的 t_i 和 t_j 获取两幅视频图像 $f(x,y,t_i)$ 和 $f(x,y,t_j)$，一般其相隔时间不宜过小或过大，过小导致运动目标运动范围过小，难以提取出差分部分；过大又会导致背景变化太大，虚警提升，其二值化差分图像的计算公式可以表述如下：

$$d_{ij}(x,y)=\begin{cases}1, & |f(x,y,t_i)-f(x,y,t_j)|>T_{\mathrm{g}}\\ 0, & \text{其他}\end{cases} \tag{4.1}$$

式中，T_{g} 为灰度阈值，二值化图像中“0”表示相隔的时间内变化微小或未变化的地方，也就是背景部分；而“1”表示变化显著也就是由目标和其附近背景相减得到，认为是目标所在区域。阈值 T_{g} 可以选取某个固定值，也可以参考如下公式计算：

$$T_{\mathrm{g}}=\frac{\sum|f(x,y,t_i)-f(x,y,t_j)|}{\sum\nabla f(x,y,t_i)+G} \tag{4.2}$$

式中，$\nabla f(x,y,t_i)$ 为当前图像的梯度，G 为梯度附加项。

2. FloodFill 运动检测

由于噪声和光照变化等因素，必须进一步滤波排除杂散点，提取出目标的精确位置。首先对差分图像区域生长形成运动目标片。

FloodFill 是一种经典的串行图像分割算法，该算法的目的是从差分后的二值化图像中提取出完整的目标块，通过遍历整个二值化图，对每一个二值化“1”为种子，将与其相邻的“1”点进行八邻域连通，从而寻找出整幅图像中最大的连通区域，即为潜在的目标。

3. EM 目标聚类

各运动目标片结合 EM(期望最大化) 算法聚类成完整的运动目标。

根据粒子滤波的思想，将每一个目标片看成是一个粒子，应用距离进行合并，一个目标是由多个粒子构成，但是这些粒子并不都是目标的聚类点，采用 EM 算法继续计算，排除外围点，提取出目标。

给定某个量测数据 z 以及用参数 θ 描述的模型族，EM 算法的基本形式就是求得 θ，使得似然函数 $p(z|\theta)$ 为最大，即

$$\hat{\theta}^{*} = \arg\max_{\theta} p(z|\theta) \tag{4.3}$$

一般情况下，由式 (4.3) 给出的 ML 估计只能求得局部最大值。可以考虑采用迭代算法，每次迭代都对 θ 值进行修正，以增大似然值，直至达到最大值。

假定已经定义了一个对数似然函数 $L(\theta) = \ln p(z|\theta)$，而且 k 次迭代对于参数的最优估计是 $\hat{\theta}_k$，由此可以得到对数似然函数变化量为

$$L(\theta) - L(\hat{\theta}_k) = \ln p(z|\theta) - \ln p(z|\hat{\theta}_k) = \ln \frac{p(z|\theta)}{p(z|\hat{\theta}_k)}, k \in \mathbf{N} \tag{4.4}$$

显然，L 值的增大或减小依赖于对 θ 的选择。于是，选择 θ 使得式 (4.4) 的右边极大化，从而使似然函数尽可能地增大。但是，一般情况下，这是不可能做到的，因为实际问题中用以描述模型族的观测数据 z 是不完全的。

设观测数据集合是 z_{obs}，而不可观测数据 (或缺失数据) 是 z_{mis}，二者构成对所考虑模型族适配的完全数据集合

$$z = z_{\text{obs}} \cup z_{\text{mis}} \tag{4.5}$$

假设 z_{mis} 是已知的，则最优的 θ 值就容易计算得到。从数学的观点来看，对于离散概率分布，将其变为

$$L(\theta) - L(\hat{\theta}_k) = \ln \frac{\sum\limits_{z_{\text{mis}}} p(z_{\text{obs}}|z_{\text{mis}}, \theta) p(z_{\text{mis}}|\theta)}{p(z_{\text{obs}}|\hat{\theta}_k)}, k \in \mathbf{N} \tag{4.6}$$

这个表达式是对和式求对数，应用 Jensen 不等式可得

$$L(\theta) - L(\hat{\theta}_k) \geqslant \sum_{z_{\text{mmis}}} p(z_{\text{mis}}|z_{\text{obs}}, \hat{\theta}_k) \ln \frac{p(z_{\text{obs}}|z_{\text{mis}}, \theta) p(z_{\text{mis}}|\theta)}{p(z_{\text{obs}}|\hat{\theta}_k) p(z_{\text{mis}}|z_{\text{obs}}, \hat{\theta}_k)}, k \in \mathbf{N} \tag{4.7}$$

重写上式，得到

$$L(\theta) \geqslant L(\hat{\theta}_k) + \varDelta(\theta|\hat{\theta}_k) = l(\theta|\hat{\theta}_k), k \in \mathbf{N} \tag{4.8}$$

式中，

$$\varDelta(\theta|\theta_k) = \sum_{z_{\text{mmis}}} p(z_{\text{mis}}|z_{\text{obs}}, \hat{\theta}_k) \ln \frac{p(z_{\text{obs}}|z_{\text{mis}}, \theta) p(z_{\text{mis}}|\theta)}{p(z_{\text{obs}}|\hat{\theta}_k) p(z_{\text{mis}}|z_{\text{obs}}, \hat{\theta}_k)}, k \in \mathbf{N} \tag{4.9}$$

$L(\theta)$ 和 $l(\theta|\hat{\theta}_k)$ 都是参数 θ 的函数，而且在参数空间中，前者处处大于或等于后者，如果 $\theta=\hat{\theta}_k$，则 $\varDelta(\theta|\hat{\theta}_k)=0$。

EM 算法可以分为如下两个步骤进行。

1) 求期望 (E 步)

利用当前的参数估计 $\hat{\theta}_k$ 计算似然函数 $l(\theta)$ 的表达式。

2) 极大化 (M 步)

对函数 $l(\theta)$ 求极大以得到新的参数估计 $\hat{\theta}_{k+1}$，也就是对 $L(\hat{\theta}_k)+\varDelta(\theta|\hat{\theta}_k)$ 进行极大化。此时利用了假定不可观测数据已知的条件，一般情况下比直接对 $L(\theta)$ 进行极大化来得容易。

因此，EM 算法的步骤可描述如下：

E 步计算为

$$Q(\theta|\hat{\theta}_k)\overset{\text{def}}{=\!=}E_{z_{\text{mis}}|z_{\text{obs}},\hat{\theta}_k}\ln p(z_{\text{obs}},z_{\text{mis}}|\theta),k\in\mathbf{N} \tag{4.10}$$

M 步计算为

$$\hat{\theta}_{k+1}=\arg\max_{\theta}[Q(\theta|\hat{\theta}_k)],k\in\mathbf{N} \tag{4.11}$$

4. *管道滤波*

为提高多目标检测稳定性，降低虚景率，采用连续多帧管道滤波算法最终输出检测目标，利用序列图像中目标运动的连续性和轨迹的一致性得到目标的预测运动轨迹，再通过在后续帧中预测轨迹周围一定范围内进行搜索就可以得到目标信号。

具体算法步骤为：将前述计算得到的聚类后目标作为管道滤波的输入，判断每一个管道在管径规定的范围内是否存在目标，若存在目标则归并入该管道；若一个候选点不属于现有的任何一个管道，则开辟一个新管道。在规定的检测场数中计算每个管道目标出现的场数，根据指定的准则判断真实的目标并确定其位置，如图 4.2 所示。

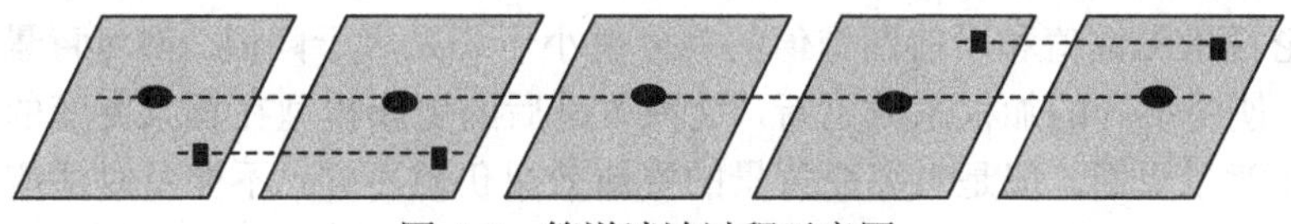

图 4.2 管道滤波过程示意图

4.1.3 基于混合高斯分布的背景估计模型

背景估计是背景差分法的关键步骤。采用背景差分的方法进行运动检测，先要对背景进行准确的估计，再用当前图像和背景图像进行差分运算，并对差分图像进行区域分割，提取出运动区域。在交通场景中，背景环境变化较大，如环境光线会随时间渐变，建筑物、树木或云层投射到地面的阴影也会随光线的变化而变化，临时停靠在路边的车辆等，这些都会使背景发生渐变或突变，这就要求背景估计模型能够适应环境的变化。

1. 背景估计算法

背景估计可以采用人工指定的方法，即从连续视频图像序列中取一帧没有运动物体存在的图像作为背景图像。这种方法不能对背景变化进行调整，显然不适合交通场景。在交通场景中，可行的方法是建立自适应背景估计模型，在连续图像中对背景进行实时自适应估计。常用的背景估计模型有图像平均模型、选择性背景更新模型、基于卡尔曼滤波器的背景更新模型、混合高斯分布模型。

最简单的背景估计模型是图像平均模型，它把一系列的图像序列的像素值累加起来求平均值作为背景像素值，经过长时间平均后，就可以把运动物体所造成的误差消除，从而得到比较准确的背景。这种方法往往用于背景初始化，随着图像序列的不断增加，就必须采用背景更新公式来更新背景，而不是简单地将图像序列的像素值累加起来求平均值，因为求平均值时每一帧图像都同等处理，随着图像数目增多，前期图像所占的比例太大，后期提取出的背景很难适应实际背景的变化。一种简单的背景更新算法就是将背景图像和当前帧图像取均值，将结果作为新的背景估计。实际应用中往往是给背景图像和当前图像赋予不同的权值，求它们的加权平均。

在选择性背景更新模型中，将背景图像和当前图像进行差分运算，如果某点的背景图像值和当前图像值的差值小于某一个阈值时，就认为该点没有运动物体，用该点的当前图像值更新背景图像值，否则保持该点的背景图像值不变。在实际应用中采用这种方法，能够减少运算量，同时对背景渐变的跟踪速度也比较快，但是这种更新模型在背景突变情况下，就无法完成背景的更新，这样就会导致目标的误检和漏检。例如有新的车辆停在背景中或者原来停在背景中的车辆离开了，此时算法就会认为该区域始终有运动物体存在而选择不更新背景。一种改进的模型就是无论背景图像值和当前图像值的差分值小于还是大于阈值，都对背景图像进行更新，使用不同的加权系数更新，这种改进后的更新模型在背景突变的情况下也能完成背景更新，但是对突变背景的更新效果仍然不佳，不能及时适应背景的变化。

2. 混合高斯分布模型

当有新的物体加入背景中或者原来背景中的物体消失，造成背景发生突变时，为了仍能及时适应背景的变化，本书提出了一种高斯混合模型用于背景提取。高斯分布法的原理就是把图像中的像素值看成是一些高斯分布的综合作用，即前景高斯分布和背景高斯分布的混合体。图像的某点像素值符合前景高斯分布时，就认为该点属于前景目标；符合背景高斯分布时，就认为该点属于背景，并进行背景更新。

高斯模型属于概率统计模型。背景一般可以分为单模态和多模态两种，前者在每个背景点上的像素值分布比较集中，可以用单个概率分布模型来描述，后者的分布则比较分散，需要多个分布模型来共同描述。自然界中的很多景物和人造物体，如水面的波纹、摇摆的树枝、飘扬的旗帜、监视器荧屏等，都呈现出多模态的特性，在多云天气条件下的交通场景也表现为多模态特点，即背景忽明忽暗。最常用的描述背景点像素值分布的概率模型是高斯模型。用 $\eta(x, \mu, \Sigma)$ 表示观察值为 x，均值为 μ，协方差矩阵为 Σ 的高斯分布的概率密度函数，在处理过程中，假设背景模型中每个图像点是独立的，并且像素值的分布是与位置无关的，对它们的处理也是独立的。

单高斯分布背景模型适用于单模态背景情形，它为每个图像点的颜色建立了单个高斯分布表示的模型 $\eta(x, \mu_t, \Sigma_t)$，其中下标 t 表示时间。设图像点的当前像素值为 X_t，若 $\eta(X_t, \mu_t, \Sigma_t) \leqslant T$(这里 T 为概率阈值)，则认为该点是前景点，即运动物体上的点，否则为背景点。

实际应用中往往采用混合高斯分布模型 (前景高斯分布和背景高斯分布的混合)。假设图像中每个点的像素值符合高斯分布的混合分布，即

$$p(x_t) = \sum_{i=1}^{k} \omega_i \eta(x_t, \mu_i, \Sigma_i) \tag{4.12}$$

式中，$\mu_i = \left(\mu_i^{\mathrm{R}}, \mu_i^{\mathrm{G}}, \mu_i^{\mathrm{B}}\right)^{\mathrm{T}}$，$\mu_i^{\mathrm{R}}$、$\mu_i^{\mathrm{G}}$、$\mu_i^{\mathrm{B}}$ 分别表示该像素点颜色值的 R、G、B 分量，权值 $\omega_i \geqslant 0, i = 1, \cdots, k$，且 $\sum_{i=1}^{k} \omega_i = 1$，$\Sigma_i$ 为协方差矩阵，$\Sigma_i = \sigma_i^2 I$，σ_i 为方差，I 为单位阵。k 个高斯分布按照权值从高到低的次序进行排序，再根据

$$B = \arg\min_b \left\{ \sum_{i=1}^{b} \omega_i > T \right\} \tag{4.13}$$

确定 B 个背景分布 (其中 T 为阈值)，即前 B 个高斯分布确定为背景分布。将要进行匹配的像素点 x_{m} 看成正态分布，判断像素点 x_{m} 是否和第 j 个分布匹配。若第 j 个分布为背景分布，当前匹配点则为背景点；其余情况则认为当前点是前景点。

3. 自适应背景更新

混合高斯分布模型中最重要的就是各个高斯分布的更新和替换，以获得实时背景信息，所以要着重分析高斯分布的更新过程。高斯分布的更新，即每输入一帧

新图像就把每一个分布都更新一次。对于每个像素更新算法都是一样的。以下是具体的自适应背景更新算法流程。

(1) 计算当前的像素值是否归属于存在的正态分布中的某一个。

(2) 如果找到了一个匹配，则采用如下的更新算法。首先，更新每个分布的权值 ω，引入一个学习参数 α，在室外环境下，由于噪声比较大，α 的取值小一些，因为不匹配很有可能是由噪声造成的；在室内环境下，噪声较小，α 的取值大一些，因为不匹配很有可能是因为前景目标运动造成的。更新公式如下：

$$\omega_t = (1-\alpha)\omega_{t-1} + \alpha \tag{4.14}$$

(3) 如果没有找到任何匹配，认为当前的像素值属于前景，并且用一个新的正态分布取代排序在最后面的正态分布。新的正态分布 ω 值为

$$\omega_t = \omega_{t-1} + \frac{\omega_{t-1} - \dfrac{1-T}{2}}{n-1} \tag{4.15}$$

在具体的实验中，通常把 n 个分布中 ω/σ 最大的分布的 μ 值作为当前背景值。

4. 多目标区域分割算法

本书采用背景差分法将当前图像与背景图像进行差分计算，得到差分图像后，就要把差分图像分解为若干个有意义的子区域，这种分解是基于物体有平滑均匀的表面，即每个子区域都具有一定的均匀性质。在差分图像中，背景区域的差分值和运动区域的差分值差别较大，而区域内部的差分值则比较接近，相当于背景区域和运动区域都有平滑均匀的表面。对于这种情况，可以根据事先确定的相似性准则，把单个像素同空间与其相邻像素的特性进行比较，从而进行区域的增长，直接取出若干特征相近或相同像素组成区域。

在实际应用中，无论是采用阈值分割法还是区域增长法，分割出来的运动区域内部总是或多或少、或大或小地存在一些空洞，一些噪声也可能被当作运动区域分割出来。对于噪声的处理，可以通过判断区域的大小加以剔除，因为在交通场景中，运动目标所占的区域总是比可能的噪声要大。对于运动区域中的空洞，可以采用形态学运算进行目标区域修复处理。

5. 实验结果

为了验证本书的算法对实际的图像序列是否能够进行有效的背景估计，采用一组 300 帧用于汽车跟踪的图像序列进行了实验。实验结果如图 4.3 所示，图 (a) 和图 (d) 分别为原始图像，图 (b) 和图 (e) 分别为背景估计，图 (c) 和图 (f) 分别为多个运动目标的检测结果。

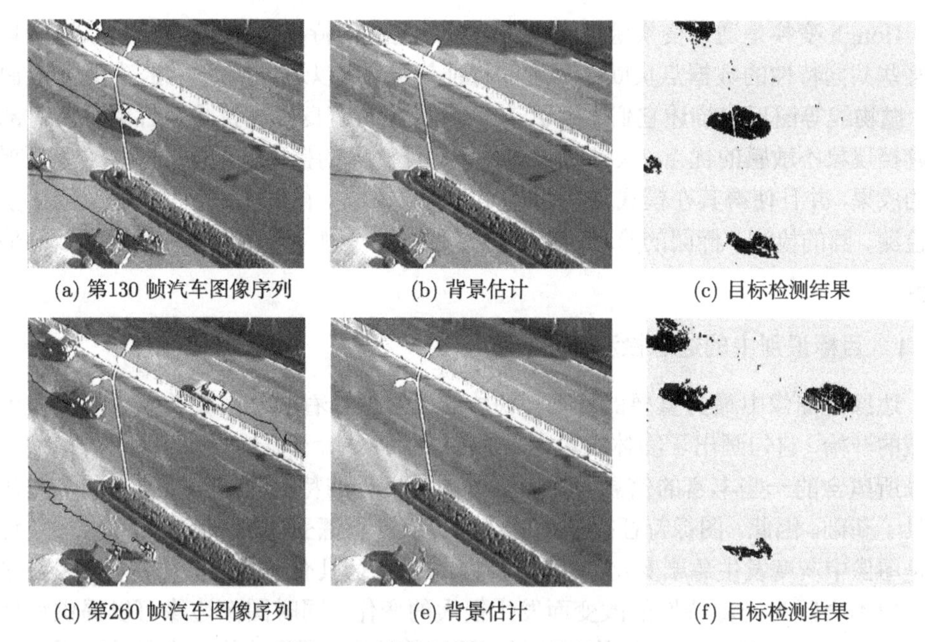

(a) 第130 帧汽车图像序列　(b) 背景估计　(c) 目标检测结果

(d) 第260 帧汽车图像序列　(e) 背景估计　(f) 目标检测结果

图 4.3 图像背景估计与目标检测结果

4.2 基于参数统计的目标检测

计算机视觉中最常用的特征有点、直线、圆和椭圆等。直线、圆和椭圆是自然界中最基本的特征，与点特征相比，直线、圆和椭圆特征的检测能够达到更高的准确度，而且可以提供场景中物体结构的大量信息。研究发现，图像特征抽象层次的提高，例如将特征点层次提高到特征线层次，将会更有利于图像处理和分析。

利用参数统计方法检测直线和曲线的最典型方法是采用 Hough 变换技术。Hough 变换的本质是从图像空间到参数空间的映射，其基本思想是把解析曲线从图像空间映射到以参数为坐标的参数空间中，把原始图像中给定形状的曲线和直线上的所有点都变换到参数空间并在某些点上形成峰值，根据参数空间的分布特性反过来确定曲线的参数值，从而得到图像空间中各种特征的确定性描述。Hough 变换的显著优点是能够将图像空间中比较困难的全局检测问题转化为参数空间中相对比较容易解决的局部峰值检测问题，也就是把检测整体特性的问题变成了检测局部特性的问题。Hough 变换也可以描述为一个证据积累过程，图像空间中的任意数据点通过变换函数的转化，在参数空间中对所有的参数进行投票，在累加矩阵中进行积累，统计出各累加矩阵中的积累值，来表示相应积累单元对应于所检测特征参数概率的大小。

Hough 变换是通过变换函数提取出数据点的共同特征，在通常情况下，这些具有某些共同特性的数据点反映了一定的特征信息，可以通过直线、圆、椭圆、双曲线、抛物线等图形来描述它们。由于 Hough 变换具有良好的抗噪声性能以及对部分遮挡现象不敏感的优点，人们对它进行了广泛深入的探索和研究，取得了令人瞩目的成果，并且使得其在模式识别和计算机视觉领域中得到了广泛的应用，例如直线检测、圆的检测、椭圆的检测、其他二次曲线的检测、二维或三维运动参数的估计等。

4.2.1　目标识别中的边缘检测算法

边缘是图像中最为重要的特征。物体的边缘意味着一个区域的结束和另一个区域的开始，它勾画出了物体的轮廓，使我们能够对所看见的物体一目了然，而且边缘所蕴含的一些丰富的信息为提取图像中感兴趣的特征做进一步的分析和处理提供了基础。因此，图像特征提取中的边缘提取一直深受研究者的重视和关注。边缘是图像中灰度发生急剧变化的区域边界，作为特征具有非常强的稳定性，因为它们一般不会因为光源特性的改变而发生很大的变化，同时图像边缘可以提供物体形状相当精确的信息，因此在许多的目标识别算法中，图像边缘一直是被广泛采用的特征。

图像的边缘是指图像周围像素灰度具有阶跃变化或者屋顶状变化的那些像素的集合，它广泛存在于目标与背景、目标与目标、基元与基元、区域与区域之间。图像的边缘具有方向和幅度两个属性，一般情况下沿边缘方向的像素变化平缓，而垂直于边缘走向的像素则变化剧烈，如图 4.4 所示。图像边缘中的这些变化反映了对应景物中不同的物理状态，例如阶跃型灰度变化通常对应于目标的深度和反射边界，二阶导数在边缘处呈现零交叉；而屋顶型边缘则常常反映物体表面法线方向的不连续，二阶导数在边缘处取得极值。

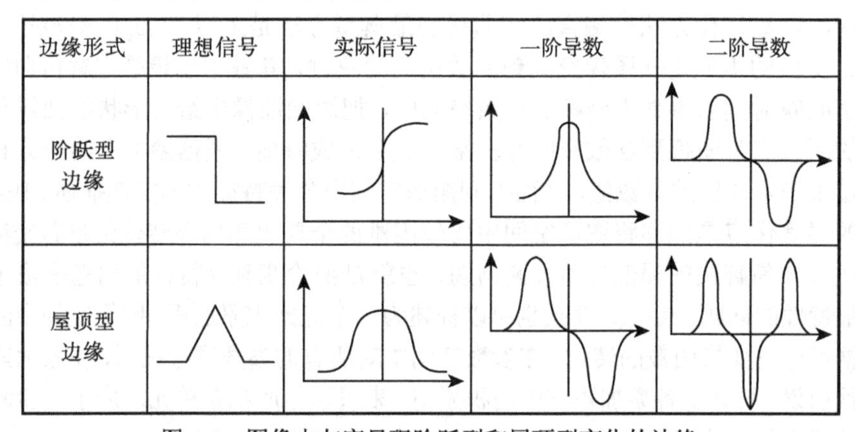

图 4.4　图像中灰度呈现阶跃型和屋顶型变化的边缘

1. 图像函数的微分定义和差分形式

对于图像函数 $I=f(x,y)$，它在 x 方向和 y 方向的导数为

$$\begin{cases}\nabla f_x(x,y)=\dfrac{\partial f(x,y)}{\partial x}\\ \nabla f_y(x,y)=\dfrac{\partial f(x,y)}{\partial y}\end{cases} \tag{4.16}$$

图像中物体的边界一般是一个灰度级的变化带，对这种变化最为有用的两个特征分别是灰度的变化率和方向，也就分别对应于梯度向量的幅度和方向。梯度的幅值可由下式给出：

$$|\nabla f(x,y)|=\sqrt{\nabla f_x^2+\nabla f_y^2} \tag{4.17}$$

梯度的方向就是函数 $f(x,y)$ 最大变化率方向，相对于 x 轴的角度 θ 可以定义为

$$\theta=\arctan(\nabla f_y/\nabla f_x) \tag{4.18}$$

对于数字图像，函数 $f(x,y)$ 的微分运算可以用差分来近似，对应的一阶微分为

$$\begin{cases}\nabla f_x(i,j)=f(i,j+1)-f(i,j)\\ \nabla f_y(i,j)=f(i,j)-f(i+1,j)\end{cases} \tag{4.19}$$

式中，i 对应于 y 轴方向，而 j 对应于 x 轴方向。

2. 边缘检测算子

图像灰度的变化情况可以用图像灰度分布的梯度来反映，因此我们可以利用局部图像微分技术对原始图像的某个小邻域来构造边缘检测算子。边缘检测算子检查每一个像素的邻域并对灰度变化率进行量化，常用的边缘检测算子有 Robert 算子、Sobel 算子、Laplacian 算子、Canny 算子等。

Robert 算子是一阶微分算子，它在边缘灰度值过渡比较尖锐且图像中噪声比较小时，梯度算子的工作效果比较好。Sobel 算子也是一阶微分算子，它的优点是方法简单，处理速度快，并且得到的边缘光滑、连续，其缺点是得到的边缘较粗，需要进行细化处理。Laplacian 算子是无方向性的算子，属于二阶微分算子，它只需要一个模板，而且不必综合各个模板的值。它对模板的要求是对应于中心像素的系数应该是正的，而对应于中心像素邻近像素的系数应该是负的，且所有系数的和应该是零，这样就不会产生灰度偏移。它的零交叉点可以作为图像的阶跃型边缘点，而其极小值点可以作为图像的屋顶型边缘。Laplacian 算子极小值算法在检测屋顶型边缘的效果时不错，但是对噪声的敏感性较大，而且其检测精度一般比较低。

Canny 边缘检测算子是一种性能比较优越的算子，能够在抗噪声干扰和精确定位之间选择一个最佳折衷方案，它是高斯函数的一阶导数，对应于图像的高斯函数平滑和梯度计算，能够把边缘检测问题转换为检测函数极大值的问题。Canny 算子方法的实质是用一个准高斯函数作平滑运算，然后以带方向的一阶微分算子来定位导数最大值，它可用高斯函数的梯度来近似，在理论上它很接近于四个指数函数的线性组合形成的最佳边缘算子，能够在噪声抑制和边缘检测之间取得较好的平衡，是对信噪比与定位之乘积的最优化逼近算子。

Canny 边缘检测算法的基本思想是：先对待处理图像选择一定的高斯滤波器进行平滑后，采用一种称为“非极值抑制”的技术进行处理，得到最后所需的边缘图像；梯度计算完成对平滑处理后的数据阵列的梯度幅值和梯度方向的计算；“非极大值抑制”(non-maximum suppression) 过程用于细化梯度幅值矩阵，寻找图像中的可能边缘点；双门限检测则是通过双阈值递归寻找图像边缘点，实现边缘提取，如图 4.5 所示。

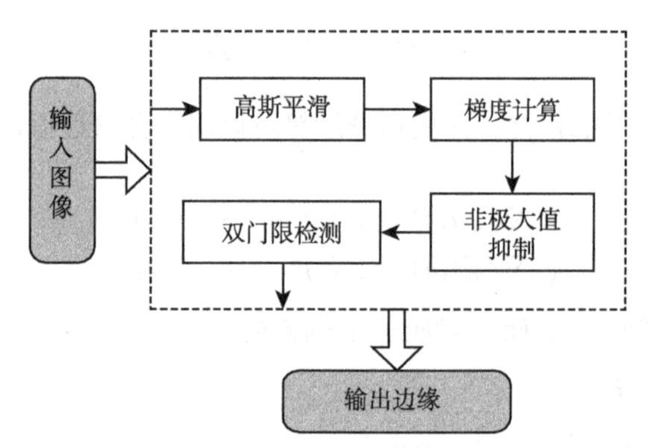

图 4.5　Canny 边缘检测器的描述

4.2.2　基于 Hough 变换的直线检测算法研究

直线是计算机视觉中最简单和最常用的特征。表示平面直线的方法有很多，如一般式、两点式、斜截式、点斜式、截距式、极坐标式等。Hough 变换是从图像中识别几何特征的有效方法，它是一种从图像空间到参数空间的映射，其主要特点是检测几何形状的能力较少受到几何形状中间断点和遮掩的干扰。最基本的 Hough 变换方法是从图像中检测直线。基于 Hough 变换的算法利用直线表示方程中的参数建立相应的直线坐标系。下面我们将这些直线的表示方法分别进行简单介绍。

1) 一般式

平面直线的一般方程为

$$ax + by + c = 0 \tag{4.20}$$

式中，a, b, c 为常数，a, b 不能同时为 0。用该方法表示直线具有两个缺点：一是 (a, b, c) 的几何意义不明显；二是在 Hough 变换算法中，参数坐标系的维数偏多，这种方法不具有唯一性。

2) 两点式

两点式用直线上任意两点的坐标 (x_1, y_1) 和 (x_2, y_2) 来表示直线，在 Hough 变换算法中，它需要四个参数，因此参数偏多。两点式直线表达式为

$$\frac{x - x_1}{y - y_1} = \frac{x - x_2}{y - y_2} \tag{4.21}$$

对上式进行变换可以得到一般式为

$$(y_1 - y_2)x - (x_1 - x_2)y + x_1 y_2 - x_2 y_1 = 0 \tag{4.22}$$

3) 斜截式

斜截式用直线的斜率 k 和截距 b 来表示平面内的直线，这种表示方法具有唯一性。斜截式直线表达式为

$$y = kx + b \tag{4.23}$$

对于这种方法，在 Hough 变换算法中，用斜率 k 和截距 b 作为参数坐标系中两个相互垂直的坐标轴，用该坐标系中的一个点来表示二维平面中的一条直线。然而，平行于 y 轴的任意直线的斜率为无穷大，在 y 轴上也没有截距，因此采用这种方法无法用这种直线坐标系中的一个点来表示平行于 y 轴的直线。

4) 点斜式

点斜式用直线上的一个点 (x_p, y_p) 和斜率 k 表示平面内的直线。在 Hough 变换算法中，用这种方法表示一条直线需要三个参数，因此参数偏多，而且不具有唯一性，也不能表示平行于 y 轴的直线。

5) 截距式

截距式用直线在 x 轴上的截距 b_1 和在 y 轴上的截距 b_2 来表示平面上的直线。在 Hough 变换算法中，用直线的截距 b_1 和 b_2 作为参数坐标系中两个相互垂直的坐标轴，无法确定过原点 (0,0) 的直线。

6) 极坐标式

极坐标式用极点到直线的距离 ρ 和极轴与从极点到直线的垂线之间的夹角 θ 来表示直线，如图 4.6 所示。用这种方法确定平面直线只需要两个参数，而且参数的几何意义明确，以这两个参数作为直线的坐标可以建立一一对应的关系，因此这种方法具有唯一性。

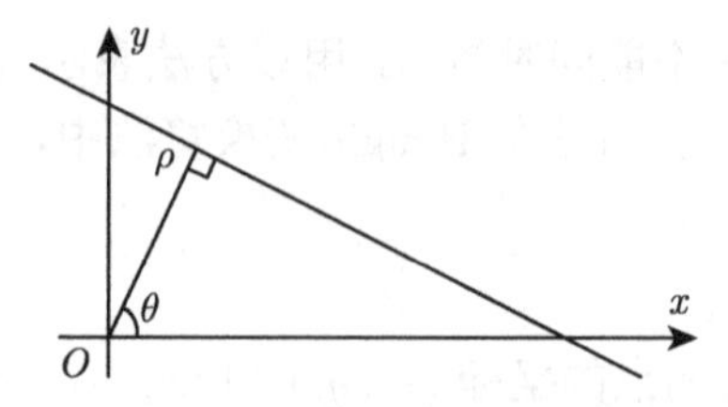

图 4.6　平面直线的极坐标表示

平面直线的极坐标方程可以表示为

$$x\cos\theta + y\sin\theta - \rho = 0 \tag{4.24}$$

综上所述，从上面的各种直线坐标系的表达式中，我们能够看出依据极坐标表示法所建立的直线坐标系能够唯一地确定二维平面内的直线。对于图像平面 (x, y) 内直线 l 上的任何点都可以在参数空间 (ρ, θ) 内表示，即 Hough 变换对于上述图像平面的极坐标式方程的映射为

$$h : (x, y) \Rightarrow \rho = x\cos\theta + y\sin\theta \tag{4.25}$$

直线 l_0 对应着 Hough 变换后参数空间中的一点 (ρ_0, θ_0)，其中 $\theta_0 \in [0, \pi]$，$\rho_0 \in R$。若 (x_p, y_p) $(p = 1, \cdots, n)$ 为图像平面上直线 l 上的点集，则 Hough 变换将平面 (x, y) 上的每一个点变换为 (ρ, θ) 平面上的一条正弦曲线：

$$\rho = x_p\cos\theta + y_p\sin\theta \tag{4.26}$$

如图 4.7 所示，我们可以看出，位于 (x, y) 平面直线 l_0 上的一组点 (x_i, y_i) 可以确定 (ρ, θ) 平面上的一组正弦曲线 $\rho = x_i\cos\theta + y_i\sin\theta$，它们有着共同的交点 (ρ_0, θ_0)。同理，在 (x, y) 平面上的一个点如果位于由参数 (ρ_0, θ_0) 所确定的直线上，则它在 (ρ, θ) 平面上的正弦曲线必定经过 (ρ_0, θ_0) 点。图像平面上的直线与参数平面中的点一一对应。因此，如果能够确定参数平面上的 (ρ_0, θ_0) 点，就实现了直线检测。

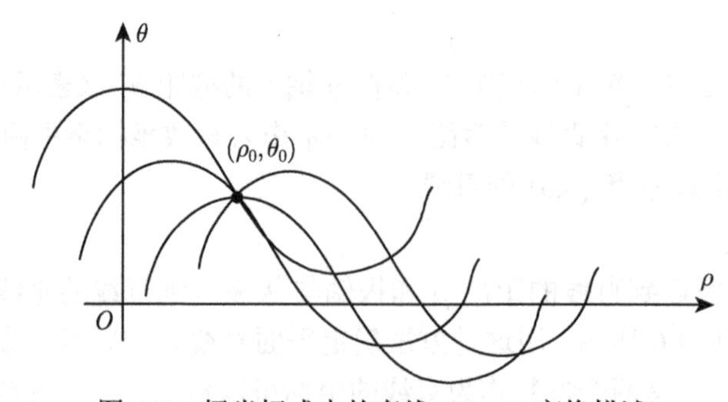

图 4.7　极坐标式中的直线 Hough 变换描述

在计算机存储器中，处理的图像都是数字图像，因此图像空间和参数空间都是离散化的。设图像空间中 I 的尺寸为 $n \times m$ 个像素，也就是说二维图像是 m 行 n 列。$I(i,j)$ 表示二值化图像在第 i 行、第 j 列的像素值，如果该点是边缘点，则 $I(i,j)=1$，否则 $I(i,j)=0$。假设参数空间中 ρ 和 θ 的取值范围为 $[\rho_{\min},\rho_{\max}]$ 和 $[\theta_{\min},\theta_{\max}]$，并且假设把参数空间量化成 $u \times v$ 个网格，即 u 个 θ 值，v 个 ρ 值，则有

$$\begin{cases} \Delta\theta = \dfrac{\theta_{\max}-\theta_{\min}}{u} \\ \Delta\rho = \dfrac{\rho_{\max}-\rho_{\min}}{v} \end{cases} \tag{4.27}$$

那么对于参数空间中的第 s 个 θ 值和第 t 个 ρ 值，可以得到对应的表达式：

$$\begin{cases} \theta_s = \theta_{\min} + s\Delta\theta \quad (0 \leqslant s < u) \\ \rho_t = \rho_{\min} + t\Delta\rho \quad (0 \leqslant t < v) \end{cases} \tag{4.28}$$

经过量化处理后，Hough 变换将平面 (x,y) 上的每一个点变换为 (ρ,θ) 平面上的一条正弦曲线：

$$\rho_t = i\cos\theta_s + j\sin\theta_s \tag{4.29}$$

通常检测直线的步骤可以概括如下：

(1) 对图像进行边缘检测并进行阈值处理，得到二值化图像；

(2) 在参数空间中选择合适的 $\rho_{\min}$，$\rho_{\max}$，$\theta_{\min}$，$\theta_{\max}$；

(3) 通过合理地量化参数空间，在 ρ 的最小值与最大值 $[\rho_{\min},\rho_{\max}]$、$\theta$ 的最小值与最大值 $[\theta_{\min},\theta_{\max}]$ 之间建立一个累加器 $A(\rho,\theta)$，并把每一个元素都设置为 0；

(4) 对于任意给定的 θ 值，在图像平面中的每一个边缘像素点 (i,j) 应用 Hough 变换，根据下式

$$|i\cos\theta_s + j\sin\theta_s - \rho_t| \leqslant \varepsilon \tag{4.30}$$

计算出相应的 ρ 值，其中 ε 用于补偿数字化和量化所带来的误差，并根据 ρ 值和 θ 值在相应的累加器上加 1，即

$$A(\rho,\theta) = A(\rho,\theta) + 1 \tag{4.31}$$

(5) 统计累加器阵列中的各个局部最大值，这些值所对应的直线模型的参数就是所检测到的直线参数。

从上面的算法步骤中，我们可以看出 Hough 变换实质上是一个投票选举的统计过程。累加器中的每一项都相当于一个候选物，每一个特征点对所有可能通过此点的直线进行投票，得票多的点所对应的参数就是实际的图像空间中所检测到的直线的参数值，这正体现了 Hough 变换的全局性和抗噪声干扰的能力。但是在实

际实现过程中我们必须注意到，如果 θ 值和 ρ 值量化过细，则计算量将增加；而如果 θ 值和 ρ 值量化过粗，则参数空间的累积效果将变差，找不到准确的直线参数值。因此，Hough 变换特别适合于小范围和精度要求不高的场合。

我们对图 4.8(a) 所示的图像进行基于 Hough 变换的直线检测，图像中含有五条直线型边缘轮廓，经过 Canny 算子进行边缘检测后的图像如图 4.8(b) 所示，经过直线 Hough 变换的参数空间统计后，得到参数空间的二维图形如图 4.8(c) 所示，Hough 变换参数空间的三维图形如图 4.8(d) 所示。

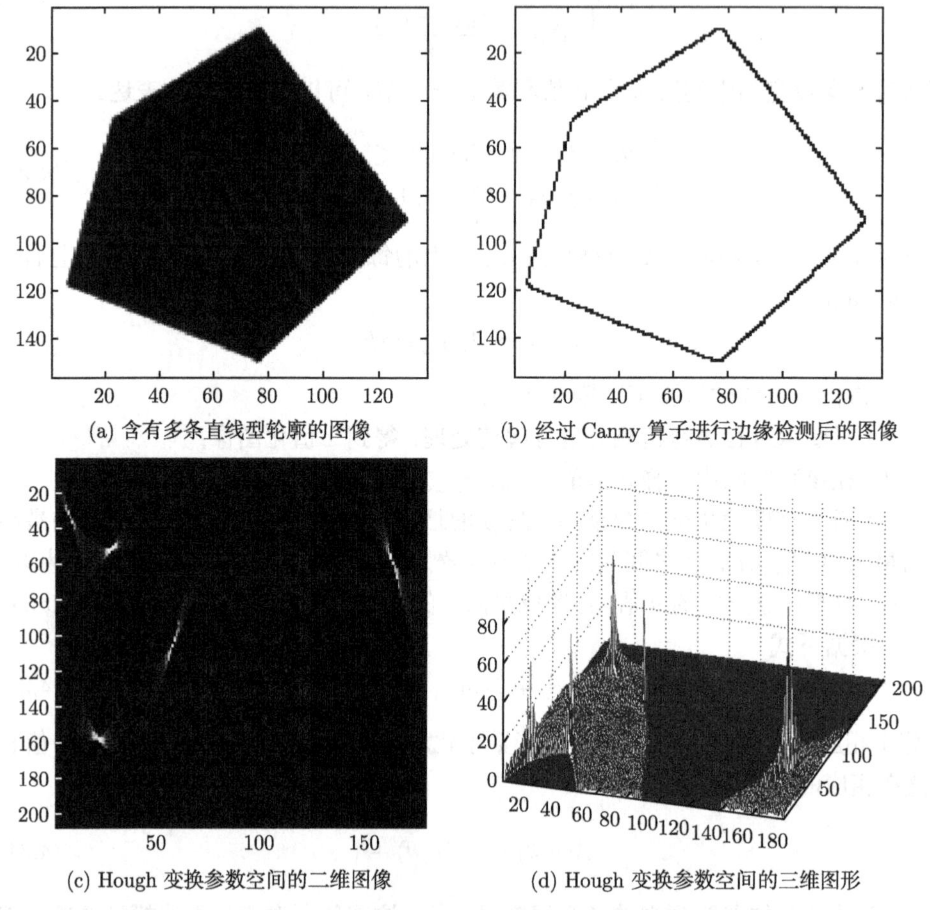

(a) 含有多条直线型轮廓的图像　(b) 经过 Canny 算子进行边缘检测后的图像

(c) Hough 变换参数空间的二维图像　(d) Hough 变换参数空间的三维图形

图 4.8　基于 Hough 变换的直线检测结果

4.2.3　基于随机 Hough 变换的圆检测算法研究

圆形是自然界中最基本的图形特征之一，具有圆形或类圆形特征的物体或零件遍布于自然界之中。在工业生产线上，基于视觉的圆孔和圆柱类工件的圆心位置等几何参数的自动检测和机器手的自动装配等有着广泛的应用，利用圆或与圆相关的图形进行机器视觉系统的摄像机标定能得到更高的精度。许多工业产品和机器配件的外形都有圆或圆弧形状，研究和分析圆形特征参数的提取方法和圆形特征在图像中所具有的性质，从而寻求快速、精确及有效地检测圆形物和分析这些参数的方法，在计算机视觉、模式识别和图像分析等领域有着重要的意义。

Hough 变换不仅可以用来检测直线和连接处在同一直线上的点，也可以用来检测满足解析式 $f(\boldsymbol{\xi},\boldsymbol{\tau})=0$ 形式的各类曲线，这里矢量 $\boldsymbol{\xi}$ 是解析曲线上的点，矢量 $\boldsymbol{\tau}$ 是参数空间中的点。Hough 变换技术的基本策略是根据图像空间中的点在参数空间里计算符合对偶性的参数点的可能轨迹并累加所对应参数点的数量。因此，Hough 变换是检测圆的有效方法，其基本思想是将具有圆形特征的图像空间域变换到参数空间，对图像中具有圆形特征的像素在参数空间进行聚类，用大多数边界点满足的某种参数形式来描述圆形特征图形。该方法具有可靠性高、容错性强和对噪声不敏感等优点，甚至在图像畸变和目标遮盖引起的部分图形丢失等情况下仍然可以获得理想的结果。但是由于传统的 Hough 变换方法是根据局部变量来全面计算描述参数，因此存在着几个明显的缺点：① 计算复杂、计算量大，每一个边缘点都映射成参数空间的一条曲线，是一对多的映射；② 占用内存资源大；③提取的参数受到参数空间的量化间隔制约。

为了克服上述缺陷，近年来，许多学者对 Hough 变换的具体应用情况进行了研究和拓展，其目的都是为了减少存储空间和降低计算时间。本书首先对用于圆检测的传统 Hough 变换的基本原理和方法进行了简单描述，然后在此基础上研究和分析了近年来用于圆检测的改进的 Hough 变换算法，提出了一种新的用于圆检测的随机 Hough 变换算法，实验结果表明，本算法能够有效地在图像中进行圆的检测。

1. 基本的圆检测中 Hough 变换数学模型

Hough 变换可用于检测图像空间中的解析曲线，解析曲线的参数方程可以由以下的一般形式来表示：

$$f(\boldsymbol{\xi},\boldsymbol{\tau})=0 \tag{4.32}$$

式中，矢量 $\boldsymbol{\xi}$ 是解析曲线上的点，矢量 $\boldsymbol{\tau}$ 是参数空间中的点。对于半径为 r，圆心坐标为 (a,b) 的圆来说，如图 4.9 所示，上式可以表示为

$$(x_i-a)^2+(y_i-b)^2=r^2 \tag{4.33}$$

此时 $\boldsymbol{\xi}=[x_i,\ y_i]^{\mathrm{T}}$，$\boldsymbol{\tau}=[a,\ b,\ r]^{\mathrm{T}}$，其参数为三维空间。显然，图像空间中的圆对应于三维参数空间 $(a,\ b,\ r)$ 中的一个点，而图像空间中的一个点 $(x_i,\ y_i)$ 对应于参数空间 $\boldsymbol{\tau}$ 中的一个三维直立圆锥，该点约束了通过该点的一族圆的参数 $(a,\ b,\ r)$，

如图 4.10 所示。在图像空间中圆周上的各个点与圆心的距离均为 r，这些点的集合所组成的圆锥面族在参数空间中的交集就是这个圆的参数坐标，如图 4.11 所示。

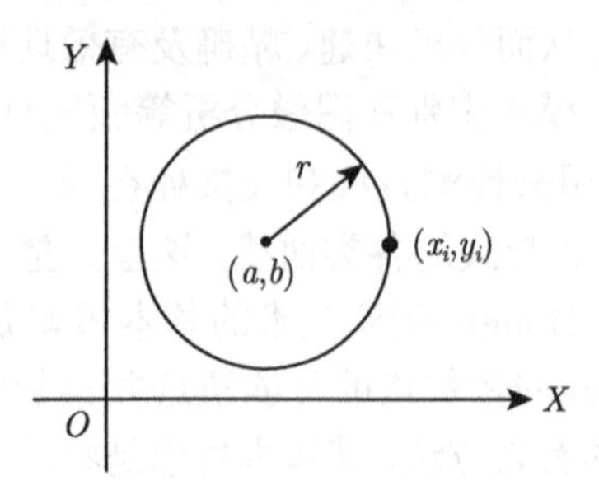

图 4.9　图像空间中的圆

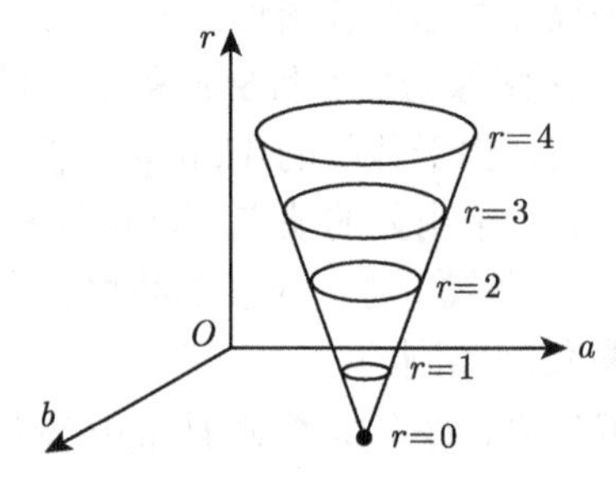

图 4.10　图像空间的点对应于参数空间的圆锥

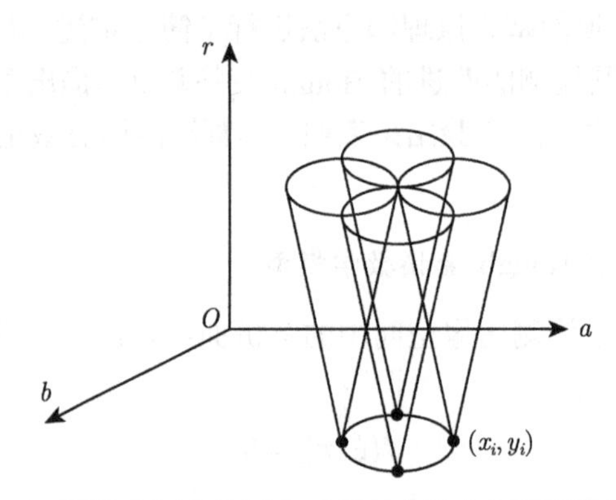

图 4.11　图像空间中的圆心对应于参数空间的圆锥族交点

检测图像空间中的圆边界形状时，先求出边缘，并对参数空间进行量化，得到三维的累加器阵列，计算出与边缘上每一点像素距离为 r 的所有点 $(a,\ b)$，同时将对应于 $(a,\ b,\ r)$ 的累加器 $A(a,\ b,\ r)$ 加 1，即 $A(a,\ b,\ r) = A(a,\ b,\ r) + 1$。将 r 设为逐渐变化的量，每一步的计算都先固定 r，在垂直于 r 的 $(a,\ b)$ 平面上求对应于圆心为 $(x_i,\ y_i)$ 的圆周，并将轨迹上的点在所对应的二维累加器阵列上叠加，这就是与圆周上一点距离为 r 的所有点的集合，按照不同的 r 值对全部边缘点进行变

换后对累加数组 $A(a,\ b,\ r)$ 每个元素的值进行统计比较，三维阵列累加器的峰值就对应于图像空间中的圆或圆弧，其参数 $(a,\ b,\ r)$ 可以用作圆的拟合参数。

由于图像进行数字化和离散量化时存在误差 ε，式 (4.33) 应该表示为如下形式：

$$\left|(x_i-a)^2+(y_i-b)^2-r^2\right| \leqslant \varepsilon \tag{4.34}$$

2. 基于随机 Hough 变换的圆检测算法

近几年来，很多基于 Hough 变换的方法用来在图像中检测圆形特征。其中，有一类方法是把高维的参数空间分成许多低维的参数空间，另一类方法是利用每一个边缘像素的梯度信息以减少计算时间和对存储空间的需求。还有一类方法是利用圆的几何性质以提高检测的性能。然而，这些方法仍然需要大量的计算时间和至少二维的累加器阵列。

在此基础上，本书提出了一种基于随机 Hough 变换的多个圆检测算法，算法在图像中随机选择三个不共线的边缘点，以这三个点确定一个可能的圆。然后确定一个距离准则，以判断图像中是否存在一个实际的圆。然后对在图像中满足距离准则的边缘点进行圆的拟合，在找到一个可能的圆后，从图像边缘点集合中除去上一次检测圆时的那些边缘点，再进行下一个圆的检测。

1) 确定可能的圆

令 V 表示图像中的所有边缘点的像素集合。如果我们从 V 中随机选取三个边缘点，则这三个边缘点有可能取自同一个圆上。众所周知，三个不共线的点能够唯一地确定一个圆。如果多组三个边缘点所组成的集合都来自于同一个圆，则表明这个圆很可能是一个实际存在的圆。

对于圆来说，它的方程可以表示为

$$(x-a)^2+(y-b)^2=r^2 \tag{4.35}$$

可以把上式展开为如下形式：

$$2ax+2by+r^2-a^2-b^2=x^2+y^2 \tag{4.36}$$

令 $d=r^2-a^2-b^2$，则有

$$2ax+2by+d=x^2+y^2 \tag{4.37}$$

假设 $p_i=(x_i,y_i)$，$i=1,2,3$ 为图像中的三个边缘像素点，如果 p_1、p_2、p_3 这三个点不共线，则它们能够准确而唯一地确定一个圆，表示为 C_{123}，中心为 (a_{123},b_{123})，半径为 r_{123}。由于所确定的这个圆必然通过这三个边缘像素点，则

有

$$\begin{cases} 2x_1a_{123} + 2y_1b_{123} + d_{123} = x_1^2 + y_1^2 \\ 2x_2a_{123} + 2y_2b_{123} + d_{123} = x_2^2 + y_2^2 \\ 2x_3a_{123} + 2y_3b_{123} + d_{123} = x_3^2 + y_3^2 \end{cases} \tag{4.38}$$

式中，$d_{123} = r_{123}^2 - a_{123}^2 - b_{123}^2$。

上述三个方程如果利用矩阵表示，将得到如下形式：

$$\begin{pmatrix} 2x_1 & 2y_1 & 1 \\ 2x_2 & 2y_2 & 1 \\ 2x_3 & 2y_3 & 1 \end{pmatrix} \begin{pmatrix} a_{123} \\ b_{123} \\ d_{123} \end{pmatrix} = \begin{pmatrix} x_1^2 + y_1^2 \\ x_2^2 + y_2^2 \\ x_3^2 + y_3^2 \end{pmatrix} \tag{4.39}$$

应用高斯消元法，我们得到

$$\begin{pmatrix} 2x_1 & 2y_1 & 1 \\ 2(x_2 - x_1) & 2(y_2 - y_1) & 0 \\ 2(x_3 - x_1) & 2(y_3 - y_1) & 0 \end{pmatrix} \begin{pmatrix} a_{123} \\ b_{123} \\ d_{123} \end{pmatrix} = \begin{pmatrix} x_1^2 + y_1^2 \\ x_2^2 + y_2^2 - (x_1^2 + y_1^2) \\ x_3^2 + y_3^2 - (x_1^2 + y_1^2) \end{pmatrix} \tag{4.40}$$

由于 p_1、p_2、p_3 不共线，因此有

$$(x_2 - x_1)(y_3 - y_1) - (x_3 - x_1)(y_2 - y_1) \neq 0 \tag{4.41}$$

通过克莱姆法则，圆的中心 (a_{123}, b_{123}) 可以利用下式计算：

$$a_{123} = \frac{\begin{vmatrix} x_2^2 + y_2^2 - (x_1^2 + y_1^2) & 2(y_2 - y_1) \\ x_3^2 + y_3^2 - (x_1^2 + y_1^2) & 2(y_3 - y_1) \end{vmatrix}}{4[(x_2 - x_1)(y_3 - y_1) - (x_3 - x_1)(y_2 - y_1)]} \tag{4.42}$$

$$b_{123} = \frac{\begin{vmatrix} 2(x_2 - x_1) & x_2^2 + y_2^2 - (x_1^2 + y_1^2) \\ 2(x_3 - x_1) & x_3^2 + y_3^2 - (x_1^2 + y_1^2) \end{vmatrix}}{4[(x_2 - x_1)(y_3 - y_1) - (x_3 - x_1)(y_2 - y_1)]} \tag{4.43}$$

在得到圆的中心 (a_{123}, b_{123}) 后，对于任意一个 $i = 1, 2, 3$，圆的半径 r_{123} 可以通过下式计算：

$$r_{123} = \sqrt{(x_i - a_{123})^2 + (y_i - b_{123})^2} \tag{4.44}$$

如果三个边缘像素点满足 $(x_2 - x_1)(y_3 - y_1) - (x_3 - x_1)(y_2 - y_1) = 0$，那么这种情况就意味着这三个像素点是共线的，因此它们不满足形成一个圆的条件。

令 $p_e = (x_e, y_e)$ 表示另外一个边缘像素点，那么 p_e 和圆 C_{123} 的边界距离可以通过下式计算：

$$d_{e \to C_{123}} = \left| \sqrt{(x_e - a_{123})^2 + (y_e - b_{123})^2} - r_{123} \right| \tag{4.45}$$

式中，$|\cdot|$ 表示绝对值。

如果 p_e 正好位于圆上，那么 $d_{e\to C_{123}}$ 的理想值应该为零。由于图像是数字化的，很少出现边缘像素正好精确地位于圆上的情况，因此圆检测的目标是检测到一组边缘点并不是精确地而是大致地位于一个圆的边界上。如图 4.12 所示，如果 p_e 位于圆的边界上，那么上述公式中 $d_{e\to C_{123}}$ 的值应该非常小。一旦距离小于一个给定的阈值 T_{d}，我们就认为这个所选择的边缘点位于可能的圆上。

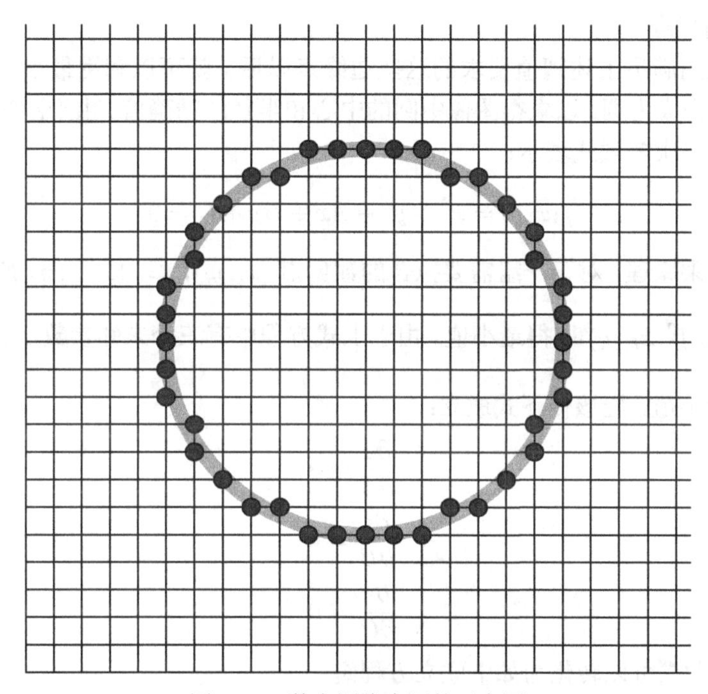

图 4.12 数字图像中圆的示意图

2) 确定实际存在的圆

由于我们只是假设从边缘点像素集合 V 中随机选取的三个边缘点取自于同一个圆上，至于这个圆是否真实存在，还得进行进一步的验证。首先，我们设定一个计数器 num=0 来计算究竟有多少个边缘像素点位于这个可能的圆上。对于集合 V 中的每一个像素点 p_e，我们都可以计算出它离可能存在的圆的距离 $d_{e\to C_{123}}$ 的值。如果 $d_{e\to C_{123}}$ 的值小于给定的距离阈值 T_{d}，我们就把计数器的值加 1，并把 p_e 从 V 中取出来，否则我们就对下一个像素进行类似的计算，直到 V 中所有的像素都经过检验。如果 num 大于一个给定的阈值 T_{r}，那么我们认为这个可能的圆是一个真正存在的圆，否则，这个可能的圆是不存在的，我们应该把 num 个像素返回给集合 V。由于不同半径的圆具有不同的周长，所以使用一些大的全局性的阈值 T_{r}

对于具有不同半径长度的圆来说是不公平的。为了解决这个问题，我们应用自适应阈值方法，由于圆的周长计算公式为 $pm = 2\pi r$，我们选取自适应阈值 $T_{\mathrm{r}} = \dfrac{pm}{2\pi}$，根据所检测到的可能存在的圆的半径长度进行自动阈值调整，只有经过检验满足 $\mathrm{dist} \leqslant T_{\mathrm{d}}$ 的点数目大于阈值 T_{r} 的圆才是真实存在的圆。一旦由以上过程把可能的圆确认为实际存在的圆后，我们就从边缘像素点集合 V 中除去这个检测到的圆上的边缘点，这样就加快了对下一个圆的检测过程。

3) 圆的拟合

在检测到满足上述阈值要求的这些边缘点以后，就可以利用最小二乘法把这些边缘点拟合成为圆，以求得图像中圆的中心和半径的精确值。由于圆的方程可以转换为如下二次多项式表示：

$$f(x,y) = x^2 + y^2 + Ax + By + C = 0 \tag{4.46}$$

根据最小二乘原理，对于一组需要拟合的数据点 (x_i, y_i)，$i = 1, \cdots, n$，应该使误差函数 $\varepsilon = \sum\limits_{i=1}^{n} f^2(x_i, y_i)$ 取得最小值。由于上式方程中有三个未知参数 A、B、C，要使 ε 取得最小值，应该使下式成立：

$$\begin{cases} \dfrac{\partial \varepsilon}{\partial A} = 0 \\ \dfrac{\partial \varepsilon}{\partial B} = 0 \\ \dfrac{\partial \varepsilon}{\partial C} = 0 \end{cases} \tag{4.47}$$

通过求导，上式可以转化为如下联立方程组：

$$\begin{cases} \sum\limits_{i=1}^{n} 2x_i(x_i^2 + y_i^2 + Ax_i + By_i + C) = 0 \\ \sum\limits_{i=1}^{n} 2y_i(x_i^2 + y_i^2 + Ax_i + By_i + C) = 0 \\ \sum\limits_{i=1}^{n} 2(x_i^2 + y_i^2 + Ax_i + By_i + C) = 0 \end{cases} \tag{4.48}$$

令 $\overline{x^p y^q} = \left(\sum\limits_{i=1}^{n} x_i^p y_i^q \right) \Big/ n$，则上式可以简化整理为

$$\begin{cases} \overline{x_i^3} + \overline{x_i y_i^2} + A\overline{x_i^2} + B\overline{x_i y_i} + C\overline{x_i} = 0 \\ \overline{x_i^2 y_i} + \overline{y_i^3} + A\overline{x_i y_i} + B\overline{y_i^2} + C\overline{y_i} = 0 \\ \overline{x_i^2} + \overline{y_i^2} + A\overline{x_i} + B\overline{y_i} + Cn = 0 \end{cases} \tag{4.49}$$

上式可以转化成矩阵表示为

$$\begin{pmatrix} \overline{x_i^2} & \overline{x_iy_i} & \overline{x_i} \\ \overline{x_iy_i} & \overline{y_i^2} & \overline{y_i} \\ \overline{x_i} & \overline{y_i} & n \end{pmatrix}\begin{pmatrix} A \\ B \\ C \end{pmatrix} = \begin{pmatrix} -(\overline{x_i^3}+\overline{x_iy_i^2}) \\ -(\overline{x_i^2y_i}+\overline{y_i^3}) \\ -(\overline{x_i^2}+\overline{y_i^2}) \end{pmatrix} \tag{4.50}$$

因此可以得到

$$\begin{pmatrix} A \\ B \\ C \end{pmatrix} = \begin{pmatrix} \overline{x_i^2} & \overline{x_iy_i} & \overline{x_i} \\ \overline{x_iy_i} & \overline{y_i^2} & \overline{y_i} \\ \overline{x_i} & \overline{y_i} & n \end{pmatrix}^{-1}\begin{pmatrix} -(\overline{x_i^3}+\overline{x_iy_i^2}) \\ -(\overline{x_i^2y_i}+\overline{y_i^3}) \\ -(\overline{x_i^2}+\overline{y_i^2}) \end{pmatrix} \tag{4.51}$$

式中，M^{-1} 表示为矩阵 M 的逆阵，上述方程有解的条件是矩阵 M 可逆。

由于圆的方程为 $x^2+y^2+Ax+By+C=0$，可以得到

$$\left(x+\frac{A}{2}\right)^2+\left(y+\frac{B}{2}\right)^2=\frac{A^2}{4}+\frac{B^2}{4}-C^2 \tag{4.52}$$

因此，在求得三个未知参数 A、B、C 后，就可以得到圆的特征参数为

$$\begin{cases} x_c=-\dfrac{A}{2} \\ y_c=-\dfrac{B}{2} \\ r=\sqrt{\dfrac{A^2}{4}+\dfrac{B^2}{4}-C^2} \end{cases} \tag{4.53}$$

即为拟合圆的中心和半径参数。

4) 实验结果

我们在 PIV 2.4 G 计算机上利用 Matlab 语言和 Visual C++ 语言分别对本算法进行实际图像的实验。

我们对如图 4.13(a) 所示的实际图像进行算法测试，经过 Canny 算子进行边缘检测后的图像如图 4.13(b) 所示，圆的检测结果如图 4.13(c) 所示。图像中所检测出各个圆的三个特征参数如表 4.1 所示。

本算法在本课题组的 Robocup 中型组机器人足球比赛中利用 Visual C++ 语言进行了成功的实验。本实验的机器人视觉系统采用分辨率为 640×480 的 Basler 彩色摄像机和 Computar 镜头。设定足球的颜色为目标颜色模型，对每一帧图像都首先进行隔行扫描颜色特征点，如果出现颜色变化点，则逐行继续扫描 7 个点，在这 7 个点中如果不少于 4 个点为目标模型颜色点，则这 7 个点中的中间点即为边缘特征点，否则认为它们是噪声，继续进行扫描算法。如图 4.14 所示，对检测到的边缘颜色特征点利用本书的圆形特征检测算法能够有效地检测到运动中的足球。

(a) 含有两个圆形特征的图像

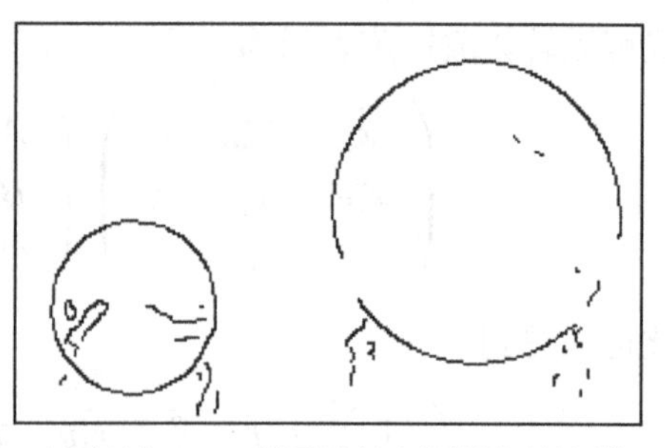

(b) 经过 Canny 算子进行边缘检测后的图像

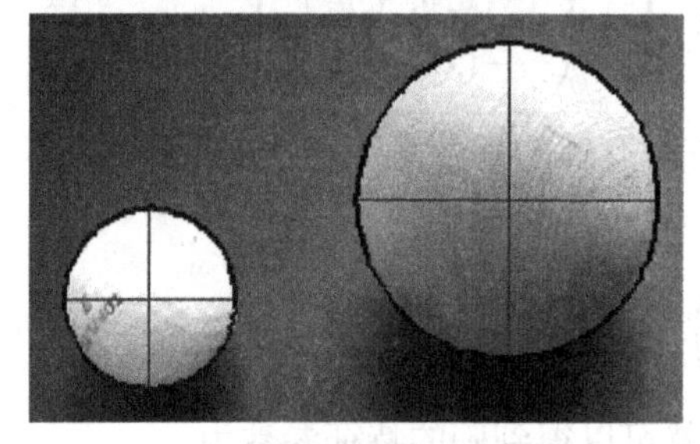

(c) 本算法所检测到的圆

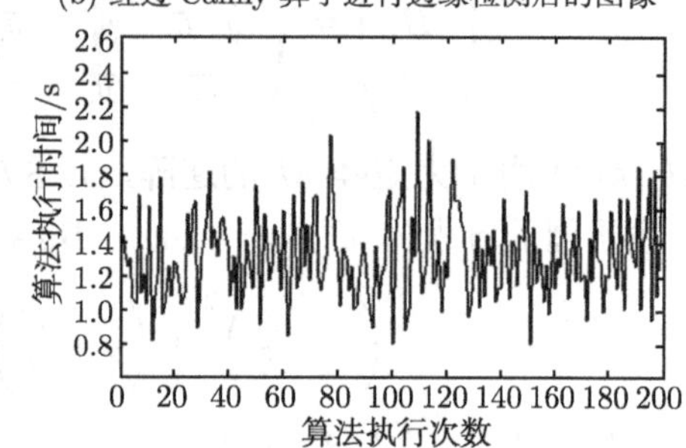

(d) 每一次算法所需要的计算时间

图 4.13　实际图像的圆检测

表 4.1　所检测到的圆的三个特征参数

参数	x_c	y_c	r
圆 1	188.5915	71.3982	58.3270
圆 2	49.4566	107.9839	33.5679

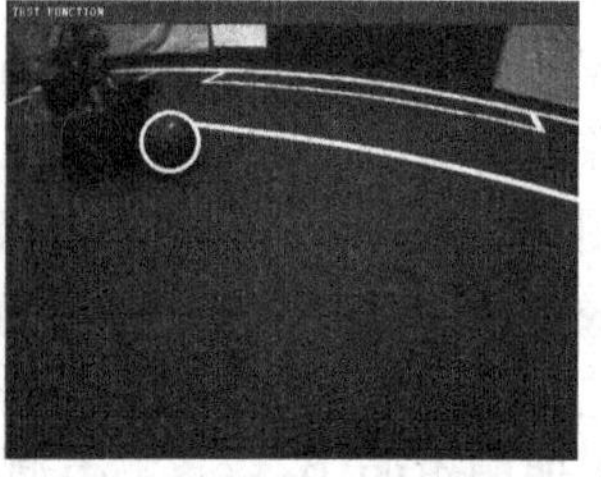

图 4.14　Robocup 机器人足球比赛中对圆形足球的检测

第 5 章　图像拼接与镶嵌

多传感器图像无缝拼接是实现全景光电探测系统的重要环节，通过图像拼接形成的拼接图有效地扩大了传感器视场。对于具有一定重合区域的相邻传感器图像，在畸变校正后，首先需要图像变换，将在同一视点向两个不同的方向观测图像变换为同一视线方向；随后，是最为关键的一步，对两幅图像实施图像配准，对于对重合区域提取特征点并对相邻图像特征点匹配获取图像的配准参数，并根据配准参数变换配准图像；最后选择合适的融合算法对两幅图像灰度均衡消除拼接缝。

5.1　尺度不变特征变换算法

基于特征点提取的图像配准算法相对全局灰度运算的方法如光流、灰度投影等精度更高，在图像拼接中普遍使用。事实上，特征点提取算法目前研究非常广泛，早期的特征一般为角点，随后的 SIFT(scale invariance feature transform) 特征是一种基于尺度空间的，对图像平移、旋转、缩放保持不变性的图像局部特征。SIFT 是对图像平移、旋转、缩放等符合透视变换模型下最为经典、精确度最高的算法，然而其计算量巨大，耗时很长，在一些强实时场景下无法使用，因此，近年来在 SIFT 之后产生了大量特征点描述子，包括 SURF、FAST、BRISK、BRIEF 以及目前的 ORB 等，其均是在某一方面对 SIFT 进行简化，总体性能相比 SIFT 均有一定差距，但大大提高了 SIFT 的计算实时性，在本书的传感器拼接中，因传感器位置固定后只需一次配准，对实时性无明确要求，故为保证拼接精度，依然采用 SIFT 特征匹配作为图像配准算法。

5.1.1　SIFT 特征提取

SIFT 特征提取的流程如下。

1) 检测尺度空间极值

Koendetink 证明了高斯卷积核是实现尺度变换的唯一变换核，而 Lindeberg 等则进一步证明高斯核是唯一的线性核。因此，尺度空间理论的主要思想是利用高斯核对原始图像进行尺度变换，获得图像多尺度下的尺度空间表示序列，再对这些序列进行尺度空间特征提取。

二维高斯核定义为

$$G(x,y,\sigma)=\frac{1}{2\pi\sigma^2}\mathrm{e}^{-(x^2+y^2)/2\sigma^2} \tag{5.1}$$

对于二维图像 $I(x,y)$，在不同尺度下的尺度空间表示 $I(x,y,\sigma)$ 可由图像 $I(x,y)$ 与高斯核的卷积得到：

$$L(x,y,\sigma)=G(x,y,\sigma)*I(x,y) \tag{5.2}$$

式中，* 表示在 x 和 y 方向上的卷积，L 表示尺度空间，$(x,\ y)$ 代表图像 I 上的点，σ 是尺度因子，选择合适的尺度因子平滑是建立尺度空间的关键。

为了提高在尺度空间检测稳定特征点的效率，Lowe 提出了利用高斯差值 (Difference of Gaussian, DoG) 方程同图像的卷积求取尺度空间极值，用 $D(x,y,\sigma)$ 表示，即用固定的系数 k 相乘的相邻的两个尺度的差值计算：

$$D(x,y,\sigma)=[G(x,y,k\sigma)-G(x,y,\sigma)]*I(x,y)=L(x,y,k\sigma)-L(x,y,\sigma) \tag{5.3}$$

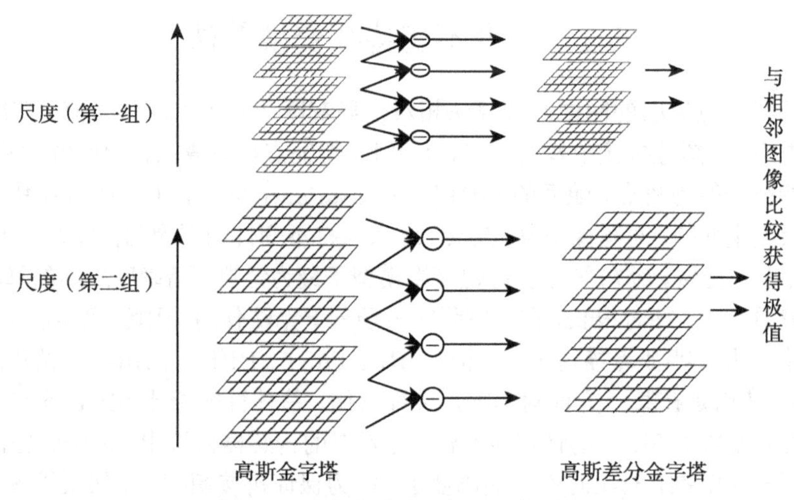

图 5.1　高斯金字塔与 DoG 的实现

在实际的尺度不变特征点提取中，SIFT 算法将图像金字塔引入了尺度空间，本书对图像金字塔的构建如图 5.1 所示：首先采用不同尺度因子的高斯核对图像进行卷积以得到图像的不同尺度空间，将这一组图像作为金字塔图像的第一阶 (octave)。接着对其中的 2 倍尺度图像 (相对于该阶第一幅图像的 2 倍尺度) 以 2 倍像素距离进行下采样来得到金字塔图像第二阶的第一幅图像，对该图像采用不同尺度因子的高斯核进行卷积，以获得金字塔图像第二阶的一组图像。再以金字塔图像第二阶中的 2 倍尺度图像 (相对于该阶第一幅图像的 2 倍尺度) 以 2 倍像素距离进行下采样来得到金字塔图像第三阶的第一幅图像，对该图像采用不同尺度因子的高斯核进行卷积，以获得金字塔图像第三阶的一组图像。这样依次类推，从而获得了高斯金字塔图像。每一阶相邻的高斯图像相减，就得到了高斯差分图像，即 DoG 图像。对 DoG 尺度空间每个点与相邻尺度和相邻位置的点逐个进行比较，得到的局部极值位置即为特征点所处的位置和对应的尺度。

为了寻找尺度空间的极值点，DoG 尺度空间中中间层的每个像素点都需要跟同一层的相邻 8 个像素点以及它上一层和下一层的 9 个相邻像素点总共 26 个相邻像素点进行比较，以确保在尺度空间和二维图像空间都检测到局部极值，如图 5.2 所示，标记为叉号的像素如果比相邻 26 个像素的 DoG 值都大或都小，则该点将作为一个局部极值点，记下它的位置和对应尺度。

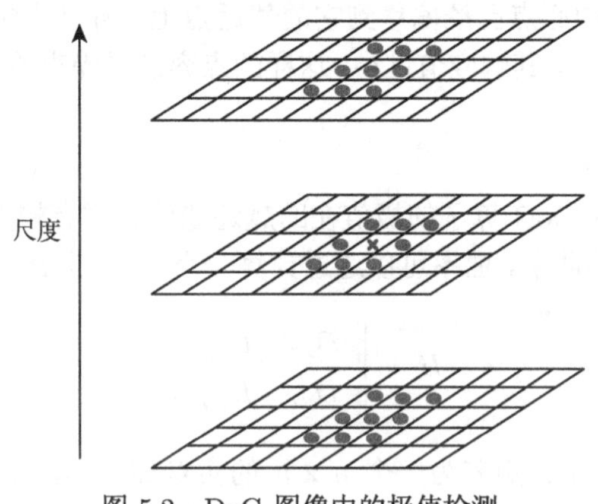

图 5.2　DoG 图像中的极值检测

总之，图像的高斯滤波保证了特征点不受噪声影响，DoG 图像保证了特征点不受亮度差的影响，在高斯差分图像空间提取极值点保证了尺度不变性。

2) 精确定位特征点的位置

由于 DoG 值对噪声和边缘较敏感，对上一步中检测到的极值点进行三维二次函数拟和以精确确定特征点的位置和尺度。使用 Taylor 级数将尺度空间方程 $D(x,y,\sigma)$ 展开：

$$D(x)=D+\frac{\partial D^t}{\partial X}X+\frac{1}{2}X^{\mathrm{T}}\frac{\partial^2 D}{\partial X^2}X \tag{5.4}$$

式中，$X=(x,y,\sigma)^{\mathrm{T}}, \dfrac{\partial D}{\partial x}=\begin{bmatrix}\dfrac{\partial D}{\partial x}\\ \dfrac{\partial D}{\partial y}\\ \dfrac{\partial D}{\partial \sigma}\end{bmatrix}, \dfrac{\partial^2 D}{\partial X^2}=\begin{bmatrix}\dfrac{\partial^2 D}{\partial x^2} & \dfrac{\partial^2 D}{\partial xy} & \dfrac{\partial^2 D}{\partial \sigma}\\ \dfrac{\partial^2 D}{\partial xy} & \dfrac{\partial^2 D}{\partial y^2} & \dfrac{\partial^2 D}{\partial y\sigma}\\ \dfrac{\partial^2 D}{\partial \sigma x} & \dfrac{\partial^2 D}{\partial \sigma y} & \dfrac{\partial^2 D}{\partial \sigma^2}\end{bmatrix}$

式 (5.4) 中的一阶和二阶导数通过附近区域的差分近似求得，对式 (5.4) 求导数同时令其为零，求出精确的极值位置 $\hat{X}$：

$$\hat{X} = -\frac{\partial^2 D^{-1}}{\partial X^2}\frac{\partial D}{\partial X} \tag{5.5}$$

极值点的极值为

$$D(\hat{X}) = -\frac{1}{2}\frac{\partial D^{\mathrm{T}}}{\partial X}\hat{X} \tag{5.6}$$

对于三维子像元插值，$X(x, y, \sigma)$ 为三维矢量。当 $\hat{X}$ 在任何方法上的偏移大于 0.5 时，意味着插值中心点已经偏移到它的邻近点上，所以这样的点需要删除。另外当 $\left|D(\hat{X})\right| = 0.03$ 时，其响应值过小，这样的点容易受噪声的干扰而变得不稳定，所以也要被删除。

3) 删除边缘效应

一个定义不好的 DoG 算子的极值在跨越边缘的地方有较大的曲率，而在垂直边缘的方向有较小的曲率。曲率可以通过计算一个 2×2 的 Hessian 矩阵得到：

$$H = \begin{bmatrix} D_{xx} & D_{xy} \\ D_{yx} & D_{yy} \end{bmatrix} \tag{5.7}$$

n 维图像的 Hessian 矩阵为一个 $n \times n$ 的实对称矩阵，因而具有 n 个实特征值。在 $H(D)$ 的 n 个特征值中，幅值最大的特征值对应的特征向量代表着 D 点曲率最大的方向，同样，幅值最小的特征值对应的特征向量代表着 D 点曲率最小的方向。D 的曲率和 H 的特征值成正比。令 α 为最大的特征值，β 为最小的特征值，计算 Hessian 矩阵的迹和行列式：

$$\begin{aligned} \mathrm{Th}(H) &= D_{xx} + D_{yy} = \alpha + \beta \\ \mathrm{Det}(H) &= D_{xx}D_{yy} - D_{xy}^2 = \alpha\beta \end{aligned} \tag{5.8}$$

令 $\alpha = r\beta$，有

$$\frac{\mathrm{Th}(H)^2}{\mathrm{Det}(H)} = \frac{(\alpha+\beta)^2}{\alpha\beta} = \frac{(r\beta+\beta)^2}{r\beta^2} = \frac{(r+1)^2}{r} \tag{5.9}$$

$\dfrac{(r+1)^2}{r}$ 的值在 $\alpha = \beta$ 时取最小值，随着 r 的增大而增大。因此为了检测某点的曲率是否在一定的域值范围内，只需要检测是否满足

$$\frac{\mathrm{Th}(H)^2}{\mathrm{Det}(H)} < \frac{(r+1)^2}{r} \tag{5.10}$$

如果点不满足上述不等式，就说这个点是可能的边缘点，应该把它剔除。

5.1.2 基于 k-d 树的特征点匹配

1. 构建 k-d 树

k-d 树是二叉检索树的扩展，k-d 树的每一层将空间分成两个，每个结点表示的是一个空间范围。树的顶层结点按一维进行划分，下一层结点按另一维进行划分，以此类推，各个维循环往复。对于所有特征描述子，统计它们在每个维上的数据方差，该数据方差的最大值表明沿该坐标轴方向上数据点分散得比较开，这个方向上进行数据分割可以获得最好的分辨率。划分要使得在每个结点上存储在子树中大约一半的点落入一侧，而另一半落入另一侧。当一个结点中的点数少于给定的最大点数时，划分结束。k-d 树构建流程图如图 5.3 所示。

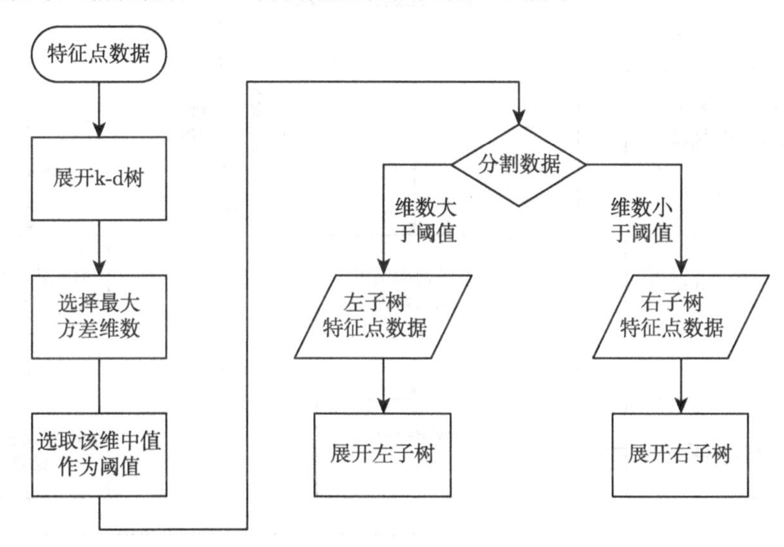

图 5.3 k-d 树构建

2. k-d 树最近邻查询及其改进算法

k-d 树的数据结构决定了能够减少查询量，因为很多结点不必被考虑，而且 k-d 树提供了一种高效机制去查询与待查记录的最接近记录，从而大大减低了寻找最佳匹配的计算量。k-d 树搜索算法可以很容易地被描述为一递归算法。k-d 树在进行搜索时交替地使用识别器与各个维的关键码进行比较，不断缩小搜索范围，直到找到需要的点为止。

k-d 树搜索算法大部分时间花费在检查结点上，并且只有一部分结点满足最近邻条件。并且 k-d 树的方法用在高维度数据的时候，任何查询都可能导致大部分结点都要被访问和比较，搜索效率会下降并接近穷尽搜索。针对 k-d 树搜索算法对高维度空间搜索效率降低的缺点，本书采用一种改进算法，称为 BBF(best bin first)

方法。

通过限制 k-d 树中叶结点数，对叶结点设一个最大数目，从而可以缩短搜索时间。这个改进虽然对 k-d 树快速找到最近邻点有一定数量上的提高，但是还只是根据 k-d 树的结构来决定叶结点的检查顺序，也就是说只考虑已存储的结点位置，并没有考虑到被查询结点的位置。一种简单的优化改进方法就是以结点和被查询结点距离递增的顺序来搜索结点，结点和被查询结点的距离是指它们之间的最短距离。此外 BBF 机制还设置了一个超时限定，当优先级队列中所有的结点都经过检查或者超出时间限制时，检索算法将返回当前找到的最好结果作为近似的最近邻。

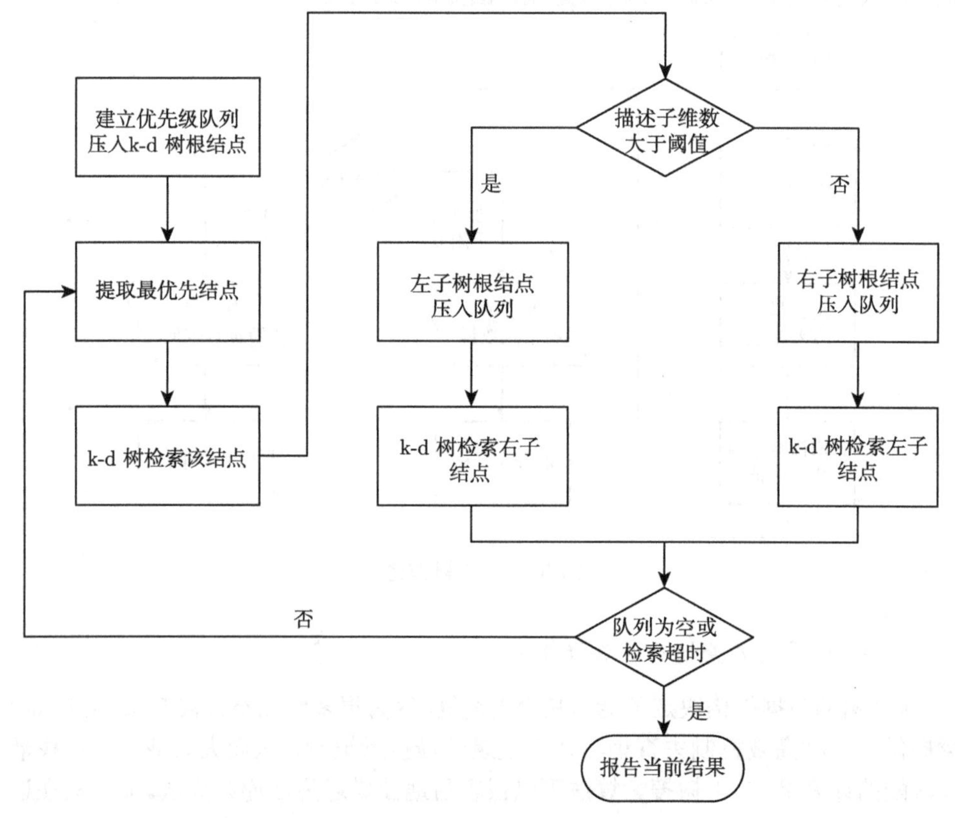

图 5.4 基于 BBF 的 k-d 树检索流程图

上面的改进方法可以用一个优先级队列很容易地实现。在最近邻 NN 搜索过程中，当沿着一个方向的分支搜索一结点时，优先级队列就会被加入一个成员，该成员记录了该结点相关的信息，包括当前结点在树中的位置和该结点与被查询结点之间的距离。当一个叶结点已经被搜索到以后，则从优先级队列的队首删除一项，然后再搜索包含最近邻结点的其他分支。BBF 搜索策略对最近邻搜索算法有了较大的提高，特别是对中维度空间 (8~15 维)。BBF 查询算法的流程图如图 5.4 所示。

5.1.3 图像误匹配对的消除

SIFT 特征向量生成后需进行匹配，也就是相似性度量，即采用欧式距离、马氏距离等距离函数匹配特征之间的相似性程度。

其次是消除错配。任何特征描述和相似度量都无法完全避免错配，此步骤主要根据各种约束条件消除候选点中的错配。一般利用 RANSAC 随机样本一致性算法去除错误的匹配点对，得到最佳匹配点。通过对最佳匹配点的特征向量进行匹配，最后得到图像特征向量的匹配。

RANSAC (random sample consensus，随机样本一致性) 算法可以过滤包含很大一部分错误数据的数据集合，并生成数据的最优一致性，尤其适合场景分析，因为局部特征检测算子经常产生误差，这往往会影响后续算法的准确性。

RANSAC 算法是一种估计数学模型参数的迭代算法。该算法是一种容错能力很强的算法，可以有效地把外点剔除。主要特点是模型的参数随着迭代次数的增加，其正确概率会逐步得到提高。主要思路是通过采样和验证的策略，求解大部分特征点都能满足的数学模型的参数。迭代时，每次从数据集中采样模型需要的最少数目特征点，计算模型的参数，然后在数据集中统计符合该模型的参数的特征点数目，最多样本符合的参数就被认为是最终模型的参数值。符合模型的特征点称为内点，不符合模型的特征点称为外点。

5.2 图像变换模型

图像配准的目的就是要找出待配准图像和参考图像之间的变换关系，根据变换关系将待配准图像进行变换，使待配准图像和参考图像内容的相同部分能够在同一坐标系下面满足大小、方向等信息都相同，最后再进行图像平滑。因此在图像配准的过程中找出两幅图像之间的畸变关系并对待配准图像进行校正是非常关键且重要的一个步骤。

针对同一场景使用相同或不同的成像设备，在不同条件下 (如天气、光照、角度和摄像位置等) 所获得的两个或多个图像之间在分辨率、灰度属性、位置 (平移和旋转)、比例尺、非线性变形等方面一般会有所差异。为了实现这些图像的拼接，就需要消除这些图像之间的差异，即需要进行图像配准。

目前图像最常见的几种变换关系主要包括平移变换 (translation transformation)、旋转变换 (rotation transformation)、相似变换 (similarity transformation)、仿

射变换 (affine transformation) 和透射变换 (projective transformation)。

5.2.1　平移变换

设需要用平移量 (t_x, t_y) 将具有坐标为 (x, y) 的点平移到 (x', y') 位置，完成该平移变换的矩阵形式如下：

$$\begin{bmatrix} x' \\ y' \\ 1 \end{bmatrix} = \begin{pmatrix} 1 & 0 & t_x \\ 0 & 1 & t_y \\ 0 & 0 & 1 \end{pmatrix} \begin{bmatrix} x \\ y \\ 1 \end{bmatrix} \tag{5.11}$$

平移变换具有两个自由度，其中，t_x, t_y 分别是水平、竖直方向的平移因子。

5.2.2　旋转变换

旋转变换的矩阵表示如下：

$$\begin{bmatrix} x' \\ y' \\ 1 \end{bmatrix} = \begin{pmatrix} \cos\theta & -\sin\theta & 0 \\ \sin\theta & \cos\theta & 0 \\ 0 & 0 & 1 \end{pmatrix} \begin{bmatrix} x \\ y \\ 1 \end{bmatrix} \tag{5.12}$$

式中，θ 为旋转角度。

5.2.3　缩放变换

缩放变换改变图像像素点间的距离，缩放变换矩阵表示如下：

$$\begin{bmatrix} x' \\ y' \\ 1 \end{bmatrix} = \begin{pmatrix} S_x & 0 & 0 \\ 0 & S_y & 0 \\ 0 & 0 & 1 \end{pmatrix} \begin{bmatrix} x \\ y \\ 1 \end{bmatrix} \tag{5.13}$$

式中，S_x, S_y 分别表示沿 x 轴和 y 轴的缩放尺度。

5.2.4　相似变换

相似变换具有如下的矩阵表示：

$$\begin{bmatrix} x' \\ y' \\ 1 \end{bmatrix} = \begin{pmatrix} r\cos\theta & -r\sin\theta & t_x \\ r\sin\theta & r\cos\theta & t_y \\ 0 & 0 & 1 \end{pmatrix} \begin{bmatrix} x \\ y \\ 1 \end{bmatrix} \tag{5.14}$$

上式可以用分块矩阵简化为如下形式：

$$X' = H_s X = \begin{pmatrix} rR & t \\ 0^{\mathrm{T}} & 1 \end{pmatrix} X \tag{5.15}$$

式中，r 表示各向同性缩放，R 是一个特殊的 2×2 正交矩阵对应其中的旋转变换。很容易证明，一个相似变换可以保持两条曲线在角点处的角度。这个性质常解释为保形性或保角性。由于相似变换可保持形状，所以也被称为同形变换。例如一个圆环的相似变换总给出一个圆环，尽管这个新圆环可能在另一个位置或有另一个尺度。平面上的相似变换有 4 个自由度，可以根据两组点的对应性来计算。

5.2.5 仿射变换

仿射变换是一个非奇异的线性变换接上一个平移变换。假设 T 是一个变换，如果 $T(x)-T(0)$ 是线性变换，那么我们称 $T(x)$ 是仿射变换。经过仿射变换直线仍然变成直线，它是图像配准中最常使用的变换模型，主要是由平移、旋转和缩放构成，如果忽略歪斜，那么它是一个刚性变换，维持了图像中原有的几何关系，例如一个三角形经过变换后，得到的三角形和原三角形是相似的。其矩阵表达式如下：

$$\begin{bmatrix} x' \\ y' \\ 1 \end{bmatrix} = \begin{pmatrix} h_{00} & h_{01} & t_x \\ h_{10} & h_{11} & t_y \\ 0 & 0 & 1 \end{pmatrix} \begin{bmatrix} x \\ y \\ 1 \end{bmatrix} \tag{5.16}$$

上式可以用分块矩阵简化为如下形式：

$$X' = H_a X = \begin{pmatrix} H & t \\ 0^{\mathrm{T}} & 1 \end{pmatrix} X \tag{5.17}$$

一个平面上的仿射变换有 6 个自由度，对应 6 个矩阵元素 (4 个对应矩阵 H 的元素，2 个对应矢量 t 的元素)。这个变换可根据 3 组点的对应性来计算，也就是说从两幅图中找出相对应的 3 组特征点就可以解出仿射变换的参数，进而对待配准图像进行再投影。

仿射变换具有下面一些性质：

(1) 仿射变换能将有限点映射为有限点。仿射变换能建立一对一的关系，而投影变换在将一个平面变换为另一个平面时不具备这个性质。

(2) 仿射变换将直线映射为直线。

(3) 仿射变换将平行直线变换为平行直线。

(4) 当区域 P 和 Q 是没有退化的三角形 (面积不为零)，那么存在一个唯一的仿射变换 A 可将 P 映射为 Q，即 $Q=A(P)$。

5.2.6 透射变换

透射变换是投影中的坐标变换，仿射变换常被看作是一种特殊的透射变换。在图像拼接过程中，常常要求给出同一点在两个不同相机坐标系下投影点之间的关系，即 8-参数透视变换模型，其变换矩阵形式如下：

$$\begin{bmatrix} x' \\ y' \\ z' \end{bmatrix} = \begin{pmatrix} h_{11} & h_{12} & h_{13} \\ h_{21} & h_{22} & h_{23} \\ h_{31} & h_{32} & h_{33} \end{pmatrix} \begin{bmatrix} x \\ y \\ z \end{bmatrix} \tag{5.18}$$

如果使用矩阵形式可简洁表示为 $X' = HX$。矩阵 H 有 9 个元素，但只有它们的比例有意义，所以变换可用 8 个独立的参数表示。换句话说，一个投影变换有 8 个自由度。由此可知，两个平面间的投影变换可根据 4 组点的对应性来计算。要求每个平面中任意 3 点不共线。

在上面讨论的各种变换当中，投影变换是最一般的变换。仿射变换、相似变换等都是透射变换的子变换。其中，h_{11}、h_{12}、h_{21}、h_{22} 是缩放、旋转因子；h_{13}、h_{23} 是水平和竖直方向的平移因子；h_{31}、h_{32} 是仿射变换因子。表 5.1 描述了各变换中各个参数的详细意义。

表 5.1 各种图像变换参数

透射变换	平移变换	旋转变换	缩放变换	相似变换	仿射变换
h_{11}	1	$\cos\theta$	s_x	$r\cos\theta$	h_{11}
h_{12}	0	$-\sin\theta$	0	$-r\sin\theta$	h_{12}
h_{13}	x_0	0	0	x_0	h_{13}
h_{21}	0	$\sin\theta$	0	$r\sin\theta$	h_{21}
h_{22}	1	$\cos\theta$	s_y	$r\cos\theta$	h_{22}
h_{23}	y_0	0	0	y_0	h_{23}
h_{31}	0	0	0	0	0
h_{32}	0	0	0	0	0

5.3 多相机图像拼接技术

世界各国对光电全景监视的相关技术在军事领域的应用非常重视 [3-9]，包括美英在内的一些军事先进国家已经研制并装备了多种型号的全方位光电监视侦察系统，如光电分布式孔径、大空域监视等。

以美国 F-35 为典型代表的四代战机上装备了 AAQ-37 光电分布式孔径系统 (DAS)。F-35 战斗机上共装有 6 个 DAS 系统观察口，它们与机身设计融合在一起，可以为飞行员提供一个围绕飞机机身的全景视野，飞行员能够“看透”飞机的底部和侧面，没有任何观察死角。EODAS 在红外范围内工作，它能识别并跟踪逼近飞机的有危险目标，例如敌方的导弹或者战斗机，它极大地增强了飞行员对战场的全方位感知能力，从而极大地提高了 F-35 的战场生存能力。F-35 上的综合核心处理机能够将包括 DAS 在内的各种传感器数据进行汇总、整理、选择和过滤，并将处理器过滤后的最有效信息传输给飞行员，从而使得飞行员方便地掌握战场态势。飞行员可以根据态势感知的最终结果选择最合理的作战方式，或规避、对抗，或消灭敌方目标等。

图 5.5 F-35 战机上的分布式孔径系统

在民用领域，全景监视系统具有更广泛的应用。人们可以利用图像拼接技术来得到宽视角的 360° 全景图像，用来虚拟实际场景。这种基于全景图的虚拟现实系统，通过全景图的深度信息抽取恢复场景的三维信息，最终建立三维模型。这个系统允许用户以虚拟环境中的任一点作为基准，进行水平环视以及一定范围内的俯视和仰视。通过这种方式虚拟出的全景图像相当于人站在原地环顾四周时看到的景象。

5.4 图像镶嵌技术

图像镶嵌技术，即图像 Mosaic(马赛克) 技术，它能够将一系列真实世界具有重叠区域的低分辨率或小视角图像经过一定的处理技术，组合成一幅高分辨率、大视角的场景图像。应用该技术不仅解决了由于目标过于庞大，为囊括整个场景而牺牲分辨率的问题，而且解除了在航空航天、矿产勘测等特殊领域中即使采用专业设备也无法获得超大规模场景图像的限制。同时，获得的图像也经过了冗余信息的剔除与信息存储量的压缩，更加客观形象地反映了现实世界，如图 5.6 所示。

图 5.6 图像镶嵌结果

1. 图像镶嵌技术的分类

图像镶嵌技术也有众多分类，目前根据其研究目的、方法的不同主要有两种分类方式：根据自动化程度的高低，图像镶嵌技术分为两种：一种为全自动图像镶嵌技术，意为在整个镶嵌图像的过程中，不需要过多的人为干预，基本上都是由计算机来完成所有步骤；另一种为半自动图像镶嵌技术，意为先由传感器获得图像序列，再采用人机交互措施实现图像特征的提取，最后再通过计算机继续下面的步骤。根据数码相机运动方式的不同，图像镶嵌技术亦分为两种：一种是全景图像镶嵌技术，包括立方体全景图像镶嵌技术、球面全景图像镶嵌技术和柱面全景图像镶嵌技术；另一种是平面图像拼接技术，即对序列图像并不进行投影而直接进行镶嵌。

2. 图像镶嵌技术的应用领域

在虚拟现实领域中，不仅需要显示较大范围的信息，而且需要保留场景的真实信息，更加需要仅通过平面图像便给人以三维立体身临其境的感觉，因此运用图像镶嵌技术得到全景图像来虚拟实际场景是必然趋势。

在医学图像处理方面，显微镜或超声波视角范围特别小，医生无法仅凭一幅图像便进行审视，有时必须依靠某些病人的某个部位或器官的大面积全景图像来辅助医学诊断，因此要实现相邻图像拼接并进行数据测量及会诊，图像的镶嵌已成为其关键环节。

在遥感图像应用中，为实现真实场景地图的绘制，需要使用专用成像设备，在高空中拍摄多幅图片，最后再手动拼接得到一幅完整图像，而通过图像镶嵌技术，经过计算机智能运算完成地图的绘制，不仅能够获得大面积、高精度的真实场景测绘，而且避免了大量人力、物力和财力的使用。

5.5 无缝图像拼接融合

图像配准后，图像间的变换关系就得到了唯一确定。一般情况下，由于采样时间和采样角度的不同，重叠部分会出现明暗强度及变形程度的差异。为了拼接后的图像具有视觉一致性而且没有明显的接缝，进行图像平滑处理是非常有必要的。

图像平滑的任务就是把配准后的两幅图像根据对准的位置合并为一幅图像。所选择的策略要能够尽量减少遗留变形以及图像间亮度差异对合并效果的影响。这是因为图像的对准结果可能会由于图像配准误差而不能在每一点上都完美无缺。

图像拼接的目的是要得到一幅无缝的拼接图像，所谓无缝，就是说在图像拼接结果中不应该看到两幅图像在拼接过程中留下的痕迹，即不能出现图像拼接缝隙。由于进行拼接的两幅图像并不是在同一时刻采集的，因此，它们不可避免地会受到各种不确定因素的影响。由于这些无法控制的因素的存在，如果在图像整合过程结束之后，只是根据该过程中所得到的两幅相邻图像之间的重叠区域信息，将两幅图像简单叠加起来，那么，在它们的结合部位必然会产生清晰的拼接缝隙，这也就达不到图像拼接所要求的“无缝”。

那么该如何处理图像整合过程中无法解决的拼接缝隙问题，实现真正意义上的无缝拼接呢？这正是图像平滑过程中所要解决的问题。对于重叠部分，如果只是简单地取第一幅图像或第二幅图像的数据进行叠加，会造成图像的模糊和拼接的痕迹，这是不能容忍的。图像平滑就是要消除图像光强或色彩的不连续性。它的主要思想是让图像在拼接处的光强平滑过渡以消除光强的突变。

由于任何两幅相邻图像在采集条件上都不可能做到完全相同，因此，对于一些本应该相同的图像特性，如图像的光照特性等，在两幅图像中就不会表现得完全一样。而两幅图像之间这种相关特性的非一致性正是产生图像拼接缝隙的根源。图像拼接缝隙就是从一幅图像的图像区域过渡到另一幅图像的图像区域时，由于图像中的某些相关特性发生了跃变而产生的。由于不可能精确地计算出或测量出两幅图像之间的相关特性的非一致性参数，因此，提出一种待拼接图像之间的相关特性一致化算法，从根本上消除两幅图像间相关特性跃变的影响是不可能的。

虽然通过图像整合得到的整合图像中不可避免地存在着程度不同的整合边界，但是这一整合边界对整合图像整体效果的破坏程度还是比较轻的，整合图像并没有因为整合边界的存在而发生严重的图像变形。从总体上来看，经过图像整合之后，图像之间的拼接工作已经基本完成了，在图像平滑过程中所要做的工作只是对整合边界在整合图像中所产生的轻微图像变形进行处理。因此，处理图像拼接缝隙时，并不需要对整幅图像作较大的变动，只需对图像中与拼接缝隙相关的部分作轻微的修改。这样提出一种能够同时兼顾拼接图像真实效果和消除拼接图像间相关特性跃变这两个方面的图像变形算法来处理图像拼接缝隙问题是完全可以实现的。

5.5.1 平均值法

平均值法是将两幅待拼接图像的重叠区域对应像素求取均值作为拼接图像的像素，以达到平滑的效果。令 $f_1(x,y)$、$f_2(x,y)$ 和 $f(x,y)$ 分别为待拼接图像和平滑后图像在点 (x,y) 处的像素值，则平滑后图像中各点的像素值由下式得到：

$$f(x,y)=\begin{cases} f_1(x,y), & (x,y)\in R_1\cap \bar{R}_2 \\ \dfrac{1}{2}[f_1(x,y)+f_2(x,y)], & (x,y)\in R_1\cap R_2 \\ f_2(x,y), & (x,y)\in R_2\cap \bar{R}_1 \end{cases} \tag{5.19}$$

式中，R_1 表示第一幅图像的区域，R_2 表示第二幅图像的区域，$R_1\cap R_2$ 表示第一幅图像和第二幅图像的重叠区域，$R_1 \cap \bar{R}_2$ 表示第一幅图像中未和第二幅图像重叠的图像区域，$R_2 \cap \bar{R}_1$ 表示第二幅图像中未和第一幅图像重叠的图像区域。

该方法比较简单，易于实现，速度较快，但是效果一般不能令人满意，平滑部分有明显的带状分布感觉，人眼明显能够识别出来。

5.5.2　多分辨率样条技术

多分辨率样条技术采用 Laplacian 多分辨率金字塔结构。它将图像分解成不同频率上的一组图像，在每个分解的频率上，将图像重叠边界附近加权平均，最后将所有频率上的合成图像汇总成一幅图像。一些文献提出了多分辨率的思想并且首先将之应用到两幅图像拼接的平滑过渡处理中。该方法涉及高斯塔和拉普拉斯塔的构造问题，因此是一种基于塔型结构的图像平滑算法。

虽然该方法平滑质量高，但该算法计算工作量很大，计算时间长，对于图像拼接中的图像平滑一般不适用。

5.5.3　渐入渐出法

这种方法的主要思想就是在重叠部分由前一幅图像慢慢过渡到第二幅图像，即将图像重叠区域的像素值按一定的权值相加合成新的图像，并裁剪去垂直方向错开的图像部分。

假如 f_1，f_2 是两幅待拼接的图像，将图像 f_1 和 f_2 在空间叠加，则图像无缝平滑后的图像像素 f 可表示为

$$f(x,y)=\begin{cases} f_1(x,y), & (x,y)\in f_1 \\ d_1 f_1(x,y)+d_2 f_2(x,y), & (x,y)\in (f_1\cap f_2) \\ f_2(x,y), & (x,y)\in f_2 \end{cases} \tag{5.20}$$

式中，d_1, d_2 表示权重值，一般与重叠区域的宽度有关，且 $d_1+d_2=1$，$0<d_1,d_2<1$。在重叠区域中 d_1 由 1 渐变至 0，d_2 由 0 渐变至 1，由此实现了在重叠区域中由 f_1 到 f_2 的平滑过渡。

在图像重叠区域中，随着对应像素点的位置变化，渐变因子 d 也在不断地变化。d 值随着对应像素点位置而发生变化的过程如图 5.7 所示。

为了要使拼接区域平滑，提高图像质量，可以采用图像平滑算法即渐入渐出的方法，使颜色逐渐过渡，以避免图像的模糊和明显的边界。该算法对于一般的图像处理来讲已经可以达到比较满意的效果，但也存在一定的缺陷，特别是在交叠区两幅图像的亮度差别很明显时，效果差强人意，因此本书对算法进行改进来解决该问题。

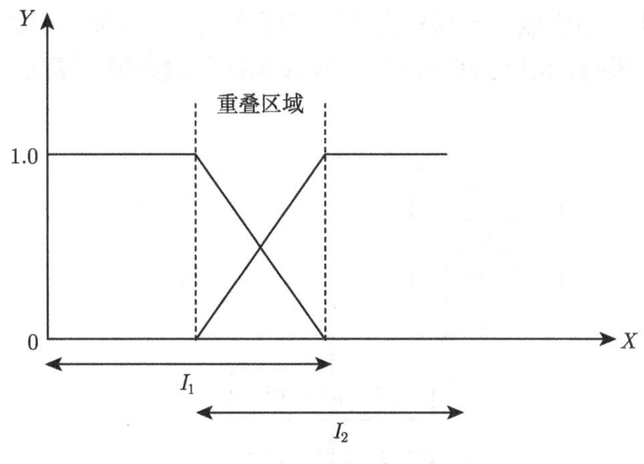

图 5.7 渐入渐出法示意图

假如 f_1，f_2 是两幅待拼接的图像，首先计算 f_1，f_2 灰度平均值 $\bar{f}_1$，$\bar{f}_2$，求得比值 d，对 f_2 进行修正，使得 f_2 的亮度与 f_1 统一：

$$\begin{cases} f_1'(x,y) = f_1(x,y) \\ f_2'(x,y) = d \cdot f_2(x,y) = \dfrac{\bar{f}_1}{\bar{f}_2} \cdot f_2(x,y) \end{cases} \tag{5.21}$$

然后将图像 $\bar{f}_1$ 和 $\bar{f}_2$ 在空间叠加，则图像无缝平滑后的图像像素 f 可表示为

$$f(x,y) = \begin{cases} f_1'(x,y), & (x,y) \in f_1' \\ d_1 f_1'(x,y) + d_2 f_2'(x,y), & (x,y) \in (f_1' \cap f_2') \\ f_2'(x,y), & (x,y) \in f_2' \end{cases} \tag{5.22}$$

式中，d_1, d_2 表示权重值，一般与重叠区域的宽度有关，且 $d_1 + d_2 = 1$，$0 < d_1, d_2 < 1$。在重叠区域中 d_1 由 1 渐变至 0，d_2 由 0 渐变至 1，由此实现了在重叠区域中由 f_1 到 f_2 的平滑过渡。

5.5.4 基于自适应梯度域的图像无缝镶嵌方法

图像配准和图像融合是图像镶嵌的两大关键技术，直接影响着最终镶嵌的质量和速度。在图像配准算法中，基于特征的算法计算量小、精度高、适应性好，应用研究最为广泛。在图像融合算法中，基于梯度域的算法效果好，能够很好地消除拼接缝隙。因此，本章着重对这两种算法进行研究，并在此基础上针对空域和频域的融合方法在实现图像合成时易产生拼接缝隙和模糊问题，提出了一种基于自适应梯度域融合的图像无缝镶嵌方法。该方法首先利用本书改进的 Harris 算法自适应调整阈值提取角点，对得到的角点使用 NCC 算法得到匹配点对，再利用 RANSAC 算法剔除误匹配并计算变换参数，使用双线性插值法进行重采样，最后结合全局亮

度调整算法和基于梯度域的泊松融合法完成图像镶嵌。实验证明该方法能有效地降低曝光差异的影响，消除拼接缝隙，实现图像的无缝镶嵌。算法流程如图 5.8 所示。

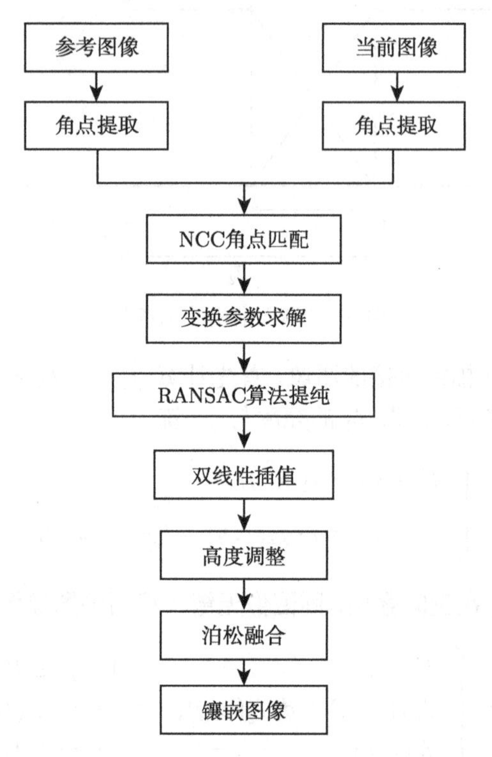

图 5.8　基于梯度域融合的无缝图像镶嵌流程

基于梯度域融合的图像无缝镶嵌方法分为基于角点检测的图像配准算法和基于梯度的图像融合算法两大部分详细介绍，对方法中用到的全局亮度调整算法作了介绍，并通过镶嵌图像质量评价方法对实验结果进行分析。

基于梯度域的融合算法用已知图像的梯度信息引导插值，利用带有狄利克雷边界条件的泊松方程求解待融合区域的像素值。泊松方程的求解实质上是一种最小化问题，计算给定边界条件下 L2 范式梯度与指导向量场最接近的函数。本书将在这一小节详细介绍泊松融合的原理以及在其基础上的改进算法。

1. 泊松融合

泊松图像编辑是一种基于梯度域的融合算法，它利用已知的梯度信息对待融合区域进行引导插值。算法将图像融合问题归结为求解目标函数的最小化问题，并利用泊松方程求解这一变分问题，使该梯度场与目标梯度场之间的差异达到最小。

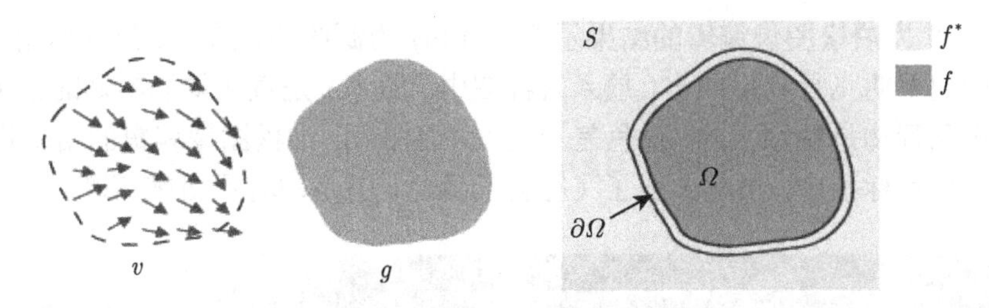

图 5.9 泊松图像编辑原理图

如图 5.9 所示，S 是二维空间 $\boldsymbol{R}^2$ 上的封闭子集，Ω 是 S 上的一个封闭子集，$\partial\Omega$ 是其边界。f^* 为 S 上的标量函数，g 为 Ω 上的已知标量函数，f 为 Ω 内部的未知标量函数。泊松图像编辑的实质就是通过引入梯度指导场 v 进行膜插值，最小化梯度场与目标梯度场之间的差异，求解未知标量函数 f：

$$\min_f \iint_\Omega |\nabla f - v|^2 \text{ , } f|_{\partial\Omega} = f^*|_{\partial\Omega} \tag{5.23}$$

式中，$\nabla . = \left[\dfrac{\partial .}{\partial x}, \dfrac{\partial .}{\partial y}\right]$ 是梯度算子，引入梯度指导场 v 就是为了防止因插值造成的图像模糊。上式的解可用带有狄利克雷边界条件的泊松方程来表示，如下式：

$$\Delta f = \mathrm{div} v, f|_{\partial\Omega} = f^*|_{\partial\Omega} \tag{5.24}$$

式中，$\Delta . = \dfrac{\partial^2 .}{\partial x^2} + \dfrac{\partial^2 .}{\partial y^2}$，表示的是拉普拉斯算子，$\mathrm{div}v$ 是 $v = (u, v)$ 的散度，$\mathrm{div}v = \dfrac{\partial u}{\partial x} + \dfrac{\partial v}{\partial y}$。

一般地，我们把图像看作是离散的像素网格。因此，离散化公式 (5.23) 可得到以下公式，对于 $p \in \partial\Omega$，有

$$\min_{f|_\Omega} \sum_{\langle p,q \rangle \cap \Omega \neq 0} (f_p - f_q - v_{pq})^2, \ f_p = f_p^* \tag{5.25}$$

式中，p 表示 S 上的像素点，N_p 代表其四邻居的集合，$\partial\Omega = \{p \in S \backslash \Omega : N_p \cap \Omega\}$，$v_{pq}$ 为 $v\left(\dfrac{p+q}{2}\right)$ 在 $[p, q]$ 方向上的投影，$v_{pq} = v\left(\dfrac{p+q}{2}\right) \cdot \overrightarrow{pq}$。其解满足如下的线性方程：

$$|N_p| f_p - \sum_{q \in N_p \cap \Omega} f_q = \sum_{q \in N_p \cap \partial\Omega} f_q^* + \sum_{q \in N_p} v_{pq} \tag{5.26}$$

对于所有 Ω 内部的像素，没有上式右边的边界条件项，可简化为

$$|N_p| f_p - \sum_{q \in N_p \cap \Omega} f_q = \sum_{q \in N_p} v_{pq} \tag{5.27}$$

图 5.10 为泊松图像编辑的结果示例。图 (a) 为源图像，图 (b) 为目标图像，将源图像中的不明飞行物抠取出，放入目标图中。图 (c) 是直接复制粘贴的结果，很明显看出飞行物是粘贴上的，颜色差异较大。而图 (d) 泊松图像编辑的结果将其无缝地融合到目标图中，虽然改变了飞行物的颜色，但是却看不出来痕迹。

(a) 源图像　(b) 目标图像

(c) 直接复制结果　(d) 泊松图像编辑结果

图 5.10　泊松图像编辑示例

利用上述思想，泊松图像编辑被广泛应用于图像融合，成为一种新的基于梯度域的融合方法——泊松融合。它利用已知的指导梯度场进行膜插值，将感兴趣的部分无缝地融合到目标图像中。其主要思想是源图像和目标图像的梯度应该有个向量值去引导，使目标图上有相似于源图的梯度而边界部分仍保留目标图的亮度，使结果看起来没有明显缝隙。

2. 改进的泊松融合算法

目前的泊松融合算法大都将重叠区域分为两个未知区域进行融合，计算量大，易导致这两部分出现亮度差异，且仅使用源图像梯度引导插值，不具有广泛性。针对以上情况，本书对泊松融合关键要素的选取和初始化做了改进，并加入自适应的混合梯度引导插值，且仅需进行一次泊松融合。具体步骤如下：

(1) 确定泊松融合的四个关键要素：源图像 Ω、目标图像 S、Ω 的边界 $\partial\Omega$ 以及指导场 v。如图 5.11 所示，找到重叠区域的中线 (定义为重叠区域列数的平分线)，将图像 I_2 的重叠区域划分为两部分，取右半部分作为源图像 Ω，定义图像 I_1 的重叠区域为目标图像 S。

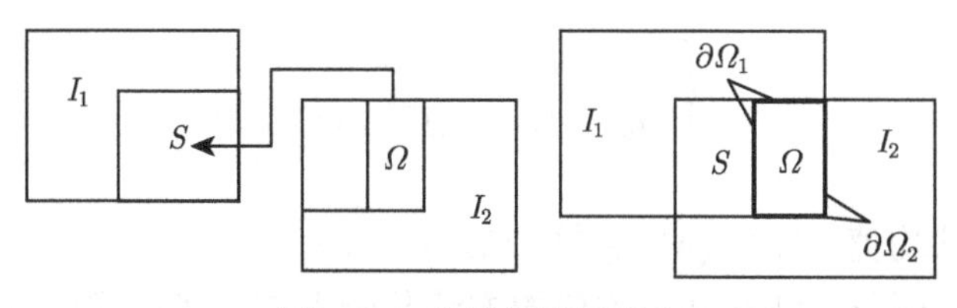

图 5.11 改进的泊松融合

(2) 参数初始化：S、Ω 分别取相应图像的像素值，Ω 的上、左边界 $\partial\Omega_1$ 取图像 I_1 的对应像素值，下、右边界 $\partial\Omega_2$ 取图像 I_2 的对应像素值。当两幅图像仅存在水平方向位移时，上、下边界像素值直接取零。对 Ω 的指导场 v，本书使用混合梯度代替源图像梯度，以控制源图和目标图梯度对待融合图像梯度的引导程度。

当某一点在目标图像上的梯度相对较大时，考虑使用该梯度值替代源图像梯度值。因此，对源图像 Ω 内的每一个点，通过比较其在源图和目标图上的梯度大小，选择较大的梯度 (绝对值) 作为指导场引导插值，混合梯度计算公式如下所示：

$$v(x)=\begin{cases}\nabla f^*(x), & |\nabla f^*(x)|>|\nabla g(x)|\\ \nabla g(x), & \text{其他}\end{cases}\tag{5.28}$$

式中，$f^*(x)$ 和 $g(x)$ 分别表示目标图及源图上的标量函数。混合梯度离散化后的形式如下：

$$v_{pq}=\begin{cases}f_p^*-f_q^*, & \left|f_p^*-f_q^*\right|>|g_p-g_q|\\ g_p-g_q, & \text{其他}\end{cases}\tag{5.29}$$

(3) 未知区域求解：将彩色图像转换到 R、G、B 三个通道下分别进行泊松融合，对未知区域的每个像素点进行求解，再将得到的方程组合在一起，转换为 $Ax=B$ 的形式。其中，A 为 Laplace 卷积所对应的系数，x 为未知区域各点的亮度，B 为混合梯度。最后利用共轭梯度下降法求解方程，完成融合。

3. 全局亮度调整算法

一般在图像采集过程中，由于曝光率、拍摄角度、时间等因素的影响，两幅图像不可避免地会存在曝光差异，导致出现亮度差异，进而产生拼接缝隙。特别是当曝光差异较大时，即使通过一些融合方法，得到的结果也会有明显的亮度跳变，给人一种不真实的感觉。因此，本书提出在融合前加入亮度调整算法，使图像保持亮度一致。常用的亮度调整方法有基于均值的调整和基于方差的调整。

基于均值的调整方法利用图像的均值信息。设两幅待镶嵌图像 I_1、I_2 间的重叠的区域分别为 M_1、M_2，它们的像素均值为 $\overline{M_1}$、$\overline{M_2}$。其调整公式如下：

$$\begin{cases} \widetilde{I_1} = I_1 - (\overline{M_1} - \overline{M}) \\ \widetilde{I_2} = I_2 - (\overline{M_2} - \overline{M}) \end{cases} \tag{5.30}$$

式中，$\overline{M}$ 为公共均值，$\overline{M} = (\overline{M_1} + \overline{M_2})/2$。

基于方差的调整方法在基于均值的方法基础上增加了图像的方差信息。其调整公式如下所示：

$$\begin{cases} \widetilde{I_1} = I_1 \\ \widetilde{I_2} = I_2 + \left(\widetilde{M_2} - \overline{M_2}\right) \end{cases} \tag{5.31}$$

式中，$\widetilde{M_2} = (M_2 - \overline{M_2})(\sigma_1/\sigma_2) + \overline{M_1}$。

本书选取基于方差的方法对配准后的两幅图像进行亮度调整，使它们的亮度保持一致，以消除曝光差异。

5.6　渐晕现象的理论分析与消除方法

渐晕现象 (vignetting) 是指由于拍摄的光照位置不同，使得在光学系统输出端产生的图像周围出现阴影的一种现象。拍摄的图像一般情况下表现出了从图像中心放射状的亮度衰减。这种效应称为“晕影”，虽然镜头制造商尝试用各种方法来设计他们的镜头，用来减少晕影的影响，但是在某种程度上，镜头产生的这种现象仍然存在，并且受光圈和焦距的影响相当严重。我们虽然已经设置了最大光圈，但即使是高品质的固定焦距镜头，其图像的角落比中心传输少 30%~40%的光。测距仪相机的变焦镜头和广角镜头会出现更严重的渐晕现象。

渐晕现象出现在各种各样的应用问题中。渐晕会影响图像序列组合或混合的图形应用，如基于图像的绘制、纹理投影和全景图像拼接，需要估计放射量的测量应用，如材料或采光的估计，以及为恢复场景结构假定亮度恒定的视觉应用，如立体的相关性和光流。然而尽管其发生在几乎所有拍摄的图像中，给算法和系统带来不利影响，但是对渐晕的标定和校正技术仍很少受到人们的重视。

5.6.1　图像渐晕现象分类

渐晕现象可根据来源分为以下四种：

(1) 自然渐晕是指由于几何光学径向衰减，平面图像的不同区域接收不同辐照度。对于简单的镜头，这些影响有时模型化为 $\cos^4(\theta)$ 的减少，θ 是光线从镜头后部退出的角度。由于平方衰减，兰伯特法则和出射光瞳的投影缩减使得图像的边缘点与中心点接收的光更少。需要注意，对于所有的镜头，当焦距改变时，出瞳到图像平面之间的距离也发生了变化，所以这些分量随焦距的改变而改变。cos4 法则只是个近似量而不能模拟真实的摄像机和镜头，如图 5.12 所示。

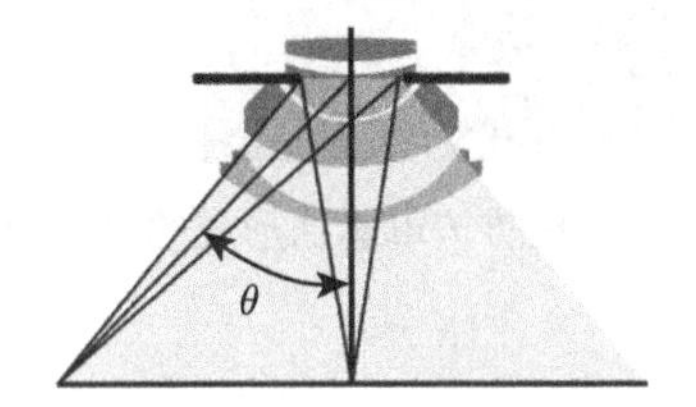

图 5.12 cos4 法则图解

(2) 像素渐晕是指由于数字光学的角灵敏度的径向衰减影响数码相机，由于在数字传感器的光子井的有限深度，产生了这种类型的晕影，导致光以一个大的角度投射出局部的被边缘封闭的光子井。

(3) 光学渐晕是指由于透镜膜片使光圈镜头内的路径受阻而引起光的径向衰减。它也被称为人工或物理渐晕。当从不同的角度看时，通过改变镜头光圈的型号，可以很容易地观察到图像平面的光照量的减少，如图 5.13 所示。图 (a) 表示光圈为 1.4 的墙面图像，图 (b) 表示光圈为 5.6 的墙面图像，图 (c) 表示入射光瞳的形状由光圈和入射角决定，白色开口就是到达图像平面的光圈。光学渐晕是光圈宽度的函数：它可以通过缩小光圈而减轻，然而较小的光圈对该光路的限制等于在中心和边缘对光路的限制。

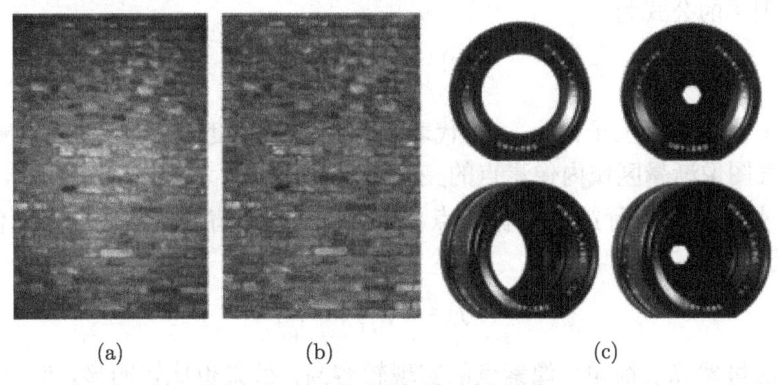

(a) (b) (c)

图 5.13 光圈与晕影的关系

(4) 一些镜片生产厂家提供相对的照度图来描述固定镜头设置下的自然渐晕和光学渐晕的复合效应。机械渐晕是指由于其他相机元素导致光路的阻塞，形成了径向衰减，一般是镜头前方的过滤器或防护罩，如图 5.14 所示。

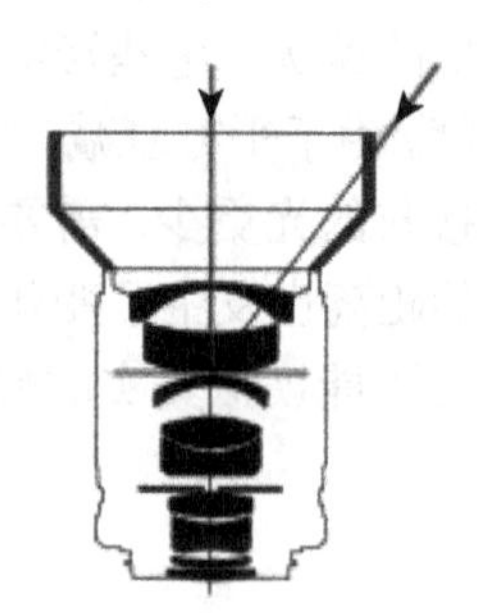

图 5.14 被防护罩遮挡形成的暗角图像

5.6.2 渐晕校正方法

图像渐晕现象能使图像周围产生灰黑色阴影，使得图像细节丢失甚至严重影响图像质量。在图像镶嵌技术中，拍摄图像视频的时候，因为光照不均匀，当我们选取不同时间和方位的序列图像进行图像镶嵌时，图像会展现出不同光照效果，拼接过后在图像间存在明显的拼接痕迹，这样一来对图像的反渐晕 (anti-vignetting) 技术的研究变得非常重要。国内的渐晕处理方法大致分为以下三种：查表法、逐行扫描法和函数逼近法。

1. *查表法*

查表法 (look up table，LUT) 的算法比较简单，其思想是，首先要记录所采集图像的各个像素的衰减因子，得出各像素相应的补偿因子，并按照像素位置进行存储，最后对每一帧图像依照对应像素点的补偿因子进行校正。

补偿因子的公式为

$$k(r) = \frac{I_{\text{ref. max}}}{I_{\text{ref}}(r)} \tag{5.32}$$

式中，$k(r)$ 代表补偿因子，$I_{\text{ref. max}}$ 代表图像中心的亮度值，也就是亮度最大值，$I_{\text{ref}}(r)$ 代表图像渐晕区域内像素点的亮度值。

(i,j) 是图像第 i 行第 j 列像素点，补偿结果就是将原始图像的亮度值 $I(i,j)$ 乘以补偿因子 $k(r)$：

$$I'(i,j) = I(i,j) \cdot k(r) \tag{5.33}$$

查表法虽然算法简单，像素点的实现较容易，效果也比较明显，但仍有缺点：第一，这种方法需要存储每个像素点的补偿因子，这就需要一个很大的存储空间；第二，查表法要求使用标准影像，但是在实际拍摄时，不可能满足相同的外界条件。因此这种方法给实际的工程应用带来很大困难，提高了成本。

2. 逐行扫描法

逐行扫描法是利用获得的图像直接进行分析的一种渐晕复原方法，首先依照数据逐行拟合，得出整幅图像灰度变化趋势，得出图像渐晕系数对照表，然后逐行进行恢复，不需要事先对相机进行标定。

利用非线性最小均方 L-M(Levenberg-Marquard) 算法逐行对图像进行拟合，求出每行灰度的变化趋势，具体实施方法就是使得下列函数达到最小：

$$x_i^2 = \sum_{j=1}^{N} \left[\frac{I_{\text{fit}}(i,j) - I(i,j)}{\sigma_i} \right]^2, i = 1, 2, \cdots, M \tag{5.34}$$

$I_{\text{fit}}(i,j)$ 为该点的拟合结果，$I(i,j)$ 为原图像像素点 (i,j) 处灰度值，σ_i 为第 i 个方差。

通过 L-M 算法获得拟合结果后，用原图像该行的实际灰度值减去拟合值，就实现了渐晕复原：

$$I_i'(j) = I_i(j) - I_i^{\text{fit}}(j), j = 1, 2, \cdots, N \tag{5.35}$$

$I_i'(j)$ 为渐晕处理后的 (i,j) 处的灰度值，$I_i(j)$ 为原图像该点的灰度值，$I_i^{\text{fit}}(j)$ 为该点拟合曲线值。

图 5.15 是该算法的渐晕消除效果图。

(a) 渐晕图像

(b) 复原图像

图 5.15 渐晕图像复原

该方法虽然不需要提供相机各个参数，并且不用限定相同的拍摄条件，但是针对图像细节丰富、亮度变化比较明显的图像来说，容易产生线性条纹，对图像造成了一定的模糊。

3. 函数逼近法

渐晕现象具有各向同性的特点，因此函数逼近法利用这一特点，首先用查表法将一幅完整的图像各个像素点的补偿因子求出，得出各个像元的渐晕恢复公式，之后模拟出图像中心到边界的变化曲线，利用公式来逼近这条变化曲线。

我们可以用这种方法来拟合通光孔径遮挡产生的渐晕。

$$f(i,j) = \cosh[r_x(i-x_0)]\cdot\cosh[r_y(j-y_0)] + c \tag{5.36}$$

式中，r_x 和 r_y 表示图像沿 x 轴和 y 轴的衰减率，(x_0, y_0) 表示图像亮度中心，c 是常偏移量，$i=1,2,\cdots,m, j=1,2,\cdots,n, m\times n$ 表示图像大小。只要能求出沿 x 轴和 y 轴的衰减率，就能模型化图像亮度变化趋势，对渐晕进行校正。由于不同光照强度下同一像素补偿因子的不一致性，这种方法对这一特点具有鲁棒性，相比前两种方法来说有很大突破。而且这种方法不需要较大的存储空间来存放补偿因子，只要求得合适的几个参数就能对像素点进行补偿，但是计算比较复杂。

4. 基于高斯曲面退化模型的渐晕修复方法

在函数逼近法之上，我国多位学者在不同程度上提出了用模型化的方法来模拟渐晕现象，基于高斯曲面的渐晕退化模型比较完善，能很好地消除灰度图像的渐晕现象。

为了将渐晕模型化为某一函数，需要在 matlab 中将图像的辐射定标图展示出来，经过测试发现，下列函数的三维图像与辐射定标的灰度图最相似，适合模拟渐晕现象。

$$f(x,y) = \tanh^2(xy) \tag{5.37}$$

这样得到的拼接系统渐晕模型为

$$f(x,y) = \tanh^2[r_x(x-x_0)y] + c \tag{5.38}$$

r_x 是沿 x 轴的衰减率，$m\times n$ 是图像大小，$x=1,2,\cdots,m, y=1,2,\cdots,n, (x_0,y_0)$ 是图像亮度中心；c 是亮度偏移常数。我们需要形式化图像，用这个式子函数化图像，其实就是只要求出 (x_0,y_0,r_x,c) 这四个参数，就可以模拟渐晕现象，进而补偿光照缺失。由于渐晕现象一般都是以图像中心对称分布的，图像亮度的中心我们认定为图像中心，即 $x_0=y_0=0$，因此就只需求解 r_x 和 c 两个参数。

得到退化模型之后，用原图像减去一定比例的退化模型，然后适当调整图像亮度。

参数的求解过程使用最速下降法，参数的求解转换为另外一个目标约束函数，最小化目标约束函数求出参数。目标约束函数为

$$F(X) = F\left[(x_0,y_0,r'_x,c)^{\mathrm{T}}\right] = \sum_{y=1}^{n}\sum_{x=1}^{m}\left[f(x,y)-f_{xy}\right]^2 \tag{5.39}$$

函数的梯度可表示为

$$g(X) = \nabla F(X) = \left(\frac{\partial F}{\partial r_x}, \frac{\partial F}{\partial c}\right)^{\mathrm{T}} = (g_1,g_2)^{\mathrm{T}} \tag{5.40}$$

对于 x，有

$$\tanh(x) = \frac{\mathrm{e}^x - \mathrm{e}^{-x}}{\mathrm{e}^x + \mathrm{e}^{-x}} \tag{5.41}$$

它的泰勒展开式为

$$\tanh(x) = x - \frac{x^3}{3} + \frac{2x^5}{15} - \frac{17x^7}{315} + \cdots = \sum_{n=0}^{\infty} \frac{2^{2n}(2^{2n}-1)B_{2n}x^{2n-1}}{(2n)!} \tag{5.42}$$

为了减小计算的复杂度，只取前两项来近似计算。函数 $f(x,y)$ 变为

$$f(x,y) = r_x^3x^3y^3 - \frac{2}{3}r_x^4x^4y^4 + \frac{r_x^6x^6y^6}{9} + c \tag{5.43}$$

简化高次项之后，公式变为

$$F(X) = \sum_{y=1}^{n}\sum_{x=1}^{m}\left[r_x^3x^3y^3 - \frac{2}{3}r_x^4x^4y^4 + c - f_{xy}\right]^2 \tag{5.44}$$

图 5.16 为该方法的处理效果，明显看出图像间的拼接缝基本看不清楚了，比前几种方法的效果有很大提高，但是该方法只局限于处理灰度图像，在工程应用上非常有限。

图 5.16 最速下降法效果图

最速下降法主要是针对输出图像已经是经过摄像机拼接系统生成的整个图像，该方法主要是研究图像拼接前的渐晕修复，但是也可以尝试性地把它应用到图像镶嵌算法中。

5.6.3　渐晕模型及基本假设

为了构造渐晕模型，首先我们假设图像中渐晕是相对图像中心径向对称的，定义衰减半径参数 r，渐晕函数用 $M(r)$ 表示，那么图像中心的渐晕 $M(0)=1$。其次，假设在给定的序列图像中，每个图像的渐晕是相同的 (并非在所有图像序列中都一样，而是同一图像序列的渐晕是相同的)。渐晕会随着镜头光圈与主距变化而急剧变化，焦距的变化也在一定程度上影响亮度曝光的变化。不过，照相机在拍摄时设置为“手动”或“光圈优先”模式下，主距不断使用“对焦锁定”功能，这种方式的镜头的几何形状对所有帧保持不变，所以我们的假设在拍摄时是行得通的。再次，假设每幅图像在摄像机的各个方向上一个给定的场景点存在的辐射率是相同的。也就是说，固定照明下所有传感器的场景的辐射在各个方向是恒定不变的。在这种情况下，所有图像从一个场景点共享相同的光线，所以帧之间的辐射度不变。

根据这些假设，在帧 i 中的一个点 x 的像素 $P_{x,i}$ 可以模型化为

$$P_{x,i}=R(t_iL_xM(r_{x,i})) \tag{5.45}$$

式中，R 是相机响应曲线，M 是渐晕函数，t_i 是帧 i 的曝光值 (快门持续时间)，L_x 是相机拍摄的方向上这个点的辐射值，$r_{x,i}$ 是第 i 帧图像中 x 点到图像光学中心的投影距离。

之后我们使用参数 M 和 R 的模型，使用符号 Ma 和 Rb 来表示有特定参数的向量 a 和 b 的渐晕模型。当省略下标时，指的是没有特定参数的一般函数模型。

由于我们是从多个来源产生的复合渐晕效应来建模的，用一个简单的近似函数来表示径向衰减参数化模型，具有光学和自然渐晕的地面实况图像的模型 $M(r)$ 用一个六阶多项式来表示。令 $M(0)$=1，把 0 作为系数常量：

$$M_\alpha(r)=1+\alpha_2r^2+\alpha_4r^4+\alpha_6r^6 \tag{5.46}$$

对于相机响应参数化模型，我们使用 EMoR(exposure measure of range，曝光测量范围) 子空间的前五维来代表一族的测量响应曲线。

5.6.4　渐晕自动校准

在本小节中，我们讨论当场景的辐射未知的时候校准渐晕的方法。首先介绍相机响应。许多视觉应用需要场景辐射的精确测量，成像系统中有关场景辐射和图像强度的函数就是相机响应。任何的相机响应需要满足一定的约束条件，这些制约因素决定了所有相机的理论空间，从收集的真实世界的相机响应函数多元化的数据库中，我们创建了具有低参数的模型理论空间——EMoR 响应。它使得我们能准确地从小数目的测量中获得照相机的完整响应函数标准图表，并且可以在任意场景的不同曝光的情况下精准地得出相机响应。

1. 已知相机响应曲线的渐晕校准

如果响应曲线是已知的，我们就可以通过对同一图像进行多重曝光来恢复高动态范围像素的辐照度。然而，这在实际应用中是很浪费时间的：即使是具有自动时间分段功能的高端相机，一般也只提供最多两个除主曝光之外的额外曝光。然而，我们使用一个小范围的曝光，这个曝光是由于渐晕和相机曝光形成的像素曝光补偿。为了达到这点，我们优化非线性目标函数：

$$Q_d(a, t_i, L_x) = \sum_{x,i} d\{P_{x,i}, R[t_i L_x M_\alpha(r_x, i)]\} \tag{5.47}$$

式中，$d[x, y]$ 是一个距离度量。

为了解决函数的未知参数，我们需要存在一定的曝光值 t_i 和辐射率 L_x 的模糊性。我们选择的解决方案的独特之处在于选择一个特定的帧作为参考帧，$t_0 = 1$。我们将在后面讨论最小化的方法。

2. 未知相机响应曲线的渐晕校准

现在我们考虑，如果在未知相机响应曲线的情况下，能否求得渐晕函数。我们来考虑目标函数

$$Q_d(\alpha, \beta, t_i, L_x) = \sum_{x,i} d[P_x, i, R_\beta(t_i L_x M_\alpha(r_x, i))] \tag{5.48}$$

这个目标函数的最小值是不唯一的，我们可以很容易证明存在着可以产生完全相同像素值的一个场景集合，因此会产生相等的 Q 值，假设这个集合以 γ 作为参数。如果 $P_{x,i} = R(t_i L_x M(r_{x,i}))$，那么使

$$R(Ex, i) = \overline{R}(E_{x,i}^{1/\gamma}) \tag{5.49}$$

$$t_i = \overline{t_i}^r \tag{5.50}$$

$$L_x = \overline{L}_x^g \tag{5.51}$$

$$M(r_{x,i}) = \overline{M}(r_{x,i})^g \tag{5.52}$$

式中，$\overline{R}, \overline{t_i}, \overline{L_x}$ 和 $\overline{M}$ 分别代表实际的响应函数、曝光值、辐射值和渐晕函数。因此，

$$R(t_i L_x M(r_{x,i})) = \overline{R}(\overline{t_i} \overline{L}_x \overline{M}(r_{x,i})) \tag{5.53}$$

这个结构定义了一个族的场景参数 (响应曲线、曝光值、辐射值和渐晕函数)，这些参数可以产生完全相同的图像。因此，当响应曲线是未知的，没有额外的约束条件，它是不可能唯一地确定渐晕函数的。

然而，由于场景参数构成的族会生成相同的像素点，在没有解决 γ 模糊或者 t_i 和 L_x 之间的尺度模糊性的条件下也是有可能消除渐晕的。它足以在这个族中用带有恢复参数的图像构造模型找到解决方案，消除渐晕，重建新的像素值。

如果存在渐晕的原始像素是

$$\begin{aligned} P_{\text{orig}} &= R(t_i L_x M(r_{x,i})) \\ &= \overline{R}(\overline{t_i L_x}\ \overline{M}(r_{x,i})) \end{aligned} \tag{5.54}$$

那么我们就可以生成新的无渐晕模型的像素值：

$$\begin{aligned} P_{\text{new}} &= R(t_i L_x) \\ &= \overline{R}((\overline{t_i}^{\gamma} \overline{L_x}^{\gamma})^{1/\gamma}) \\ &= \overline{R}(\overline{t_i L_x}) \end{aligned} \tag{5.55}$$

这使我们能够在不知道完整的相机响应的光照信息时重建无渐晕图像。

3. 渐晕算法

为了最小化上节中描述的目标函数，我们需要在两幅图像之间获得对应点。但是不同的情况需要执行不同的方法，例如含有倾斜的图像序列，多幅图像或者帧之间关于视图中心具有旋转。我们假设场景相对于相机的大小是遥远的，序列中不同图像的对应点在入射透镜表面获得相同的辐射。这种假设使我们推断出，对应点的强度差异都只是由于镜头和相机效果产生的。

虽然目标函数没有唯一最小值, 我们提供一个最大先验的解决方案。因为我们的模型是一个五维子空间的 EMoR，最显而易见的应用是空间高斯概率。我们使用相同的数据库响应函数估计高斯函数，用于构造 EMoR 模型。这将作为一个附加成分包含到目标函数 (5.56)，来惩罚远离协方差 Σ 样本分布的响应曲线。

$$Q(\alpha,\beta,t_i,L_x) = Q_d(\alpha,\beta,t_i,L_x)+\lambda Q_{\Sigma}(\beta) \tag{5.56}$$

$$Q_{\Sigma}(\beta) = \beta^{\mathrm{T}}\Sigma^{-1}\beta \tag{5.57}$$

式中，λ 是对应数据项的强度比例，$Q_{\Sigma}(\beta)$ 是高斯分布的负对数似然函数的比例项。用较少数量的样本的时候，前项是有用的，但是当样本数量较大的时候，前项的作用就会减少，甚至变成无用的项。我们为每个例子设定 $\lambda = 0.01$。

对于提出的这些约束哪些是必要的？解决这些问题时，我们只需要考虑在两个以上图像上都可以看到的点。为每一个这样的点添加两个以上的约束 (这些约束取决于包含该点的图像的数量)，并且只有一个是未知的。我们的渐晕模型中有 3 个未知数，相机响应模型中有 5 个未知数，N 个图像中的每一个有一个未知的曝光值。因此，在理论上我们需要 $8+N$ 个点来计算一个解决方案。但是，我们发现在实践中，由于图像错位、噪声的存在以及 M 基础上多项式的使用，很多点都需要一个强大的解决方案。在本例中，使用 1000~2000 点，这些点在原始图像中采样，然后投入其他图像的重叠区域。

对于彩色图像，我们简化假设，使所有颜色通道都有相同的渐晕、响应曲线和收益，但有不同的强度值 L_x。因此，每个像素提供三个约束条件。

为了最小化式 (5.56)，我们使用一个交替的优化方案，首先固定参数 α，β 和 t_i，同时优化 L_x，然后固定 L_x，优化参数 α，β 和 t_i。利用问题的依赖性结构，L_x 依赖的是其他参数，而不是获得这些参数，所以解决每个子问题只有少量的参数。每个子问题优化同一个目标函数，因此会向交替的最优化靠拢。

我们使用有函数行列式分析功能的 L-M 算法来解决每个最小二乘子问题。即使我们不能使响应函数单调，我们发现，非单调曲线只出现在图像之间的不重合或严重误匹配这两种不理想的情况下。因此，优化后对每一种情况进行反复的单调性测试。对于无渐晕、平均响应、曝光一致的情况，初始化参数 $\alpha=0$，$\beta=0$，$t_i=1$。我们不约束渐晕曲线，虽然在理论上，在 [0,1] 范围以外可以产生渐晕值，在实践中我们还没有发现这是一个问题：我们还没有观察到低于 0 的任何值，并且偶尔会观察到最大值 1.05。

虽然有很多 L_x 变量，它们的局部优化可能会有点慢。在第一次迭代中，我们使用一个快速近似法加快了这一步骤：我们在公式 (5.58) 中解决 L_x，对观察值进行 N 平均：

$$L_x = \frac{1}{N}\sum_i \frac{R_\beta^{-1}(P_{x,i})}{t_i M_\alpha(r_{x,i})} \tag{5.58}$$

N 是重叠样本 x 的图像数量。因此，在算法的第一次迭代中，我们可以采取不需要执行完整的非线性优化的快速的一步来推迟高昂的迭代计算。这使得它非常适合运用在全景校准系统，由于从数码相机得到较大的图像，渐晕修复只是图像对齐和融合所需时间的一小部分。

我们已经尝试了用平方距离指标和阈值误差指标来比较像素值。在实践中我们发现，阈值误差度量基于平方距离只有一个小的改进，收敛速度明显更慢。因此我们用平方距离度量，$d[P_1,P_2]=(P_1-P_2)^2$。为了提高鲁棒性，我们进行两次优化，在重叠的图像区域不匹配的情况下已经证明是有效的 (目标在曝光之间移动)。

该算法以一个广泛使用的专业图像处理方案实现了图像对齐和全景图生成。使用多次优化剔除异常值，本算法在适度的校准误差和瞬间图像遮挡方面表现出鲁棒性。

但是当图像内容有较大差异时 (例如超过 20%~30%的重叠区域) 或者有较少重叠的时候，该算法可能产生荒谬的结果，如果在响应和渐晕实现过程中自动检测到了高误差值和大偏差，程序会提醒用户失败。

4. 实验结果

为了获得地面的真实的渐晕校正，我们使用由 Stumpfel 等提出的方法。首先，响应曲线使用多重曝光恢复 [38]。然后，对帧间的多个空间位置的有固定的放射性的目标对象进行拍摄。由于逆响应曲线，一个像素的辐照度是从多个曝光点来恢复的：$E_{x,i}=\dfrac{1}{N}\sum\limits_i w_i R^{-1}(P_{x,i})/t_i$。由于 R^{-1} 的高斜率以及反演值的高方差，所以用权值 w_i 来减轻亮度或暗化像素。

我们建立了一个多项式渐晕函数，并对所有像素简化下列公式：

$$Q(\alpha)=\sum_x (E_{x,i}-\widetilde{M}_\alpha(r_{x,i}))^2 \tag{5.59}$$

式中 $\widetilde{M}_\alpha(r_{x,i})=t_i L_0 M_\alpha(r_{x,i})$，$M_\alpha(r)$ 是一个多项式，L_0 是参考目标的辐射。规模因子 $t_i L_0$ 是未知的，但我们可以使用条件 $M(0)=1$ 解出 α。

为了在渐晕和曝光变化的图像中重建图像序列，我们选择采样点来最小化公式 (5.56)。我们注意到，在光圈优先式的序列中，每个图像的曝光只是适当地在自己的视野上进行，却没有一个能代表整个图像序列的曝光水平。因此，我们为整个图像序列运用一个新的曝光计算方法，就是为个别图像曝光用几何平均值：

$$t_{\text{new}}=(\prod_i t_i)^{1/N} \tag{5.60}$$

现在我们用反转图像构造方程式分离渐晕和曝光变异，再次运用新的理想曝光和重获响应曲线，用这三种方法来解决图像像素的自由渐晕曝光补偿。

$$P_{x,i}^{\text{new}}=R_\beta\left(\frac{t_{\text{new}}R_\beta^{-1}(P_{x,i})}{M_\alpha(r_{x,i})t_i}\right) \tag{5.61}$$

通常，不能在没有附加条件的基础上完整地重建摄像机的测光参数，因此我们不能对恢复图像进行渐晕处理。然而，我们用图像渐晕的修复显示出了全景图像序列在视觉校准上的进步。图 5.17 是一个在摄像机光圈优先式模式下拍摄的无补偿无融合的全景图像。光圈优先是指每个图像具有相同的孔径和不同快门持续时间，因此每一帧的曝光不同，但不是渐晕。图 5.18 显示了相同的图像进行过曝光补偿的结果。虽然我们不能在未知的响应曲线的情况下恢复全部的或相当的辐射值, 然而我们证明渐晕和曝光变异可以被剔除。

图 5.17 无渐晕修复的全景图

图 5.18 渐晕修复后的全景图

虽然我们的方法在多个图像全景序列上补偿光照，但是不能消除所有的边缘光照不均匀的区域。多项式模型不能准确地代表所有来源衰减的渐晕，在图像中心采样较少的地方推断出来的就会很少，这些残留的地方可以用图像融合方法来消除。融合渐晕和曝光补偿是正交的，单独用融合是不能减轻渐晕和曝光的。用图像分割实现图像之间的最优缝合，然后使用图像梯度域融合法进行融合，没有渐晕或曝光的补偿，合成后的图像会有明显的阴影和低频振荡强度。然而随着渐晕和曝光补偿，在融合之前接缝处的拼接缝已经几乎看不见了。

5.7 存在局部运动目标的镶嵌重影去除方法

5.7.1 重影目标边缘检测

图像的边缘是指图像亮度变化最大处，如灰度值的突变、颜色突变、纹理结构突变等，是图像的最基本特征，且集中了图像主要的信息。这里使用高斯–拉普拉斯 (LoG) 算子求边缘点。

高斯–拉普拉斯算子对噪声的敏感性较强，也能检测出边缘的方向，在运用拉普拉斯算子之前先使用高斯滤波，可以表示为

$$\nabla^2 [G(x,y) * f(x,y)] \tag{5.62}$$

式中，$f(x,y)$ 为图像，$G(x,y)$ 是高斯函数：

$$G(x,y) = \frac{1}{2\pi\sigma^2} \exp\left(-\frac{x^2+y^2}{2\sigma^2}\right) \tag{5.63}$$

用高斯函数与图像卷积来模糊图像，模糊的程度由标准差 σ 决定。式 (5.62) 还可以表示为

$$\nabla^2 [G(x,y) * f(x,y)] = \nabla^2 G(x,y) * f(x,y) \tag{5.64}$$

先对高斯算子作微分运算，再与图像作卷积，可得出

$$\nabla^2 G(x,y) = -\frac{1}{\pi\sigma^4}\left(1-\frac{x^2+y^2}{2\sigma^2}\right)\exp(-\frac{x^2+y^2}{2\sigma^2}) \tag{5.65}$$

这里的高斯函数主要就是用来平滑图像，减少噪声的影响。平滑的程度由 σ 决定，令 $x^2+y^2=r^2$，可得

$$\nabla^2 G(x,y) = -\left(\frac{r^2-\sigma^2}{\sigma^4}\right)\mathrm{e}^{-\frac{r^2}{2\sigma^2}} \tag{5.66}$$

上式经过离散化可以近似为一个 5×5 的模板：

$$\begin{bmatrix} 0 & 0 & -1 & 0 & 0 \\ 0 & -1 & -2 & -1 & 0 \\ -1 & -2 & 16 & -2 & -1 \\ 0 & -1 & -2 & -1 & 0 \\ 0 & 0 & -1 & 0 & 0 \end{bmatrix} \tag{5.67}$$

经过上面的计算，可求得图像的边缘点。

5.7.2 马尔科夫随机场

历史上第一个在理论上提出并进行研究的随机过程模型就是马尔科夫链，它是马尔科夫对于概率论和人类思想发展所作出的一个伟大贡献。马尔科夫随机场 (Markov Random Field，MRF) 则主要由马尔科夫性质和随机场两个概念进行结合。马尔科夫性质是指当一个随机变量序列 $N+1$ 时刻的特性和 N 时刻之前随机变量的值完全无关时，随机场则是在随机条件下给相空间每一个位置中赋值之后的全体。

MRF 模型在视频图像序列中对运动物体检测时充分考虑了空域和时域的相关性，鲁棒性较好。MRF 是以概率来描述图像的像素具有的一些空间相关的特性，它通过用一个近统计过程的计算快速地收敛到局部极值点，得到运动目标的分割结果。

MRF 方法是建立在 MRF 模型和贝叶斯估计的基础上，它将灰度或者其他特征属性的局部相关性表现为分割区域的空间链接性，用 MRF 表示二值纹理，用 Gibbs 分布来表示多值纹理，利用随机松弛算法获得分割的 MAP 估计。

对一个 $n\times n$ 的图像，$S=\{s_1,s_2,s_3,...,s_m\}$ $(m=n\times n)$ 为图像上的一系列点，定义其标记场为 $f\in F=\{f_1,f_2,f_3,\cdots,f_n\}$，观察场为 $l\in L=\{l_1,l_2,l_3,\cdots,l_n\}$，同时定义标计量 $f_s(s\in S)$：

$$f_s=\begin{cases}1, & s=(x,y)\text{在运动目标区域}\\ 0, & \text{其他}\end{cases} \tag{5.68}$$

观察场的每一点的值为该点的时刻灰度差值，对运动物体的分割其实是在约束条件和观察场的先验条件下找到一个分割 f^*，使得后验分布概率 $p(f|l)$ 有全局最大值 [42]，即

$$f^*=\arg\max_{f\in F}P(F=f|L=l) \tag{5.69}$$

由 Hammersley-Cliford 定理可知 MRF 和 Gibbs 分布之间具有等价性，所以可以通过能量函数来确定 MRF 的条件概率，从而使其达到全局一致性，即计算局部的 Gibbs 分布得到全局统计结果。

$$\begin{aligned}&f^*\propto\arg\max_{f\in F}P(F=f)P(F=f|L=l)\\&f^*\propto\arg\min_{f\in F}U(f,l)\end{aligned} \tag{5.70}$$

式中，$U(f,l)$ 是系统能量函数，因此，我们需要求的就是当系统能量函数最小时的一个能量场。定义系统能量函数为

$$U(f,l)=U_1(f)+U_2(f,l) \tag{5.71}$$

其中先验模型能量为

$$U_1(f) = \sum_{s \in S} U_1(f_s) = \sum_{s \in S} \sum_{c \in C} V_c(f_s, f_n) \tag{5.72}$$

$\sum\limits_{c \in C} V_c(f_s, f_n)$ 是点 s 的局部先验能量的势函数，$c = (s, n)$ 表示 S 的所有集簇，一个集簇是当前像素点 (i, j) 的二阶领域中的所有点，定义势函数 $V_c(f_s, f_n)$ 为

$$V_c(f_s, f_n) = \begin{cases} -\alpha, & f_s = f_n \\ 0, & f_s \neq f_n \end{cases} \tag{5.73}$$

即当互为领域的像素标记值相同时，势函数为负值，反之则为 0。其中参数 $\alpha > 0$，由无监督估计算法得到。$U_2(f, l)$ 是相关性条件概率分布的能量函数，反映观察值与标记场之间的关系，同时，在已知的分割标记场的情况下，观察场数据之间相互独立，即

$$P(l|f) = \prod_{i=1}^{m} P(l_s|f_s) \tag{5.74}$$

而假设观察场数据又服从高斯分布，所以

$$\begin{aligned} U_2(f, l) &= \sum_{s \in S} U_2(l_s, f_s) \\ &= \sum_{s \in S} \left[\frac{1}{2} \ln|2\pi\sigma_l^2| + \frac{1}{2\sigma_l^2}(l_s - \mu_l)^2 \right] \end{aligned} \tag{5.75}$$

式中，$\sigma_l^2 \in \left\{\sigma_n^2, \sigma_c^2\right\}, \mu_l \in \{\mu_n, \mu_c\}$，且 σ_n^2, σ_c^2，μ_n, μ_c 为背景、运动目标的方差以及均值。这些参数均可以由无监督算法估计得到。为了使能量函数 $U(f, l)$ 达到全局最小，我们使用了 ICM 算法来求解：

(1) 获得图像的初始化标记场，首先对所有点 s，最大似然估计局部条件概率能量函数 $U_2(f_s, l_s)$；

(2) 计算在不同的类条件下所有点的局部能量函数 $U(f_s, l_s)$ 的值，然后划分到可取得最小值的类中；

(3) 重复 (2)，直到满足整个能量的减小量为整个能量的 0.01%。

使用上述方法可以得到运动物体的一个初步二值模板。

5.7.3　轮廓特征点匹配

在之前的处理中，我们已经提取出了整个图像的边缘点，可以在上一步求得的二值模板中再提取边缘点，然后从整幅图像的边缘点中剔除掉和二值模板位置相近的点，将剩下的边缘点进行梯度计算，对梯度向量的值进行排序，选取梯度向量较大的点作为特征点。

将经过剔除并筛选的特征点作为图像匹配的特征点。用 SIFT 特征描述算法生成特征点的描述子。取特征点周围 16×16 范围内的一矩阵，并计算此矩阵内像素的梯度大小和方向，然后将其划分为 16 个 4×4 大小的块，将每一个小块内的像素的特征向量投影到 360° 且分配到 8 个柱的直方图中，将每个柱的梯度值加起来，得到一个 128 维的特征向量，即所求的特征描述子，并进行归一化处理，从而使其具有光照不变性。用特征点的欧式距离来作为两幅图像中特征点的相似性判定度量，并通过建立 k-d 树来搜索最近邻点。

5.7.4 最优拼接缝的寻找

1. *动态规划法最优拼接缝*

动态规划法是在解决多阶段决策方法中最优化的一种。它在图像处理的很多领域中都应用到，如目标检测、轮廓提取等。由于动态规划在寻优上的优点，使得其广泛应用在拼接缝的寻找上，然而，动态规划法也存在部分缺点，例如，动态规划法求最优拼接缝的时间复杂度为 $O(n^2m)$，其中图像的高度是 m，图像的宽度是 n。

动态规划法的思路是：① 初始化图像的能量矩阵，初始值为第一行上每一点能量值的和；② 根据寻找拼接缝的方向把上一行中最小能量和的点取为连接点，然后把当前的点能量值记为二者的能量和，一直重复②直到最后一行；③ 把结束点选为最后一行中能量值最小的一个点。如此逆向进行寻优就能得到最佳的拼接缝。数学公式可以表示为

$$U(i,j) = E(i,j) + \text{opt}\left\{U(i-1,j-1), U(i-1,j), U(i-1,j+1)\right\} \tag{5.76}$$

式中，E 是能量矩阵，$U(i-1,j-1)$，$U(i-1,j)$，$U(i-1,j+1)$ 是前一行中被选定的点能量的总和，opt 为最优的操作方法，当寻找到最末行时，得到全部列的能量值，所以选择能量和有最小值的那条线为最佳拼接缝，逆向进行寻找直到找到拼接缝。

2. *基于形态学最优拼接缝*

基于形态学的方法一般使用到图像分割，这样就考虑了图像的区域信息，对影像进行分割、分类，获得地物目标的区域信息，通过区域间对象差异而非像素级的差异来优化接缝线，就可以使镶嵌线避免穿越建筑物或其他明显物体。这里主要介绍分水岭分割法产生最优拼接缝。

图像分割是一个过程，将图像划分成区域或对象。对复杂的图像进行有效分割是图像处理最困难的任务之一。各种图像分割算法已经被提出，实现了高效和精确的结果。在这些算法中，分水岭分割是一个特别有吸引力的方法。分水岭分割的主

要想法是基于图像强度的地形代表性的概念。同时，分水岭分割也体现了其他主要的图像分割方法，包括连续检测、阈值和区域的处理。由于这些因素，分水岭分割显得比其他分割算法更高效和平稳。

我们评价和比较的分水岭分割为二值图像具有不同的距离变换的性能。在本书中，图像分割更具体地可以称为从图像提取感兴趣的部分。分割不仅是简单地以元件的数量从所述图像中指出了它们，它也包括组件的轮廓提取。

分水岭分割的目的是找到所有的分水岭线 (最高灰度级)。用最直观的方式来解释分水岭分割即浸泡法：想象一个孔钻在每个最小的表面，让洪水从孔进入，形成不同集水盆地。如果不同集水盆地的水可能由于浸泡而进一步合并，就需要建成一个大坝以防止合并。这个扩散过程最终会达到一个阶段，当大坝前分水线高于水位线时可见，即

$$g(x,y)=\mathrm{grad}\left[f(x,y)\right]=\left\{\left[f(x,y)-f(x-1,y)\right]^2\left[f(x,y)-f(x,y-1)\right]^2\right\}^{0.5} \tag{5.77}$$

式中，$f(x,y)$ 表示的是原始图像，$\mathrm{grad}\,()$ 是梯度运算。

分水岭分割对于二进制图像能产生不同的极小值和集水盆地灰度图像的良好效果。但是，只有两个灰度级 0 和 1 代表黑色和白色。如果两个黑色的点被连接在一起形成二进制图像，就只有一个最小和集水盆地将形成地形表面。对于使用分水岭分割连接的这些点，我们需要使用距离变换 (distance transforms, DTS) 来预处理图像，使其适合于分水岭分割。

分水岭算法会导致过度分割，所以我们需要采取其他方法进行修正，如梯度函数，或者对梯度图像阈值化，这样就能有效防止过分割现象。表示为

$$g(x,y)=\max\left\{\mathrm{grad}\left[f(x,y)\right],\theta\right\} \tag{5.78}$$

式中，θ 代表阈值。

使用分水岭分割法产生镶嵌线的出发点是使接缝线尽可能沿着明显地物的边缘，用地物的边界信息“掩盖”镶嵌时有可能出现的缝，这样即使没有进行相对辐射校正或者羽化处理，依然可以取得较好的效果。

这种方法是基于重叠区逐点对图像进行最小形态学梯度影像分割，利用结果对接缝线进行优化，使用分水岭算法分割，将重叠区域影像分为可穿越的和不可穿越的区域两大类，最终尽可能使镶嵌线位于两类地物区域的边界处。主要难点在于地物的分类和边界的准确确定，另外也要求重叠影像具有较高的配准精度。

3. 基于活动轮廓模型的最优拼接缝

活动轮廓模型方法用来定位图像的特征，通过自顶向下的方式，需要事先对初始轮廓线进行设置，如在感兴趣的目标附近，然后在内力和外力的综合作用下吸引

活动轮廓，使活动轮廓趋向物体的边缘或者某个轮廓，同时也要保持轮廓的光滑性与拓扑性。

Snake 模型是由外部约束力量引导和自身拉向而形成的，如线条和边缘图像代表能量最小化的样条曲线。Snake 模型是活动轮廓模型：它们锁定到附近的边缘，准确地定位它们。尺度空间延续可用于放大周围的特征捕获区域。Snake 模型提供统一的账户的若干视觉问题，包括检测边缘、线和主观轮廓，运动跟踪和立体匹配。我们已经用 Snake 模型成功进行交互式解释，其中用户施加的约束力量用于引导附近兴趣特点的 Snake 模型。

Snake 模型以某些其他重要的图像特征来作为参数曲线，表示一个对象的边界或一个能量函数 E 与曲线有关。寻找对象边界的问题转换为一个能量最小化的问题。人们可以想象 Snake 为任意形状的变形随时间试图得到尽可能接近的物体轮廓。Snake 不解决寻找轮廓图像中的全部问题，而是它们依赖于其他机制类似的相互作用与从在时间或空间上相邻的图像数据的用户，具有更高的层次图像理解过程相互作用或信息。在一般情况下，模型被放置在对象轮廓附近。它会动态地通过反复尽量减少其能源走向物体轮廓。

Snake 模型有经典的特征和技术上的多重优势。通过自治和自我调整寻求一个最小能量状态。它们可以使用外部图像的力量很容易地被操纵，可以通过将高斯平滑的图像能量函数进行图像尺度变化，可以被用来跟踪时间上的动态对象以及空间维度。传统 Snake 的主要缺点是它们往往陷入局部极小状态，这可以通过使用模拟退火技术以较长的计算时间为代价来克服。它们往往忽视时间特点最大限度地减少能源在其轮廓寻找整个路径的过程。其精度是由能量最小化技术所使用的收敛标准所决定的，更高的精度则要求更加严格的收敛标准，当然也需要更长的计算时间。

Snake 模型的关键问题是：① 轮廓的表示方法；② 力的构造方法。

基于主动轮廓线模型的分割方法主要有：① 参数活动轮廓模型，用参数来表示，如 Snake 模型；② 几何活动轮廓模型，用几何形式来表示，如水平集方法 (level set)，模型利用物理过程和使用偏微分方程表示平面的运动。水平集方法是一种用于界面追踪和形状建模的数值技术，使用一个参数表示在固定时间间隔上的采样曲线。但问题是：在进化过程中，曲线的变化没有参数。使用隐式表示 (水平集方法) 嵌入曲线 C 到高维的空间，也就是把二维的轮廓用三维的零水平曲面嵌入，因此可以将低维的曲线或曲面用高维函数零水平集曲面间接表达。本书主要利用的是参数活动轮廓模型，即 Snake 模型。

继 Snake 模型之后，出现了很多基于主动轮廓线的图像分割、理解和识别方法。Snake 模型基本思想是，把感兴趣的形状的一些点作为轮廓线的初始点，由轮廓自身的弹性形变和图像外部特征相匹配来调整这个轮廓线，或是通过能量函数极小化分割图像。最后在实现图像理解和识别的目的上对模板进一步分析。

建立 Snake 模型可以解决图像底层特征与图像的高层知识的矛盾。图像角点、亮度、梯度这些特征都是局部的，也就是说这些特征都与物体形状无关。但实际上人们对物体的认识都是从物体的形状开始。Snake 模型正好可以弥补这个缺点，使提取的特征也就是产生的轮廓线能结合图像的形状等上层知识，同时也能包含图像的一般特征等图像底层信息。

Snake 模型产生的轮廓的形变受多种作用力控制，包括外力和内力，这些力产生了一部分能量，这些能量可以用活动轮廓模型的能量函数的一个单独项表示。

4. 最优拼接缝的产生

在图像的融合阶段，我们先对前面匹配成功的图像的重叠区域进行差分，对差分后的重叠区域图像使用活动轮廓来产生一条最优的拼接缝，然后在拼接缝两边分别取不同图像的像素值，生成最后的镶嵌图像。

活动轮廓模型是一条能量递减曲线，能有效地将图像轮廓的内部特征和图像形状的外部特征结合起来，使得上层知识与底层特征融合。这条能量曲线可以表示为

$$X(s) = [x(s), y(s)], s \in [0,1] \tag{5.79}$$

曲线的总能量为

$$E_{\text{total}} = \int_c E_{\text{Elastic}} + E_{\text{Bending}} + E_{\text{External}} \tag{5.80}$$

式中，$E_{\text{Elastic}} = \dfrac{1}{2}\int_c \alpha\left|x_s\right|^2 \mathrm{d}s$，为轮廓的弹性势能；$E_{\text{Bending}} = \dfrac{1}{2}\beta\left|x_{ss}\right|^2 \mathrm{d}s$，为轮廓曲线的弯曲势能；$E_{\text{External}}$ 是与图像特征有关的外部能量，也是活动轮廓模型需要讨论的主要问题，它以显著的特征来吸引轮廓的移动。

$$E_{\text{External}} = E_{\text{image}} + E_{\text{con}} \tag{5.81}$$

$$E_{\text{con}} = -k(x_1 - x_2)^2 \tag{5.82}$$

$$E_{\text{image}} = \omega_{\text{line}} E_{\text{line}} + \omega_{\text{edge}} E_{\text{edge}} + \omega_{\text{term}} E_{\text{term}} \tag{5.83}$$

式中，E_{con} 是添加的约束条件，而对于 E_{image}，由于本书主要对图像的边缘特征进行研究，所以取 $E_{\text{image}} = E_{\text{edge}} = -\left|\nabla I(x,y)\right|^2$，其中 $\nabla I(x,y)$ 为重叠区域差分图像的梯度，同时为了减少噪声和模糊影响，使用了高斯平滑滤波器进行滤波。滤波后可得

$$E_{\text{image}} = -\left|\nabla(G_\sigma(x,y) * I(x,y)\right|^2 \tag{5.84}$$

即 E_{image} 吸引轮廓到具有高梯度的边缘点，所以活动轮廓会从重叠区域的上边缘中心沿着能量场从高势位下降到低势位。E_{term} 称为终端点，是在经过高斯平滑过的重叠区域差分图像 C 上，为了确定线段和拐角终点而引入的一项，可通过如下方式计算：

$$E_{\text{term}} = \frac{\partial\theta}{\partial n_{\perp}} = \frac{\partial^2 c/\partial n_{\perp}^2}{\partial c/\partial n_{\perp}} = \frac{C_{yy}C_x^2 - 2C_{yy}C_xC_y + C_{xx}C_y^2}{(C_x^2 + C_y^2)^{3/2}} \tag{5.85}$$

式中，$\theta = \arctan(C_y/C_x)$ 为其中一点的梯度角，$n = (\cos\theta, \sin\theta)$ 是沿梯度方向单位矢量，$n_{\perp}$ 则是垂直于梯度方向的单位矢量。在 E_{image} 和 E_{term} 的作用下，活动轮廓将被吸引到轮廓边缘或边缘的终点。

算法流程图如图 5.19 所示。

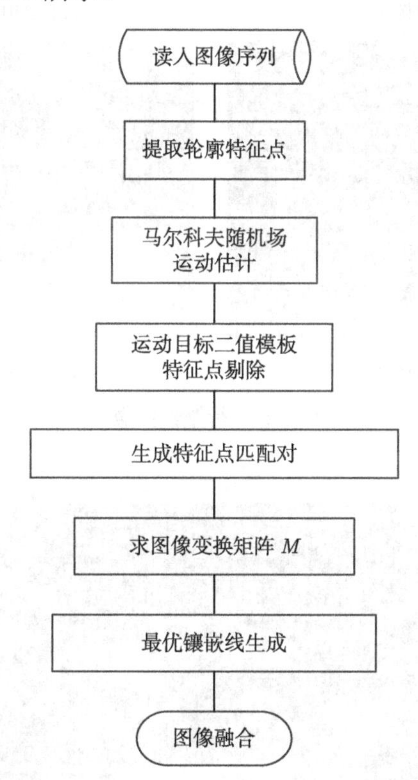

图 5.19 去除运动目标的图像镶嵌算法流程图

5. 实验结果

该实验使用在学校路边拍摄的一段视频对本书的算法进行测试，在视频前后和中间各截取四帧图像，如图 5.20 所示，图像的像素为 1920×1080，在这段视频中，运动物体为汽车，且速度较快，如果使用传统的针对无运动目标基于 SIFT 特征点提取的图像镶嵌方法，可以看到拼接的结果如图 5.21 所示，可以看到产生了明显的匹配错误。

(a) 原拍摄图像 1　　(b) 原拍摄图像 2

(c) 原拍摄图像 3　　(d) 原拍摄图像 4

图 5.20　待镶嵌图像

图 5.21　传统算法镶嵌结果

去除运动目标的图像镶嵌结果如图 5.22 所示，仅仅保留了最后一帧的运动目标，很好地消除了之前产生的重影现象，而且也不存在明显的拼接缝。

图 5.22 去除运动目标的图像镶嵌结果

5.8 镶嵌图像质量评价方法

在融合完成后，一般要对得到的镶嵌图像进行质量评价，以证明融合方法的有效性。评价镶嵌图像质量的方法有主观和客观两个方面。客观评价法通过一些具体评价指标对图像质量作出定量评价。常用的指标如下。

(1) 信息熵 (H)：又称为信息量，用它来表征图像灰度分布的聚集特性。其值越大，说明图像所包含的信息量也就越多。其定义式为

$$H = -\sum_{i=0}^{L-1} p_i \log_2 p_i \tag{5.86}$$

式中，p_i 表示灰度 i 的分布概率，L 表示图像的灰度级数。

(2) 均值 (μ)：反映整个图像的平均亮度。其定义式为

$$\mu = \frac{1}{mn}\sum_{x=1}^{m}\sum_{y=1}^{n} f(x,y) \tag{5.87}$$

式中，$f(x,y)$ 表示图像在点 (x,y) 处的像素值，m、n 表示图像的高度与宽度。

(3) 标准差 (σ)：又称为均方差，是一种表示图像灰度的离散程度的统计观念。其值越大，说明图像的灰度级也就越分散。其定义式为

$$\sigma = \sqrt{\frac{\sum_{i=1}^{m}\sum_{y=1}^{n}[f(x,y)-\mu]^2}{mn}} \tag{5.88}$$

(4) 平均梯度 (V)：反映图像微小的细节反差变化速率，用它来衡量图像的清

晰程度。其值越大，说明图像就越清晰，因而融合效果也就越好。其定义式为

$$V=\frac{1}{mn}\sum_{x=1}^{m}\sum_{y=1}^{n}\sqrt{[f(x,y)-f(x+1,y)]^2+[f(x,y)-f(x,y+1)]^2} \tag{5.89}$$

(5) 空间频率 (SF)：反映图像的总体活跃程度，用它来衡量图像的整体过渡效果。其值越大，说明图像对比度就越好，因而融合效果也就越好。其公式为

$$\mathrm{RF}=\frac{1}{mn}\sum_{x=1}^{m}\sum_{y=1}^{n}\sqrt{[f(x,y)-f(x,y-1)]^2} \tag{5.90}$$

$$\mathrm{CF}=\frac{1}{mn}\sum_{x=1}^{m}\sum_{y=1}^{n}\sqrt{[f(x,y)-f(x-1,y)]^2} \tag{5.91}$$

$$\mathrm{SF}=\sqrt{\mathrm{RF}^2+\mathrm{CF}^2} \tag{5.92}$$

式中，RF 表示空间行频率，CF 表示空间列频率。

第6章 图 像 增 强

6.1 图像增强技术的研究意义

在图像获取的过程中，由于设备的不完善及光照等条件的影响，不可避免地会产生图像降质现象。影响图像质量的几个主要因素是：① 随机噪声，主要是高斯噪声和椒盐噪声，可以是由于相机或数字化设备产生，也可以是在图像传输过程中产生；② 系统噪声，由系统产生，具有可预测性质；③ 畸变，主要是由于相机与物体相对位置、光学透镜曲率等原因造成的，可以看作是真实图像的几何变换。

图像增强是指按特定的需要突出一幅图像中的某些信息，同时削弱或去除某些不需要的信息的处理方法，也是提高图像质量的过程。图像增强的目的是使图像的某些特性方面更加鲜明、突出，使处理后的图像更适合人眼视觉特性或机器分析，以便于实现对图像的更高级的处理和分析。尽管图像增强与图像恢复的处理宗旨相同，但是这两种处理方法的判断依据完全不同。在图像恢复过程中，大都采用以信号模型为基础的用数学定义的质量判据，以度量经恢复处理的图像与原图像之间的相似程度并加以改进，即图像恢复的主旨在于恢复原图像信号的本色。与此相反，判断图像增强的好坏则采用随问题而异的主观判据。例如，把图像经过高通滤波，虽使图像较原信号完全改变，但可以用来突出图像中的结构细节，有时这种做法有利于视觉辨识。在这种情况下，处理后的图像是否保持原状已是无关紧要的了。

通过采取适当的增强处理可以将原本模糊不清甚至根本无法分辨的原始图片处理成清楚、明晰的富含大量有用信息的可使用图像，因此图像增强技术在许多领域得到广泛应用。在图像处理系统中，图像增强技术作为预处理部分的基本技术，是系统中十分重要的一环。迄今为止，图像增强技术已经广泛应用于军事、地质、海洋、森林、医学、遥感、微生物以及刑侦等方面。

按图像处理结构特点分类，可以把图像增强处理的算法分为逐点灰度处理、邻域处理 (窗口处理) 和统计处理 (局部或整幅图像的统计)，这种分类与实时处理器结构密切相关。按运算在什么范畴或“域”上进行分类可分为空间域处理、频率域处理和时间域处理三大类。空间域处理是在原图像上直接进行数据运算，它又可分为在与像点邻域有关的空间域进行的局部运算和对图像作逐点运算的点运算。时间域处理是根据图像在时间上的相关性进行的处理。频率域处理是在图像的傅里叶变换域上进行修改，增强感兴趣的频率分量，然后将修改后的傅里叶变换值再作反傅里叶变换，得到增强的图像。由于系统的资源有限，本章所用的红外图像实时处理器并没有进行时间域处理或频率域方面的处理，而只采用空间域处理算法。

6.2　基于空域滤波的图像平滑方法研究

实际获得的图像一般都因受到某种干扰而含有噪声。所谓噪声，就是妨碍人的视觉器官或系统传感器对所接收的图像信息进行理解或分析的各种因素。噪声恶化了图像的质量，使图像模糊，甚至淹没特征，如果不对噪声及时进行处理，就会对后续的处理过程乃至输出结果产生影响，甚至可能得到错误的结论。因此，图像噪声滤除成为图像预处理中的重要组成部分。空域或频域的平滑滤波可以抑制图像噪声，提高图像的信噪比。鉴于实时性的要求，本书只讨论基于空域滤波的图像平滑方法。

一般噪声是不可预测的随机信号，它只能用概率统计的方法去认识。由于噪声影响图像的输入、采集、处理的各个环节以及输出的全过程，尤其是图像输入、采集中的噪声必然影响处理全过程以至最终结果，因此抑制噪声已成为图像处理中极重要的步骤。

图像噪声按其产生的原因可分为外部噪声和内部噪声。外部噪声是指图像处理系统外部产生的噪声，如天体放电干扰、电磁波从电源线窜入系统等产生的噪声。内部噪声是指系统内部产生的，如系统内部电路噪声、电子元器件噪声、机械运动产生的噪声等。

图像噪声从统计理论观点可分为平稳和非平稳噪声。凡是统计特征不随时间变化的噪声称为平稳噪声，统计特征随时间变化的噪声称为非平稳噪声。从噪声幅度分布形态可分为高斯噪声、瑞利噪声、伽马 (爱尔兰) 噪声、指数分布噪声、均匀分布噪声、脉冲噪声 (椒盐噪声) 等。还有按频谱分布形状进行分类的，如均匀分布的噪声称为白噪声。按产生过程进行分类，噪声可分为量化噪声和椒盐噪声等。按噪声对图像的影响，噪声可分为加性噪声模型和乘性噪声模型两大类。对于加性噪声而言，其特点是噪声和图像光强大小无关。对于乘性噪声而言，其特点是噪声和图像光强大小相关，随亮度的大小变化而变化。

一幅图像基本上包括光谱、空间、时间三类基本信息，对于灰度图像，其光谱信息是以像素的灰度值来体现的，其光谱信息的增强可以通过改变像素的灰度值以达到目的，图像间的差值运算可以提取图像的动态信息 (即时间信息)。对图像的空间纹理信息的提取则可以通过空间域滤波技术或频率域滤波技术来实现。

图像的空间纹理信息可以反映图像中物体的位置、形状、大小等特征，而这些特征可以通过一定的物理模式来描述。研究表明，物体的边缘轮廓由于灰度值变化剧烈一般呈现高频率特征，而一个比较平滑的物体内部由于灰度值比较均一则呈现低频率特征。因此，根据需要可以分别增强图像的高频和低频特征。对图像的高频增强称为高通滤波，它可以突出物体的边缘轮廓，从而起到锐化图像的作用，因此也可以称为锐化滤波器。从频率域的角度讲，它能减弱甚至消除图像的低频分量，保留高频分量。相应地，低通滤波 (即平滑滤波器) 则是指对图像的低频部分进行增强，它可以对图像进行平滑处理，一般用于图像的噪声消除。从频率域的角度讲，它可以减弱甚至消除图像的高频分量，而保留低频分量。

空域滤波器的实现是应用模板卷积方法对图像中每一像素的邻域进行处理完成的。其具体实现过程为，首先将模板在图中漫游，并将模板中心与每个像素位置依次重合 (边缘像素除外)，然后将模板上的系数与模板下对应的像素一一相乘，并将所有乘积相加，最后将结果 (模板的输出响应) 赋给图像中对应模板中心位置的像素。

设 $f(x,y)$ 为带有噪声的原始图像 (大小为 $N \times N$)，$g(x,y)$ 为经滤波后的输出图像 (大小为 $M \times M$)，$h(x,y)$ 为滤波系统的脉冲响应函数 (大小为 $L \times L$)，则存在

$$g(x,y) = f(x,y) * h(x,y) \tag{6.1}$$

上式的离散形式为

$$g(m_1,m_2) = \sum_{n_1}\sum_{n_2} f(n_1,n_2)h(m_1-n_1+1,m_2-n_2+1) \tag{6.2}$$

为了表达的简便，写成矩阵的形式即为 $G = H * F$。在 $L = 3$ 的情况下，矩阵 H 具有以下三种模板形式：

$$H = \frac{1}{9}\begin{bmatrix} 1\,1\,1 \\ 1\,1\,1 \\ 1\,1\,1 \end{bmatrix}, H = \frac{1}{10}\begin{bmatrix} 1\,1\,1 \\ 1\,2\,1 \\ 1\,1\,1 \end{bmatrix}, H = \frac{1}{16}\begin{bmatrix} 1\,2\,1 \\ 2\,4\,2 \\ 1\,2\,1 \end{bmatrix} \tag{6.3}$$

在一幅图像的灰度级中，边缘和其他尖锐的跳跃 (例如噪声) 对高频分量有很大的贡献。因此，通过一个适当的低通滤波器将一定范围的高频分量加以衰减，可以起到较好的去噪声效果。

6.3 基于灰度变换的图像增强算法研究

在图像采集过程中，如果亮度不足或者亮度太大，采集得到的图像灰度可能会局限在一个很小的范围内，这时在显示器上看到的图像模糊不清，没有灰度层次感，这实际上是由于对比度太差 (对比度太小)、输入图像亮度分量的动态范围较小造成的。改善这些图像的质量可以采用灰度变换法，用一个线性单值函数对图像的

每一个像素灰度作线性扩展，通过扩展输入图像的动态范围达到图像增强的目的，有效增强图像的对比度，改善图像视觉效果。

灰度变换法可分为线性和非线性两类。

假设原图像的灰度分布函数为 $f(i,j)$，像素灰度分布范围为 $[a,b]$；根据图像处理的需要，将其灰度范围变换到 $[a',b']$，变换后图像的灰度分布函数为 $f'(i,j)$，则可进行如下变换：

$$f'(i,j) = a' + \frac{b'-a'}{b-a}[f(i,j)-a] \tag{6.4}$$

这里有一种特殊情况，如果图像的灰度范围超出了 $[a,b]$，但绝大多数像素的灰度落在区间 $[a,b]$ 范围内，只有很少部分的像素灰度分布在 $[0,a)$ 和 $(b,255]$ 的区间内，此时可以采用如下一种被称为截取式线性变换的变换方法：

$$f'(i,j) = \begin{cases} a', & f(i,j) < a \\ a' + \dfrac{b'-a'}{b-a}[f(i,j)-a], & a \leqslant f(i,j) < b \\ b', & f(i,j) \geqslant b \end{cases} \tag{6.5}$$

这种截取式线性变换使灰度小于 a 和大于 b 的像素灰度强行变换成 a' 和 b'，由此将会造成小部分信息的损失，但是增强了图像中绝大部分像素的灰度层次感，这种损失代价是值得的。

为了突出自己感兴趣的目标或灰度区域，相对抑制那些不感兴趣的灰度区域，从而使得特征物体的灰度细节得到增强，通常可采用分段线性灰度变换方法，常用的是三段线性变换法，如图 6.1 所示。

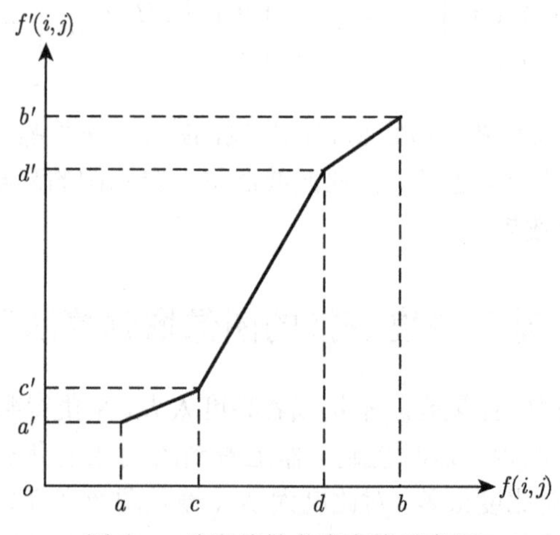

图 6.1　分段线性灰度变换示意图

其变换式如下：

$$f'(i,j)=\begin{cases}\dfrac{c'-a'}{c-a}[f(i,j)-a]+a', a\leqslant f(i,j)<c\\ \dfrac{d'-c'}{d-c}[f(i,j)-c]+c', c\leqslant f(i,j)<d\\ \dfrac{b'-d'}{b-d}[f(i,j)-d]+d', d\leqslant f(i,j)<b\end{cases} \tag{6.6}$$

如果上式中

$$|a'-c'|>|a-c| \ , \ |c'-d'|<|c-d|, \ |d'-b'|=|d-b| \tag{6.7}$$

则相当于扩展了第一区间 $[a,c]$，压缩了第二区间 $[c,d]$，维持了第三区间 $[d,b]$。图 6.2 所示为采用分段线性灰度变换方法的图像增强算法处理后的图像对比。

(a) 原始图像

(b) 线性变换后的图像增强效果

图 6.2 原始图像与图像增强处理后的图像对比

6.4 基于变分辨率的直方图均衡化图像增强算法研究

在实际应用中，有时并不需要考虑图像的整体均匀分布直方图，而只是希望有针对性地增强某个灰度级分布范围内的图像，因此可人为地改变直方图，使之成为某个特定的形状，即实施图像的直方图均衡化，以满足特定的增强效果。直方图均衡是利用直方图的统计数据进行直方图的修改，通过某种对应关系改变图像中各点灰度值，以达到图像增强的目的，是一种直方图的调整方法。本章在基于变分辨率的图像直方图统计分析基础上，提出了一种基于变分辨率的直方图均衡化图像增强算法。

6.4.1　基于变分辨率的图像直方图统计分析

图像的基本描述有灰度、分辨率、信噪比、频谱等。图像直方图描述了图像的灰度级内容，包含非常丰富的信息，是图像处理中一种十分重要的分析工具。从数学上来说，图像直方图是图像各灰度值统计特性与图像灰度值的函数，给出了图像中各个灰度级出现的次数或概率；从图形上来说，它是一个二维图，横坐标表示图像中各个像素点的灰度级，纵坐标代表各个灰度级上图像各个像素点出现的次数或概率。直方图描述了图像最基本的统计特征，其定义如下：

对于数字图像 $f(x,y)$，设图像的灰度值为 $g_0, g_1, \cdots, g_{L-1}$，则概率密度函数 $P(g_i)$ 为

$$P(g_i) = \frac{n(g_i)}{N} \tag{6.8}$$

式中，$n(g_i)$是灰度为g_i的像素点总数，N是一幅图像的总像素点，且有$\sum_{i=0}^{L-1} P(g_i)=1$。

直方图具有如下性质：

(1) 直方图是一幅图像中各像素灰度出现频次的统计结果，它只反映图像中不同灰度值出现的次数，而不反映某一灰度所在的位置。也就是说，它只包含了该图像的某一灰度像素出现的概率，而失去了具有该灰度级的像素的位置信息。

(2) 任意一幅图像都有唯一确定的一幅直方图与之对应。但不同的图像可能有相同的直方图，即图像与直方图之间是多对一的映射关系。

(3) 由于直方图是对具有相同灰度值的像素统计得到的，因此，一幅图像各子区的直方图之和等于该图像全图的直方图。

一幅图像的直方图可以提供下列信息：

(1) 每个灰度级上像素出现的频数；

(2) 图像像素值的动态范围；

(3) 整幅图像的平均明暗；

(4) 图像的整体对比度情况。

因此，在图像处理中，直方图是很有用的决策和评价工具。直方图统计在对比度拉伸、灰度级修正、动态范围调整、图像亮度调整、模型化等图像处理方法中发挥了很大作用。

进行图像的增强处理，首先必须知道图像的灰度分布，也就是需要对图像进行灰度统计 (即直方图统计)。一般的直方图统计是对整幅图像进行完全的灰度统计。但这样统计的运算量就会很大，所耗的时间也会很大，不利于实时处理。为了满足实时处理的要求，人们希望在相同的处理效果下，尽量降低计算的复杂度和运算量，减少运算时间。在要用到直方图统计的处理中，直方图统计的运算量不可忽

视，因此可以考虑在这个环节上减少运算量。本书在直方图统计算法的设计过程中充分考虑了直方图统计的运算量和计算时间。

在分析图像特征和进行大量实验的基础上，本书提出了采用变分辨率的采样方法对图像进行直方图统计。传统的直方图统计方法 (全图直方图统计) 是逐像素对整个图像进行扫描，对于图 6.3 中的 590×443 的舰船图像，需统计的点数是 590×443=261370，在实时处理中，这个运算量是相当大的。一般来说，图像中很少出现完全笔直的横线或竖线，即使出现了，宽度仅为一个像素的概率微乎其微。通常图像中相邻像素的灰度值接近或相同的概率大，所以采用变分辨率统计的方法具有可行性。

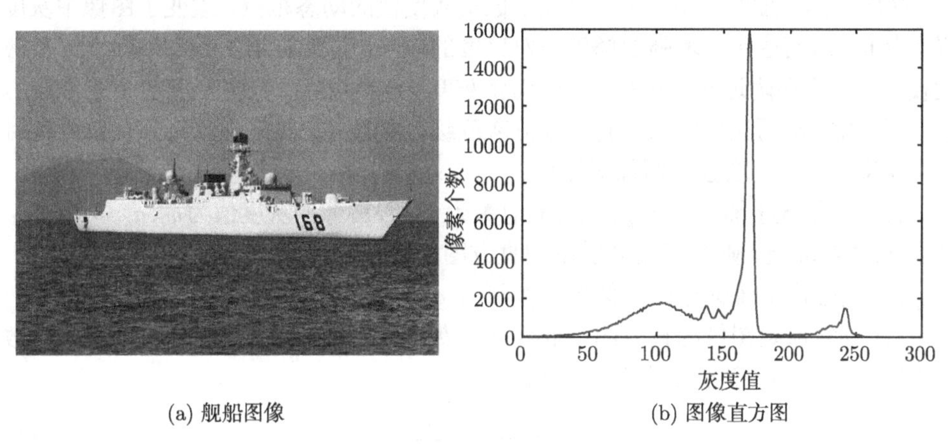

(a) 舰船图像　　(b) 图像直方图

图 6.3　舰船图像及其直方图

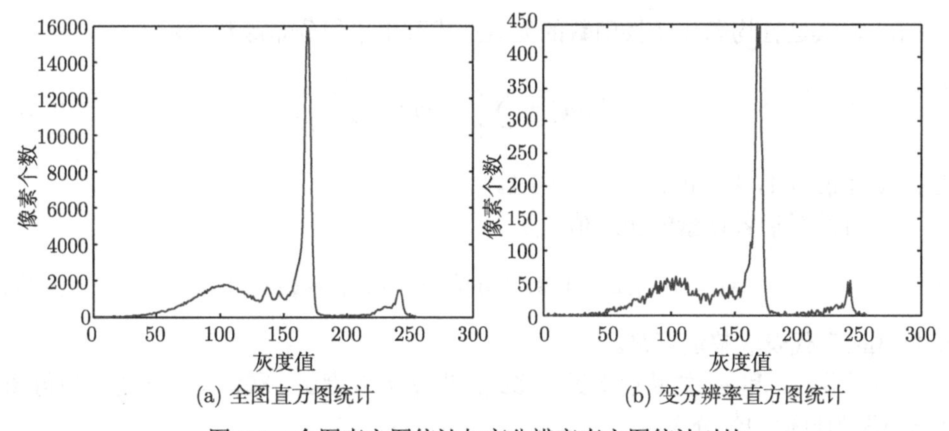

(a) 全图直方图统计　　(b) 变分辨率直方图统计

图 6.4　全图直方图统计与变分辨率直方图统计对比

下面我们来说明变分辨率直方图统计的计算量和效果。假设对一幅 590×443 的图像进行统计，在水平方向每隔 6 列 (点) 统计，在垂直方向每隔 6 行统计，总的统计点数下降为 98×73=7154，计算量减少为不到全图直方图统计的 1/36，运算速度因此得到很大提高。实验证明，这种方法和传统方法统计出的直方图的特征几乎完全一样，据此方法进行增强处理不会产生任何问题。图 6.4 是用两种方法对同一幅红外图像进行统计的结果，可以看出，二者几乎完全一样。

6.4.2　基于变分辨率的图像直方图均衡增强算法

直方图均衡的基本原理是当图像中所有灰度级出现的是一个均匀分布时，图像所包含的信息量 (熵) 最大。直方图均衡化的基本思想是将原图的直方图通过累积分布变换函数修整为相对均匀分布形式的直方图，然后按均衡直方图修整原图像，这样使其灰度级尽量拉开，增加了像素灰度值的动态范围，改变了图像中灰度概率分布，从而达到了增强图像整体对比度的效果。其实质是使图像中灰度概率密度较大的像素向附近灰度级扩展，因而将灰度层次拉开，而概率密度较小的像素的灰度级收缩，从而让出原来占有的部分灰度级，这样的处理使图像充分有效地利用各个灰度级，因而增强了图像对比度。

假设一幅数字图像 $f(x,y)$ 的像素总数为 N，设图像的灰度值为 $g_0,g_1,\cdots,g_{L-1}$，共有 L 个灰度级，则基于变分辨率的直方图均衡算法具体步骤如下：

(1) 变分辨率统计原始图像各灰度级为 g_k 的像素数目 n_k。

(2) 计算原始图像的直方图，即第 k 个灰度级出现的概率 (对于灰度级为离散的数字图像，用频率来代替概率) 可表示为

$$P_g(g_k)=\frac{n_k}{N} \tag{6.9}$$

式中，$0\leqslant g_k\leqslant 1$，$k=0,1,2,\cdots,L-1$。

(3) 对其进行均衡化变换函数的离散形式可用累积分布函数表示：

$$s_k=T(g_k)=\sum_{i=0}^{k}P_g(g_k)=\sum_{i=0}^{k}\frac{n_i}{N} \tag{6.10}$$

式中，$0\leqslant g_k\leqslant 1$，$k=0,1,2,\cdots,L-1$。

(4) 计算最后各像素的灰度值 s_k：

$$s_k=\mathrm{Int}\left[(L-1)\,s_k+0.5\right],k=0,1,\cdots,L-1 \tag{6.11}$$

式中，Int[*] 代表取整运算符。

(5) 利用 g_k 和 s_k 的映射关系，修改原图像的灰度级，获得增强图像，使得图像直方图为近似均匀分布。

实验证明，直方图均衡对大多数低对比度图像有效，效果明显，图像对比度大大增强，原本视觉效果模糊的图像变得清晰，目标的细节得到突出，方法简单，容易实现，在实践中具有重要意义。

如图 6.5 所示是对图像进行变分辨率直方图均衡处理的结果。从图中可看到原始图像灰蒙蒙的，对比度低，细节不清晰，其直方图灰度分布集中，动态范围偏小，经过直方图均衡化后得到的图像对比度增强了，细节清晰，其直方图的分布较平坦、均匀，动态范围扩大了。

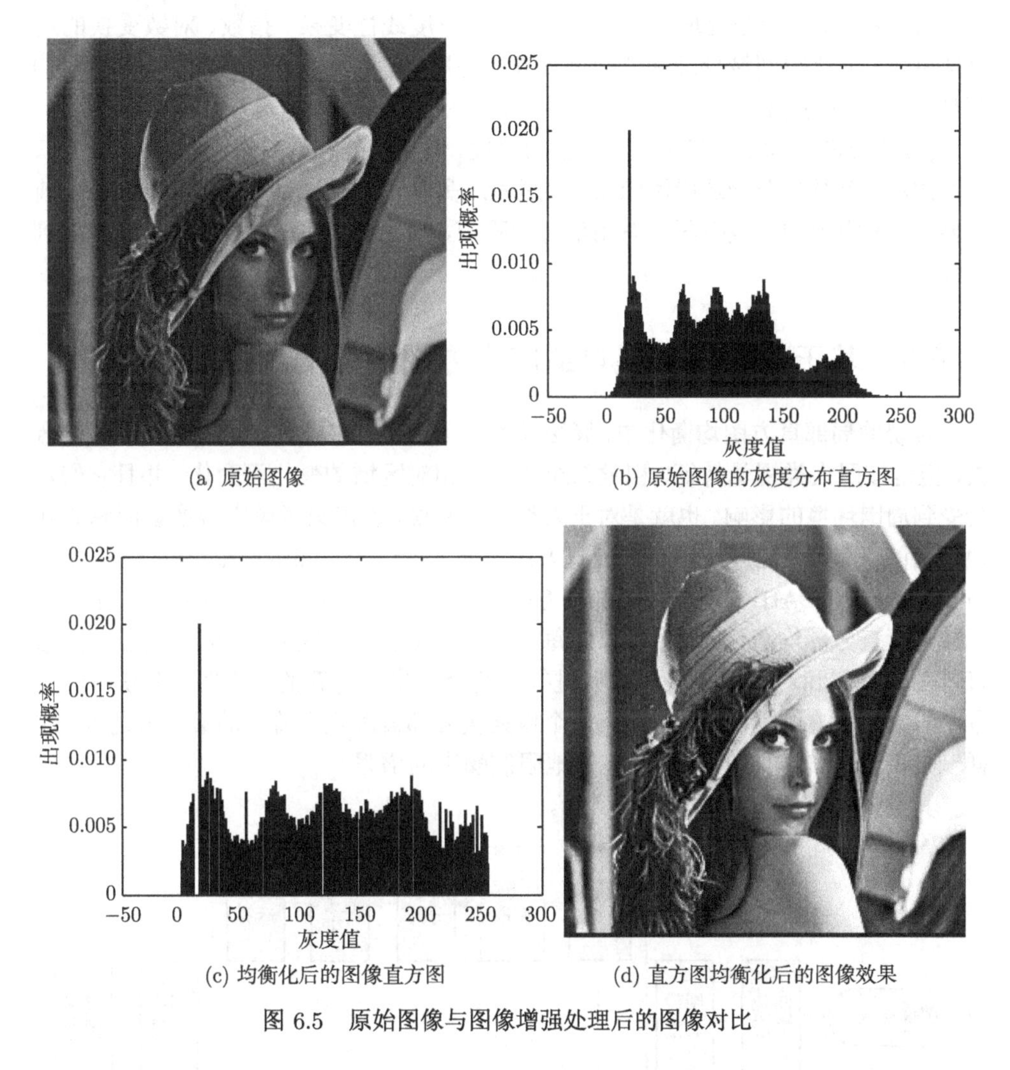

(a) 原始图像　(b) 原始图像的灰度分布直方图

(c) 均衡化后的图像直方图　(d) 直方图均衡化后的图像效果

图 6.5　原始图像与图像增强处理后的图像对比

通过以上的理论分析和对具体图像的处理，可以得出关于直方图均衡的几个结论：

(1) 直方图均衡实质上减少灰度等级以换取对比度的加大。直方图均衡化的处理过程中出现了相邻灰度级合并的现象，即原来直方图上频数较小的灰度级被归入很少几个或一个灰度级内，并且可能不在原来的灰度级上。

(2) 均衡后的直方图并非完全平坦，这是因为在离散灰度下，直方图只是近似的概率密度。

(3) 当被合并掉的灰度级构成的是重要细节，则均衡后细节信息损失较大，因此可采用局部直方图均衡法来处理。

(4) 在对比度增强处理中，直方图均衡比灰度线性变换、指数、对数变换的运算速度慢，但比空间域处理和变换域处理的速度快。因此在实时处理中，直方图均衡是一种常用的方法。

(5) 直方图均衡虽然增大了图像的对比度，但往往处理后的图像视觉效果生硬、不够柔和，有时甚至会造成图像质量的恶化。另外，均衡后的噪声可能会比处理前明显，这是因为均衡没有区分有用信号和噪声，当原图像中噪声较多时，噪声得到增强。

6.5　基于对比度受限自适应直方图均衡的图像增强算法

传统的局部直方图均衡化中，算法只考虑矩形窗内中心像素而忽略周围其他像素，但是按照人类视觉特征，视觉系统会随着相对区域的变化而变化，并且它们也会受到周围环境的影响。也就是对于人类视觉来说，不能只考虑中心像素而忽略其他周围的像素。对比度受限自适应直方图均衡 (contrast limited adaptive histogram equalization，CLAHE) 是一种局部直方图均衡化方法。CLAHE 算法对每一个相关区域进行直方图均衡化。原始图像的每一个像素位于相关区域的中心，通过对原始直方图的截取和对截取下来的像素进行重新分配来获得新的直方图。新获得的直方图与原始直方图不同，这是因为每个像素灰度都被限定在特定的最大值之内，这样一来，CLAHE 算法可以更加有效地限制噪声的增强。

其具体的算法流程如图 6.6 所示。

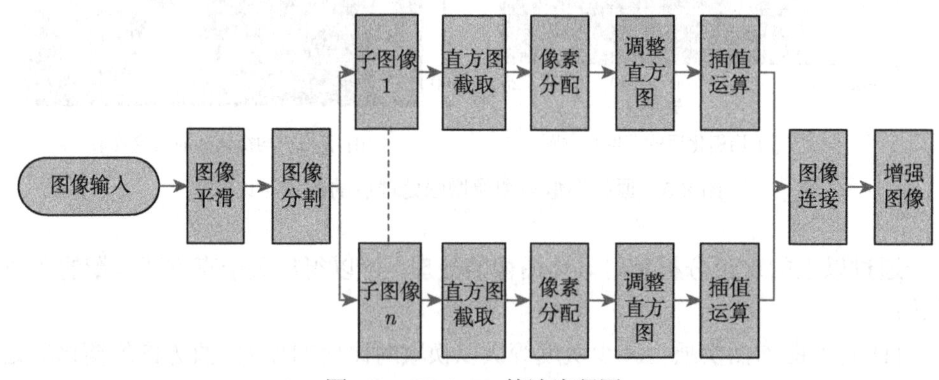

图 6.6　CLAHE 算法流程图

6.6 Retinex 图像增强方法

基于 Retinex 图像增强方法的研究是目前图像增强领域的一个焦点，其在动态范围压缩、边缘增强和颜色恒常性三个方面都具有良好的特性，因而可以自适应地增强各种不同类型的图像。

图像增强是图像处理中最具有吸引力的领域之一，且图像增强尚没有统一的理论方法，因此图像增强方法有许多成果和进展，在众多理论中，Retinex 理论最为引人瞩目。Retinex 一词是视网膜 (Retina) 和大脑皮层 (Cortex) 的合成词的缩写，Retinex 理论是 Land 等提出的一个模型，该模型解释了人类的视觉系统是如何来调节人眼感知到的物体的颜色和亮度。该理论认为，人类感知到的颜色是光与物质的相互作用的结果，人眼感知到的物体的颜色与投射到人眼的光谱特性没有多大关系，而与物体表面的反射性质却有着非常密切的关系，反射率低的物体看上去是黑暗的，反射率高的物体看上去是明亮的。Land 认为人眼的明度感觉与场景的照度无关，假设人类视觉系统 (human vision system, HVS) 包括三个独立的子系统 (视网膜皮层系统)，认为在颜色视觉中既存在视网膜的作用过程，同时也有大脑皮层参与活动。每一个视网膜皮层系统独立地对视野中的不同颜色分量起反应：第一种主要对光谱中的长波光起反应；第二种主要对中间波长光起反应；第三种主要对短波光起反应。三个视网膜皮层系统分别感知红绿蓝三种颜色。这样，在中枢神经系统就建立了由三种视网膜皮层系统记录的三种独立的景物图像，不是彩色的图像，而是明度各不相同的灰度图像。

颜色是由波长决定的, 在不同光照条件下，物体反射的波长是不同的，但是人眼观察到的不同光照条件下相同的场景却没有太大差别，因此人类视觉系统显然具有颜色恒常性。所谓颜色恒常性，是指在不同亮度情况下仍能够辨认场景中物体本来颜色的能力。对于灰度图像而言，则体现为在不同亮度情况下仍能够分辨场景中物体的灰度级 (亮度) 的能力。人眼的颜色恒常性是因为人眼观察的物体颜色不仅取决于物体反射的波长，而且取决于物体的环境。

在视网膜皮层系统中存在一个对比机制，在视觉系统对蒙德里安 (Mondrian) 颜色边界的知觉中可以反映这个对比机制下视觉系统感知 Mondrian 颜色体上不同色区分界线的原理如下：在边界知觉过程中，视网膜皮层系统获取相邻颜色表面的反射系数关系的信息，来消除不同照度条件引起的效应。Land 假设在颜色知觉的整个计算过程中，三种视觉感受器会分别对物体的反射光线进行测量，并根据这一主观测量来对 Mondrian 颜色体上的任意一点赋值，采用任意两点间的数值比率来表示这两点颜色差别。如果这个比值达到了差别阈限，视网膜皮层系统会感知到这两个点的反射性质存在明显差异，否则认为这两个点无差异。综合比较来自三种视觉感受器的计算结果，视网膜皮层系统最终产生颜色恒常知觉。

颜色恒常性从本质上说是指在光照条件发生变化的情况下，人们对物体表面颜色的知觉趋于恒定的视觉感知或稳定的心理倾向。同一表面在不同的光照条件下会产生不同的反射谱，人眼的颜色机制能分辨这种由光照变化导致的物体表面反射谱的变化，且在一定的范围内对该物体表面颜色的认知保持恒定。照明引起的图像颜色变化一般是平缓的，通常表现为平滑的照明梯度，而由表面反射变化引发的颜色变化则往往表现为突变形式。通过分辨这两种变化形式，就能区分图像的光源变化和表面变化，从而可以得知由光源变化引起的表色变化，使对表色的知觉保持恒常。

作为一种建立在科学实验和分析基础上的视觉模型，Retinex 理论论述了人眼视觉系统如何通过感知亮度和色度来获取场景图像的原理，并解释了人眼视觉系统具有颜色恒常性的根本原因。Retinex 理论中的图像模型主要由两部分构成，分别是照射光和反射物体，最终形成的图像 $S(x,y)$ 可以表示为

$$S(x,y) = L(x,y) \times R(x,y) \tag{6.12}$$

即一幅图像 S 的任何一个像素点可以表示为环境亮度 L 和景物反射 R 的对应点的乘积。环境亮度 L 描述周围环境的亮度，与景物的性质无关；而景物反射 R 反映了景物的反射能力，它包含了景物的细节信息，与照度无关。Retinex 图像模型如图 6.7 所示。

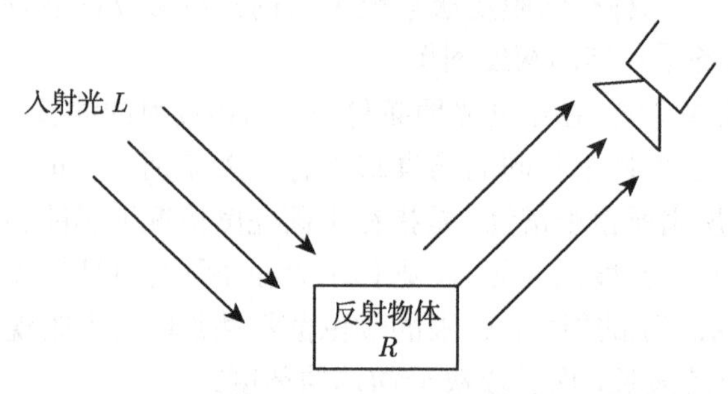

图 6.7　Retinex 图像模型

基于式 (6.12) 的图像模型得到的环境亮度 L 是图像中变化缓慢的低频信息，而景物反射 R 则包含着图像中大部分的高频细节信息。通过分辨这两种不同的变化形式，人们就能够区分图像中的照度变化和物体表面反射变化，从而得知由照度变化引起的图像颜色变化，通过一定的反向推演, 则可使图像对颜色的知觉保持恒常。由此可知，照射光 L 决定了一幅图像中像素所能达到的动态范围，而物体反射 R 决定了图像的一些内在性质。Retinex 理论的实质就是通过从原始图像中抛开照射光的影响，获得物体的反射性质, 从而获得物体本来的面貌。Retinex 理论很好

地解释了某些视觉现象，并且被大量的科学实验所证实。Retinex 理论在图像处理方面具有全局动态范围压缩、局部动态范围压缩、增强图像的边缘 (锐化)、颜色恒常性、颜色保真度高等优良特性。

6.6.1 Retinex 理论研究现状

从生理学角度来说，对数形式更接近人类视觉系统对光线的感知能力；而从数学角度来说，对数形式可以将复杂的乘法运算转化为简单的加法运算，因此大多数的 Retinex 方法都是将原图像变换到对数域中进行处理，即 $s=\lg S$，$l=\lg L$，$r=\lg R$。对式 (6.12) 两边取对数得到

$$s=\lg S=\lg L+\lg R=l+r \tag{6.13}$$

要直接获得物体的反射部分是不太现实的，因此接着解决 Retinex 理论的核心问题——进行亮度图像估计，即求解亮度分量 $\widehat{l}$。然后在对数域中从原始图像中抛开亮度分量，可以得到反射分量，即

$$\widehat{r}=s-\widehat{l} \tag{6.14}$$

最后再对反射分量取反对数，将其返回到图像的值域范围内，即

$$\widehat{R}=\exp(\widehat{r}) \tag{6.15}$$

而根据原图像来计算亮度图像在数学上是一个奇异问题，因此自从 Retinex 理论提出后，已经在很多文献中提出多种不同版本的 Retinex 方法及其改进方法来解决这个问题，不同版本的 Retinex 方法形式框架归结起来均可用图 6.8 来描述，各种不同的 Retinex 方法的区别主要在于对入射图像的计算方法不同。

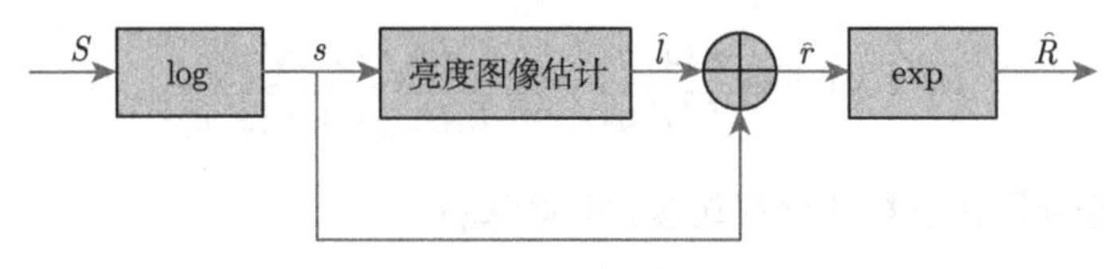

图 6.8 Retinex 原理图

自从 Retinex 理论提出后，经过了 John J McCann，Jonathon Frankle，Daniel J Jobson，Zia-ur Rahman，Gienn A Woodnell 等的改进和完善，已经形成一种颜色恒常知觉的计算理论。归纳起来，目前已有的 Retinex 方法大致可以分为随机游走 Retinex 方法、同态滤波 Retinex 方法、泊松方程式方法、基于迭代计算的 Retinex 方法、可变框架 Retinex 方法、中心环绕 Retinex 方法。其中，中心环绕 Retinex 方法是目前最新研究的方法，不仅实现和操作比较容易，同时较之以前版本的方法，运算速度显著提高，处理效果更好，在实际应用中采用最为广泛。因此，本书着重研究中心环绕 Retinex 方法。

6.6.2 中心环绕 Retinex 方法

中心环绕 Retinex 方法通过计算当前像素值和周围邻域像素的加权平均值的比值来实现。不需要迭代这种形式的想法来源于神经生理学中的人类视网膜和大脑皮层接受区域神经元的神经生理学函数。

中心环绕 Retinex 方法包括单尺度 Retinex(SSR，single scale Retinex) 和多尺度 Retinex(MSR，multi-scale Retinex)，下面对各种方法分别进行介绍。

1. SSR

SSR 方法的数学形式如下所示：

$$R_i(x,y) = \lg I_i(x,y) - \lg[F(x,y) * I_i(x,y)] \tag{6.16}$$

式中，$R_i(x,y)$ 是 Retinex 在第 i 个颜色谱段的输出, 即坐标 (x,y) 位置的亮度值，$*$ 表示卷积运算。$F(x,y)$ 是环绕函数。SSR 方法的卷积项可以看作是对空间照度的计算，其物理意义是通过计算像素与其周围区域加权平均值的比值来消除照度变化的影响，即在对数空间中，原图像减去卷积项，实际就是原图像减去了平滑的部分，剩下的是原图像中变化较快的成分，从而突出了原图像中的细节。尤其对于原图像中存在暗的区域，通过 Retinex 方法增强后, 能够突出暗区域的细节。

根据 Retinex 理论图像模型, 图像分布等于照度分量和反射分量的乘积：

$$I_i(x,y) = L_i(x,y) \times r_i(x,y) \tag{6.17}$$

由于卷积运算相当于求邻域平均，因此

$$R_i(x,y) = \lg \frac{I_i(x,y)}{\overline{\overline{I_i(x,y)}}} = \lg \frac{L_i(x,y) \times r_i(x,y)}{\overline{\overline{L_i(x,y) \times r_i(x,y)}}} \tag{6.18}$$

一般照度分量在空域变化很缓慢，即意味着

$$L_i(x,y) \approx \overline{L_i(x,y)} \tag{6.19}$$

此时，结果图像不依赖于环境照度分量，显然是颜色恒常的：

$$R_i(x,y) = \lg \frac{r_i(x,y)}{\overline{\overline{r_i(x,y)}}} \tag{6.20}$$

环绕函数的选择可以有很多种，Land 等从球面波的强度反比于传播距离的平方这一原理出发，选择了一个平方反比函数作为环绕函数：

$$F(x,y) = 1/r^2 \tag{6.21}$$

式中 $r=\sqrt{x^2+y^2}$，后来被修正为

$$F(x,y)=\frac{1}{1+r^2/c^2} \tag{6.22}$$

Moore 选择了指数函数形式作为环绕函数：

$$F(x,y)=\exp(-r/c) \tag{6.23}$$

Hurlbert 等提出了使用高斯函数形式作为环绕函数：

$$F(x,y)=K\exp[-(x^2+y^2)/c^2] \tag{6.24}$$

Jobson 等详细考察了各种不同环绕函数的性质和效果，最后得出了一个结论：高斯形式的环绕函数具有较好的综合效果。他们通过进行深入的研究，最后发展出了中心环绕 Retinex 方法。

环绕函数为高斯函数的形式为

$$F(x,y)=K\exp[-(x^2+y^2)/c^2] \tag{6.25}$$

式中，c 为高斯环绕函数的尺度常数。由环绕函数的形式可以看出，尺度 c 的大小决定了卷积核的作用范围，尺度 c 越小，动态范围压缩越大，图像的局部细节较突出，但全局照度损失，图像呈现“白化”；尺度 c 越大，图像的整体效果越好，图像颜色越自然，但局部细节不清晰，强边缘处有明显的“光晕”。K 为规一化因子，使

$$\iint F(x,y)\mathrm{d}x\mathrm{d}y=1 \tag{6.26}$$

SSR 方法用高斯卷积函数对原图像提供更局部的处理，因而可以更好地增强图像，但高斯尺度的选择会直接影响图像增强的效果，小尺度 SSR 能够较好地完成动态范围的压缩，反之，大尺度 SSR 色感一致性较好，SSR 方法很难在图像的动态范围压缩及图像的色感一致性两方面都取得良好的效果。

另外，Retinex 理论模型依赖于灰度世界假设，灰度世界假设是指一幅图像有足够多的颜色变化时，图像任意像素三个颜色通道的平均反射分量近似相等：

$$\overline{R}\approx\overline{G}\approx\overline{B} \tag{6.27}$$

SSR 增强图像三个颜色通道分量为

$$R'=\frac{R}{\overline{R}},G'=\frac{G}{\overline{G}},B'=\frac{B}{\overline{B}} \tag{6.28}$$

若原始图像符合灰度世界假设，由于增强的比例系数是平均反射分量的倒数，平均分量相等，则增强图像的三个颜色通道是等比例增强，不会改变图像的颜色。

原始图像的平滑区域三颜色通道必然满足

$$R \approx \overline{R}, G \approx \overline{G}, B \approx \overline{B} \tag{6.29}$$

则增强图像三个颜色通道反射分量满足

$$R' \approx G' \approx B' \tag{6.30}$$

因此虽然原始图像的平滑区域三通道亮度不同，但增强图像的平滑区域的亮度却近似相同，颜色不饱和，泛灰，会失去很多颜色信息。

如果原始图像严重违背灰度世界假设，对 R、G、B 三分量分别进行处理会造成颜色严重失真。不妨设原始图像颜色偏红，即原始图像满足

$$\overline{R} > \overline{G}, \overline{R} > \overline{B} \tag{6.31}$$

由于此时红色分量的增强比例小于绿色和蓝色分量的增强比例，图像的三颜色通道分量不再是等比例增强，因此颜色发生改变。而且图像某一颜色通道的平均反射分量越大，其相应增强系数越小，相当于增强了其他的颜色通道分量，而削弱了该颜色通道分量，因此会产生向主导颜色相反的方向偏移的结果。

2. MSR

MSR 方法的数学形式为多个不同尺度的 SSR 处理结果的加权平均：

$$\begin{aligned} R_{M_i}(x,y) &= \sum_{n=1}^{N} w_n R_{n_i}(x,y) \\ R_{n_i}(x,y) &= \{\lg I_i(x,y) - \lg[F_n(x,y) * I_i(x,y)]\} \end{aligned} \tag{6.32}$$

式中，$R_{M_i}(x,y)$ 是多尺度 Retinex 在第 i 个颜色谱段的输出，N 为尺度个数，w_n 为对应每一个尺度的权值，$R_{n_i}(x,y)$ 是第 i 个颜色谱段第 n 个尺度的输出分量，尺度的个数选择依赖于具体的应用场合。通过大量的实验发现，对于大多数的应用场合，采用一个小尺度，一个中尺度和一个大尺度可以产生较好的颜色呈现，在强边缘处无明显的“光晕”。

MSR 方法通过多个不同尺度的 SSR 结果进行加权平均，包括了多个尺度的优点，既可很好地完成图像的动态范围压缩，又可保证图像的色感一致性好，虽然不能完全消除“光晕”，但能够削弱“光晕”，使图像的处理效果更加理想。

原始 Retinex 算法选取的大中小三个尺度权值相等：卷积核尺寸小尺度下为 5，中尺度下为 20，大尺度下为 240。在本书中为提高算法实时性，降低大尺度卷积核带来的大计算量，采用全图均值取代大尺度卷积核，采用多次小尺度卷积取代中尺度卷积，可以大大降低算法计算时间，并保证图像增强性能。

6.6.3 实验结果量化比较分析

图像增强结果如图 6.9 所示，分别为对夜晚图像场景进行比较 (图 (a))、采用传统直方图均衡方法 (图 (b))、基于局部图像增强的 CLAHE 方法 (图 (c)) 和基于多尺度 Retinex 的图像增强方法 (图 (d))。从图中可以看出，在雾天图像增强中，直方图均衡方法将天空和地面统一拉伸，使得天空图像过于饱和而地面部分变暗，增强效果较差；基于 CLAHE 的增强方法具有较好的透雾效果，显著提高了地面物体清晰度，而天空场景并未饱和，只是产生了一些噪声；而基于多尺度 Retinex 的方法对三个颜色通道增强后，去除了画面中雾气，使得颜色信息增强更多，并且在增强的同时并未引入过多噪声。

图 6.9 图像增强效果图

在夜晚图像增强中，直方图均衡方法使得图像细节部分完全饱和，增强效果不好；基于 CLAHE 的增强方法在对原图改变较小时，适度提高了细节部分，取得较好的增强效果；基于多尺度 Retinex 的方法将夜晚图像缺失的细节很好地重现，整体图像亮度显著提高，增强了图像的显示效果。

6.7 基于超分辨率图像序列重建的图像增强算法研究

6.7.1 超分辨率图像重建的意义

随着 CCD 和 CMOS 等各种成像传感器的广泛应用，人们对获取图像质量的要求越来越高。然而由于成像系统的内在条件 (如传感器本身的固有性能、系统噪音、采样率等) 和外在条件 (运动模糊、散焦模糊、大气扰动、成像环境的噪声等) 的限制，使得获取的影像 (航空影像或卫星影像等) 都存在不同程度的退化，常常不能满足实际的需要。提高图像分辨率的途径可以采取改善原有成像系统的精度与稳定性或借助后续的图像处理技术两种方式进行。

由于成像传感器本身固有的性能，对 CCD 相机来说，改变成像传感器意味着增加 CCD 阵列中单元的个数，减少单元的尺寸。这种做法将带来工艺、散热和传输等一系列问题，在一些应用中甚至是不可实现的。这样就会使得光学相机在成像过程中空间采样率不能满足奈奎斯特采样定理而导致欠采样，这是图像分辨率降低的另外一个重要原因。从硬件方面着手以改善图像的分辨率不可避免地面临着高昂的经济代价或者是无法解决的技术困难等问题。因此，为了满足人们低成本同时又能显著提高图像分辨率的需求，研究人员引入软件思想，从软件的角度出发，提出了从多个低分辨率图像 (或图像序列) 中获取更高分辨率图像的方法，即图像超分辨率重建。因此，图像超分辨率技术是指在不改变成像探测系统的前提下，采取某种方法突破成像系统的分辨率极限，以获取高于系统分辨率的图像观测。因此，超分辨率技术对于弥补硬件方面的不足或降低获取高分辨率图像的成本具有非凡的意义。

“分辨率”是指数字图像的空间分辨率，即图像中可辨别的最小细节，它是评价图像质量的一个非常重要的指标。“超分辨率”是用于描述从多幅空间欠采样的低分辨率图像中重建一个高分辨率图像的过程，这种分辨率的提高实际是通过更高的空间采样率去除混叠实现的。通常把利用多幅低分辨率图像生成一个含有较少的模糊、噪声和混叠的高分辨率图像的方法称为超分辨率重建。它的根本目的是在不改变传感器的物理结构的前提下，通过一系列彼此间有亚像素偏移的连续图像增加传感器的空间采样率，以实现低成本获取分辨率增强的图像。

超分辨率的核心思想就是利用拍摄目标的先验信息、单幅图像的信息以及多幅图像间的补充信息，以时间带宽换取空间分辨率，提取出多幅低分辨率图像中的高频信息，使重建结果更接近于理想未退化图像。因此，这种新技术的分辨率增强能力是传统的第一代单幅图像复原技术所不能及的，这种优势也使得图像超分辨率问题成为研究热点。

传统的图像恢复技术也是致力于图像质量的改善 (其中也包括分辨率的提高)，但二者并不完全相同。传统的图像恢复方法充其量只能将图像的频谱复原到衍射极限相应的截止频率处 (即成像系统的分辨率极限)，而超分辨率技术并不满足于此，它旨在突破成像系统的分辨率极限，处理后的图像分辨率高于系统分辨率，从这个层面上来讲，超分辨率技术是比图像恢复更为“高超”的一种技术。

6.7.2 超分辨率重建的原理

根据奈奎斯特采样定理，如果要保证能从 CCD 采样后的信号中恢复出投影图像，CCD 的空间采样频率必须符合以下条件：

$$\frac{1}{d} = f_{\text{ccd}} > 2p_c \tag{6.33}$$

式中，d 为 CCD 的空间采样间隔，即 CCD 的单个像元的尺寸，f_{ccd} 是 CCD 的空间采样频率，p_c 是光学系统的截止频率，即投影图像的带宽。

对高分辨率图像进行采样时，若满足奈奎斯特采样定律 (要使实际信号采样后能够不失真还原，采样频率必须大于信号最高频率的两倍)，则每一幅低分辨率图像都包含了足够的信息，通过插值就可以准确地重建原始数据，这意味着任何一个低分辨率图像都可以提供重建原始数据的全部信息，所以，当有多个这样的低分辨率图像时，它们所提供的信息实际上是重复的，并不能带来分辨率的改进。

在成像过程中，由于探测器像元尺寸的限制、光学孔径效应等多方面原因，所获取的图像为低于奈奎斯特频率的欠采样，而欠采样在频率域表现为信号频谱的混叠。如果能够降低离散频谱混叠的程度，或者把这种频率域的混叠完全解开，都可以促使其对应空间域的分辨率的提高。对于单幅图像的混频现象，这一愿望难以实现，但如果有欠采样的多幅图像的频谱，就有可能利用更多的信息达到这一目标。

从频域上来讲，超分辨率是指从有混叠的频谱中求得等效于用更高采样频率得到的图像频谱的过程；从空间域来讲，是指从空间采样周期较大的数字图像中求得等价于空间采样周期较小的数字图像的过程。它既包括图像像素的增加，也包括消除混叠和模糊而增强图像表现细节的能力。

按照傅里叶光学的观点，光学成像系统实际上是一个低通滤波器，系统频率响应截止于某一光学衍射频率。由于成像系统的欠采样和低通特性，实际图像的截止频率以上的信息不是丢失了，而是通过卷积叠加到了截止频率以下的频率成分中。换句话说，截止频率以下的频率成分中包含了信号的所有信息 (包括低频和高频信息)。很显然，如果能找到一种方法将这些信息重新分离和还原，就可以实现图像的超分辨率复原。

奈奎斯特采样定理：要使实际信号采样后能够不失真还原，采样频率必须大于信号最高频率的两倍。当用采样频率 F 对一个信号进行采样时，信号中 $F/2$ 以上的频率不是消失了，而是对称地映像到了 $F/2$ 以下的频带中，并且和 $F/2$ 以下的原有频率成分叠加起来，这个现象就是“混叠”。

超分辨率重建的流程图如图 6.10 所示。

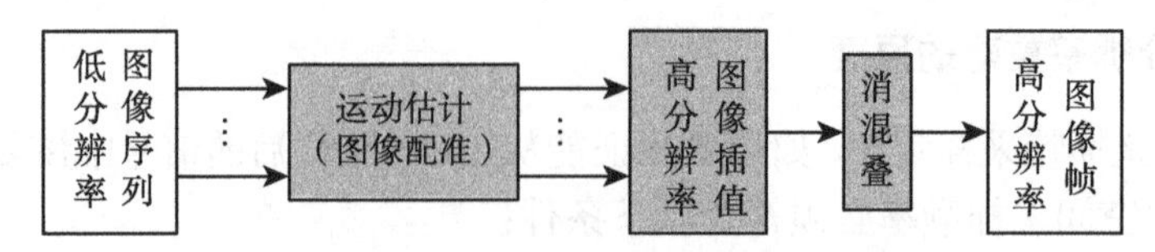

图 6.10 超分辨率重建流程图

6.7.3 基于亚像素配准的运动估计

准确的亚像素配准是超分辨率重建的关键一步。为了重建高分辨率图像，首先必须确定所有低分辨率图像间的运动信息，然后将它们配准到同一个参考帧上。运动估计是超分辨率重建算法中非常关键的步骤，而且估计的准确性比其密集性更重要，如果估计精度达不到亚像素级，将会极大地影响重建图像的质量。可以采用基于光流场的金字塔分层结构实现由粗到精的亚像素运动估计，其基本思想是：由上到下对每一层依次进行基于光流场的图像配准，把低分辨率级的运动参数估计值上采样后传递到下一个高分辨率级作为其初始值，逐级配准，直到最大分辨率层为止。这种方法可以有效地减少计算量，同时，由于低分辨率图像间相对运动量比较小，因此该方法亦可以处理具有较大运动变化的情形。

基于光流场的亚像素配准算法包括以下几种。

1. 包括平移和旋转的光流场亚像素配准算法

假定图像 g_1 和 g_2 存在全局运动变换 (包括平移和旋转)，根据刚体变换模型，下式成立：

$$\begin{bmatrix} x' \\ y' \end{bmatrix} = \begin{bmatrix} \cos\theta & -\sin\theta \\ \sin\theta & \cos\theta \end{bmatrix} \begin{bmatrix} x \\ y \end{bmatrix} + \begin{bmatrix} t_x \\ t_y \end{bmatrix} \tag{6.34}$$

式中，θ 为旋转角，t_x 和 t_y 分别为水平和垂直方向的平移量，则有

$$g_1(x,y) = g_2(x',y') = g_2(x\cos\theta - y\sin\theta + t_x, y\cos\theta + x\sin\theta + t_y) \tag{6.35}$$

当 θ 非常小时，满足 $\cos\theta \approx 1$，$\sin\theta \approx \theta$，则有

$$g_1(x,y) \approx g_2(x - y\theta + t_x, y + x\theta + t_y) \tag{6.36}$$

对上式右边进行二元泰勒展开，保留前三项后得到

$$g_1(x,y) \approx g_2(x,y) + (t_x - y\theta)g_{2x}(x,y) + (t_y + x\theta)g_{2y}(x,y) \tag{6.37}$$

式中，$g_{2x}(x,y) = \dfrac{\partial g_2(x,y)}{\partial x}$，$g_{2y}(x,y) = \dfrac{\partial g_2(x,y)}{\partial y}$。

为了估计运动参数 $(\widehat{t_x},\widehat{t_y},\widehat{\theta})$，建立如下最小化误差函数：

$$\begin{aligned}(\widehat{t_x},\widehat{t_y},\widehat{\theta}) &= \underset{t_x,t_y,\theta}{\operatorname{argmin}} E(t_x,t_y,\theta) \\ &= \underset{t_x,t_y,\theta}{\operatorname{argmin}} \sum_{x,y} [g_2(x,y)+(t_x-y\theta)g_{2x}(x,y) \\ &\quad +(t_y+x\theta)g_{2y}(x,y)-g_1(x,y)]^2\end{aligned} \tag{6.38}$$

分别计算 E 对三个待求参数的偏导数，并令结果为 0，可以得到如下方程组：

$$Ad=b \tag{6.39}$$

最终求得全局运动参数为

$$\widehat{d}=A^{-1}b \tag{6.40}$$

式中，

$$A=\begin{bmatrix}\sum g_{2x}^2 & \sum g_{2x}g_{2y} & \sum Rg_{2x} \\ \sum g_{2x}g_{2y} & \sum g_{2y}^2 & \sum Rg_{2y} \\ \sum Rg_{2x} & \sum Rg_{2y} & \sum R^2\end{bmatrix}, d=[t_x,t_y,\theta]^{\mathrm{T}}, b=\begin{bmatrix}\sum g_{2x}g_t \\ \sum g_{2y}g_t \\ \sum Rg_t\end{bmatrix} \tag{6.41}$$

式中，$R=xg_{2y}-yg_{2x}$，$g_t=g_1-g_2$。

2. 仅包括平移的光流场亚像素配准算法

假定图像 g_1 和 g_2 存在全局运动变换 (包括平移和旋转)，根据刚体变换模型，下式成立：

$$\begin{bmatrix}x' \\ y'\end{bmatrix}=\begin{bmatrix}\cos\theta & -\sin\theta \\ \sin\theta & \cos\theta\end{bmatrix}\begin{bmatrix}x \\ y\end{bmatrix}+\begin{bmatrix}t_x \\ t_y\end{bmatrix} \tag{6.42}$$

式中，θ 为旋转角，t_x 和 t_y 分别为水平和垂直方向的平移量，则有

$$g_1(x,y)=g_2(x',y')=g_2(x+t_x,y+t_y) \tag{6.43}$$

对上式右边进行二元泰勒展开，保留前三项后得到

$$g_1(x,y)\approx g_2(x,y)+t_xg_{2x}(x,y)+t_yg_{2y}(x,y) \tag{6.44}$$

式中，$g_{2x}(x,y)=\dfrac{\partial g_2(x,y)}{\partial x}$，$g_{2y}(x,y)=\dfrac{\partial g_2(x,y)}{\partial y}$。

为了估计运动参数 $\left(\overset{\wedge}{t_x}, \overset{\wedge}{t_y}, \overset{\wedge}{\theta}\right)$，建立如下最小化误差函数：

$$\begin{aligned}\left(\overset{\wedge}{t_x}, \overset{\wedge}{t_y}, \overset{\wedge}{\theta}\right) &= \underset{t_x,t_y,\theta}{\operatorname{argmin}} E(t_x, t_y, \theta) \\ &= \underset{t_x,t_y,\theta}{\operatorname{argmin}} \sum_{x,y} \left[g_2(x,y) + t_x g_{2x}(x,y) + t_y g_{2y}(x,y) - g_1(x,y)\right]^2 \end{aligned} \tag{6.45}$$

分别计算 E 对三个待求参数的偏导数，并令结果为 0，可以得到如下方程组：

$$Ad = b \tag{6.46}$$

最终求得全局运动参数为

$$\widehat{d} = A^{-1}b \tag{6.47}$$

式中，

$$A = \begin{bmatrix} \sum g_{2x}^2 & \sum g_{2x}g_{2y} \\ \sum g_{2x}g_{2y} & \sum g_{2y}^2 \end{bmatrix} = \begin{bmatrix} \sum g_{2x} \\ \sum g_{2y} \end{bmatrix} \left[\sum g_{2x} \ \sum g_{2y}\right] \tag{6.48}$$

$$d = [t_x, t_y]^{\mathrm{T}} \tag{6.49}$$

$$b = \begin{bmatrix} \sum g_{2x}g_t \\ \sum g_{2y}g_t \end{bmatrix} \tag{6.50}$$

式中，$g_t = g_1 - g_2$。

6.7.4 图像观测数学模型

图像在成像过程中不可避免地受到光学系统、大气扰动、运动、采样、噪声等多种因素的影响，导致质量下降，通过观测模型就可以建立低分辨率图像与高分辨率图像的关系：

$$Y_k = D_k H_k^{\mathrm{cam}} F_k X + V_k, k = 1, \cdots, N \tag{6.51}$$

式中各物理量意义如下：

Y_k—第 k 幅低分辨率帧；

D_k—欠采样矩阵；

F_k—从高分辨率帧 X 到第 k 幅低分辨率帧的形变运动矩阵；

H_k—大气干扰和成像系统点扩展函数PSF引起的系统混叠矩阵；

X—高分辨率帧；

V_k—系统噪声。

将高分辨率图像经过观测模型投影到低分辨率栅格后得到观测图像，为了保证求得的解逼近真解，需要使图像失真度即残差项最小，因此建立如下基于 L_p 范数的最小化泛函：

$$\hat{X} = \underset{X}{\operatorname{argmin}} \left[\sum_{k=1}^{N} \| D_k H_k^{\mathrm{cam}} F_k X - Y_k \|_2^2 \right] \tag{6.52}$$

如果采样因子为 r，则有

$$\begin{cases} \text{欠定方程}, & N < r^2 \\ \text{恰定方程}, & N = r^2 \\ \text{超定方程}, & N > r^2 \end{cases} \tag{6.53}$$

式中，N 是可用的观测图像帧数。

欠定或超定都会导致不适定性和病态问题的产生，所以仅通过增加更多的观测图像是无法将问题变为良态的，需要做的是在代价函数里引入罚项，约束解空间，使解变得稳定和确定，附加正则项后的代价函数形如

$$\hat{X} = \underset{X}{\operatorname{argmin}} \left[\sum_{k=1}^{N} \rho(Y_k, D_k, H_k^{\mathrm{cam}} F_k X) + \lambda \Upsilon(X) \right] \tag{6.54}$$

式中，λ 为正则化参数，$\Upsilon(X)$ 为正则化函数。可以采用双边滤波器进行正则化，它同时考虑像素灰度值的相似性和空间位置的邻近性。对目标函数进行基于梯度的迭代求解可以得到最优值。

6.7.5 图像超分辨率重建实验结果

图像的超分辨率重建实验以图 6.11 所示的两组低分辨率灰度图像序列为测试数据，a1 组大小均为 128×96，经过超分辨率重建后得到大小为 256×192 的 a2 图像。b1 组大小均为 49×57，经过超分辨率重建后得到大小为 98×114 的 b2 图像。重建目标将水平和垂直分辨率分别提高 2 倍，图像质量明显得到增强。

本书对单帧图像增强和多帧图像超分辨率重建算法进行了研究。利用先进的图像增强算法提高现有光电系统的图像质量，不但能够提高探测距离、提高系统的可靠性、降低系统的成本，而且提高了武器装备的生存能力。本章研究了基于灰度变换的单帧图像增强算法，在基于变分辨率的图像直方图统计分析基础上，提出了一种基于变分辨率的直方图均衡化图像增强算法。

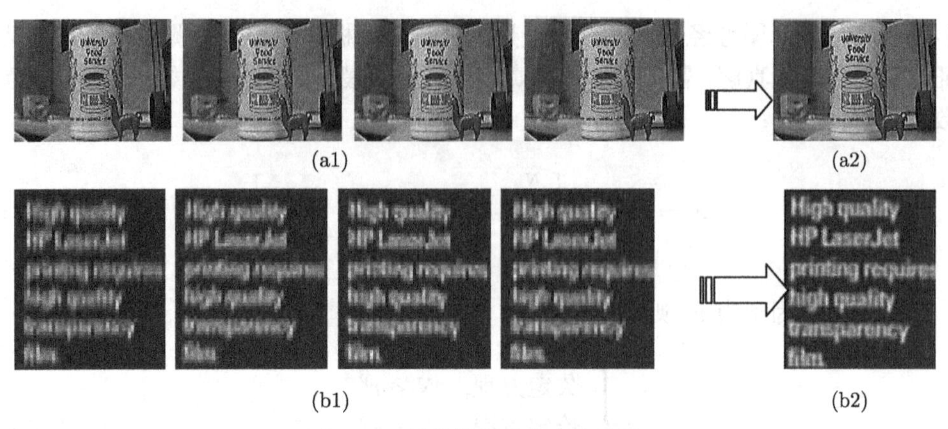

图 6.11　超分辨率重建实验结果

为了满足人们低成本同时又能显著提高图像分辨率的需求，我们从软件的角度出发，对低分辨率图像序列重建高分辨率图像的原理和算法实现开展了研究工作，提出了从多个低分辨率图像 (或图像序列) 中获取更高分辨率图像的方法，即图像超分辨率重建。通过采用基于光流场的金字塔分层结构实现由粗到精的亚像素运动估计，由上到下对每一层依次进行基于光流场的图像配准，把低分辨率级的运动参数估计值上采样后传递到下一个高分辨率级作为其初始值，逐级配准，直到最大分辨率层为止。在采用基于光流场的金字塔分层结构对低分辨率图像进行准确的亚像素级配准后，再建立低分辨率图像与高分辨率图像之间关系的观测模型，能够重建出高分辨率的图像。

6.8　深度图像增强算法

随着各种光电传感器的快速发展，我们对外界场景的观测已经从二维空间发展到三维空间，能够得到的信息量也越来越多、越来越全面。微软 Kinect 传感器的出现给现有计算机视觉领域的研究带来了开放性的变革。Kinect 传感器不但能够产生高精度的彩色图像，而且能够生成一定精度的深度图像，这为三维空间深度信息的生成带来了光明。尽管原有的多目视觉、双目视觉甚至单目视觉可以实现场景的三维重建，但是由于其核心是采用图像匹配算法，不可避免地会存在匹配累积误差甚至匹配错误的情况，因此集成深度感知的 Kinect 传感器彻底解决了仅仅依赖图像进行匹配的计算机视觉难题，为高精度三维重建的发展带来了新的曙光。Kinect 传感器包括可见光传感器和红外结构光传感器。由于红外结构光传感器是利用红外摄像机接收反射光并经过处理后提取物体表面的几何特征信息，因此也会受到诸如多重空间反射、各种透明物体以及特殊物体表面的散射等影响而产生深度图像噪声，更严重的情况是有可能出现部分无法测量深度的空洞区域。这些空洞区域主要是由于物体之间的遮挡、阻塞、光滑反射、红外吸光等诸多原因产生和造成的。为了解决这个问题，如果从硬件着手则代价太高，而从深度图像增强软件的角度解决这个问题则是在保留原有传感器系统前提下提高系统性能的一种性价比最高的手段。

本书拟从软件的角度出发，在不改变传感器成像系统物理结构的前提下，研究基于结构特征以彩色图像作为引导，提高深度图像质量，从而实现深度图像增强和空洞修补的目的。通过对彩色图像和深度图像的结构特征进行提取，得到共性的全局特征，并对得到的结构特征进行联合双边滤波，最后基于马尔科夫随机场的方法进行深度图像增强，实现低成本获取深度增强的图像，本书的研究对于弥补硬件方面的不足或降低高质量深度图像的成本具有重要的意义。

6.8.1 结构特征提取

对于彩色图像和深度图像来说，由于其光谱成像特性的差异，通常在图像细节方面大相径庭，而我们观察它们时通常是大体结构特征存在相似性，因此，基于结构特征相似性进行深度图像的增强，能够得到更好的修复效果。边缘是图像中最为重要的结构特征。物体的边缘意味着一个区域的结束或另一个区域的开始，它描述出了物体的轮廓，使得我们对所看见的物体能够一目了然，而且边缘结构所蕴含的一些丰富的特征信息，为深度图像的进一步分析和处理提供了基础。因此，图像结构特征提取是深度图像增强与恢复的研究热点。边缘特征是图像中灰度发生剧烈变化的物体区域边界，作为结构特征来说具有很强的稳定性，因为它一般不会由于光源特性的变化而发生很大的改变，同时还可以提供物体形状相当精确的信息。

在结构特征提取方面，Canny 边缘检测算子是一种性能非常优越的算子，能够在抗噪声干扰和精确定位之间采用一个最佳折衷方案。Canny 算子是高斯函数的一阶导数，对应于进行图像的高斯函数平滑和梯度计算，能够把边缘检测问题转变为检测函数极大值的问题。Canny 算子的实质是用一个准高斯函数作平滑计算，然后以带方向的一阶微分算子求解定位导数最大值，可以使用高斯函数的梯度来近似，在理论上它是接近于由四个指数函数线性组合而形成的最佳边缘算子，能够在噪声抑制和边缘特征检测之间取得较好的平衡，是目前对信噪比与特征定位乘积的最优化逼近算子。

6.8.2 基于结构特征的联合双边滤波

双边滤波综合考虑了空间距离信息与颜色相似度，由两个子滤波核共同构成一个滤波核来实现联合滤波。在两个子滤波核中，一个用于衡量像素的空间距离，一个用于衡量像素颜色或灰度值的差异。假定 I 是高分辨率的彩色图像，D_w 为原始的深度图像，p 和 w 分别为图像中的像素点位置，Ω 是用于双边滤波的窗口，则经过联合双边滤波后的深度图像可以通过如下方程计算：

$$D_p = \frac{1}{k_p} \sum_{w \in \Omega} D_w G_s \left(\|p - w\|\right) G_c \left(I_p - I_w\right) \tag{6.55}$$

式中，

$$k_p = \sum_{w \in \Omega} G_s \left(\|p - w\|\right) G_c \left(I_p - I_w\right) \tag{6.56}$$

$$\begin{cases} G_s \left(\|p - w\|\right) = \exp\left(-\dfrac{\|p - w\|^2}{2\sigma_s^2}\right) \\ G_c \left(I_p - I_w\right) = \exp\left(-\dfrac{\|I_p - I_w\|^2}{2\sigma_c^2}\right) \end{cases} \tag{6.57}$$

I_p 和 I_w 分别表示图像在 p 和 w 位置处的值。G_s 是像素空域的高斯滤波核，它考虑了不同像素的空间距离。而 G_c 是像素值域的高斯滤波核，它考虑了不同像素之间值的差异。k_p 是归一化因子，Ω 是目标像素点 p 的邻域像素点。从上面两个高斯滤波核中可以看出，当像素空间位置或它们之间的像素值差异变大时，联合双边滤波器的权重变小。因此，双边滤波器能够很好地保留结构特征，使得物体边缘特性不被破坏。

6.8.3 基于马尔科夫随机场的深度图像增强

图像的结构性边缘是一种非常稳定的全局特征。马尔科夫随机场就是一种全局的图像处理方法，通过构建满足一定约束的全局能量项来获取最终的图像增强结果。本书将输入图像与待重建图像之间的差异作为最大似然项，并结合待重建图像本身所需要满足的先验约束条件，共同构建出概率最大化求解表达式，通过引入正则项使得图像处理中的优化问题得以求解。

马尔科夫随机场的目标是最大化计算重构深度值 y 在可见光图像 x 和红外深度图像 z 上的后验概率。后验概率约束由深度数据项 P_d 和深度平滑项 P_c 两部分构成。在重构深度值 y 上的条件分布可以由下式给出：

$$p\left(y|x, z\right) = \frac{1}{E} \exp\left[-\frac{1}{2}\left(P_d + \lambda P_c\right)\right] \tag{6.58}$$

式中，λ 表示深度平滑项的权重，E 是归一化因子。因此，最大化后验概率分布问题可以转换为一个关于 y 的全局能量最小化问题：

$$y^* = \arg\min_y \left\{P_d + \lambda P_c\right\} \tag{6.59}$$

假设 y 是需要重构的红外图像深度值，z 是测量得到的红外图像深度值，x 是可见光图像的像素值，则马尔科夫随机场可以由如下两个能量项构成。

1) 深度数据项 P_d

$$P_d = \sum_{i \in L} w_i \left(y_i - z_i\right)^2 \tag{6.60}$$

式中，L 表示红外图像像素点的集合，i 为集合 L 中的一个像素点，w_i 是一个权重对角矩阵，深度数据项用于表示需要重构的红外图像深度值 y_i 与测量得到的红外图像深度值 z_i 之间的距离的平方。因此，深度数据项越小，表明重建得到的深度值与测量得到的深度值之间的吻合度就越高。

2) 深度平滑项 P_c

$$P_c = \sum_{i} \sum_{j \in N(i)} s_{ij} \left(y_i - y_j\right)^2 \tag{6.61}$$

这一项表示相邻深度图像像素点 y_i 与 y_j 之间的距离。$N(i)$ 表示像素点 i 中的邻域像素点，s_{ij} 表示相邻像素点之间的权重因子，可以通过下式计算：

$$s_{ij} = \exp\left(-\frac{\left\|x_i - x_j\right\|^2}{2\sigma_c^2}\right) \tag{6.62}$$

式中，x_i 与 x_j 分别表示可见光图像中像素点 i 与 j 处的颜色或灰度值，标准差 σ_c 为尺度参数。如果权重因子越大，说明相邻区域之间的深度值具有较大的相似性；反之，如果权重因子越小，说明相邻区域之间的深度值具有较大的差异性。

深度数据项可以转换为如下形式：

$$P_d = \left\|W\left(y - z\right)\right\|^2 \tag{6.63}$$

深度平滑项也可以转换为如下形式：

$$P_c = \left\|Sy\right\|^2 \tag{6.64}$$

因此，优化问题可以由如下形式表达：

$$\begin{aligned} P_d + \lambda P_c &= \left\|W\left(y - z\right)\right\|^2 + \lambda\left\|Sy\right\|^2 \\ &= y^{\mathrm{T}} W^{\mathrm{T}} W y - 2z^{\mathrm{T}} W^{\mathrm{T}} W y + z^{\mathrm{T}} W^{\mathrm{T}} W z + \lambda y^{\mathrm{T}} S^{\mathrm{T}} S y \end{aligned} \tag{6.65}$$

我们也可以将最小化问题转换为使 y 的导数等于 0 的问题，因此得到如下方程：

$$2W^{\mathrm{T}} W y - 2W^{\mathrm{T}} W z + 2\lambda S^{\mathrm{T}} S y = 0 \tag{6.66}$$

上述方程可以转换为 $Ay = b$ 的形式，式中，

$$\begin{cases} A = W^{\mathrm{T}}W + \lambda S^{\mathrm{T}}S \\ b = W^{\mathrm{T}}Wz \end{cases} \tag{6.67}$$

采用最小二乘法我们可以得到 y 即为待重建的深度图像。采用基于线性矩阵的最小二乘优化求解方法避免了梯度下降法等迭代优化过程，可以快速实现方程组参数的求解。

6.8.4 实验结果

为了能够对本书算法进行定量评价，采用 Middlebury 标准数据集中的 Teddy 和 Art 两幅典型图像，分别进行双边滤波 (BF)、马尔科夫随机场 (MRF)、各向异性扩散 (AD) 与本书算法对比实验。采用 Matlab 语言，以图 6.12 和图 6.13 所示的两组彩色图像和深度图像为测试数据进行了深度图像的增强实验，原始彩色引导图像和原始深度图像的大小均为 320×240，分别见图 (a) 和图 (c)。在原始深度图像中，有不少深度缺失的黑洞区域。经过边缘提取的彩色图像结构特征如图 (b) 所示，经过边缘提取的深度图像结构特征如图 (d) 所示，结构特征双边滤波的结构如图 (e) 所示。本书算法重建出的深度增强图像如图 (f) 所示，传统马尔科夫随机场方法增强的深度图像如图 (g) 所示，传统双边滤波方法增强的深度图像如图 (h) 所示，传统各向异性扩散方法增强的深度图像如图 (i) 所示。从实验结果可以观察到，BF、MRF、AD 算法均在边缘和细节处产生了不同程度的模糊或毛刺现象，甚至黑洞补充不全，而本书算法在保持图像边缘的细节性、平滑性和整体性上面具有更好的效果，图像质量得到了明显的增强和改善。

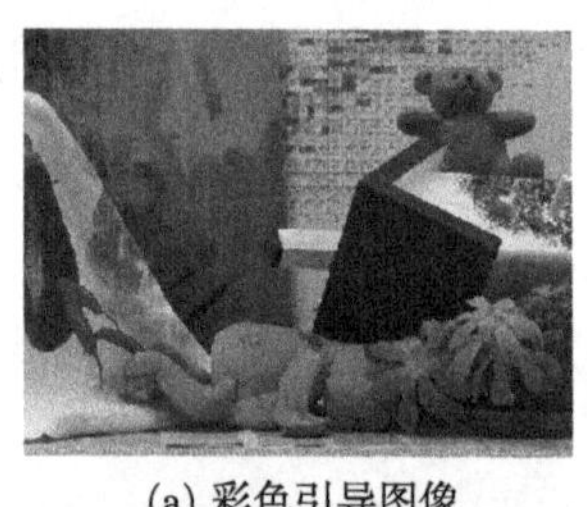

(a) 彩色引导图像

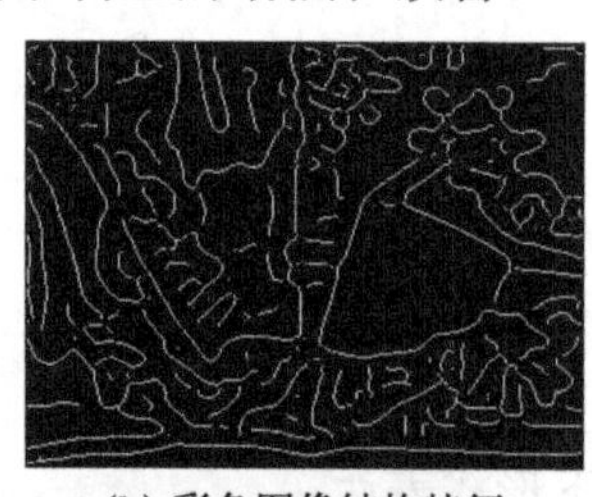

(b) 彩色图像结构特征

(c) 原始深度图像

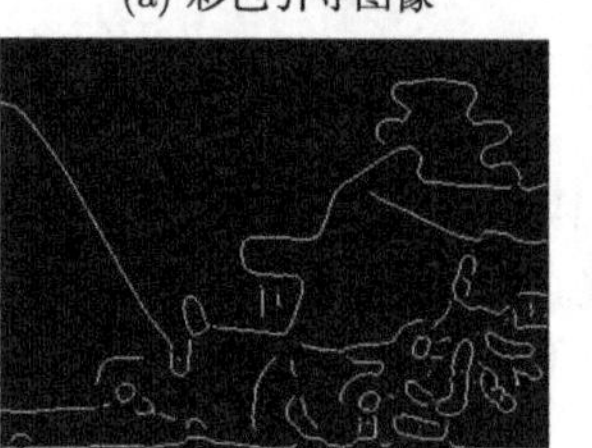

(d) 深度图像边缘

(e) 结构特征双边滤波

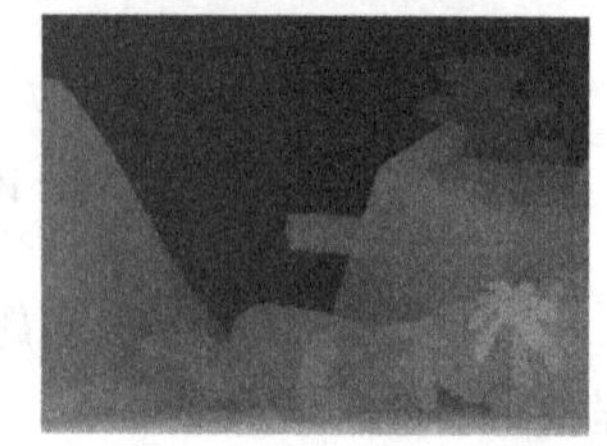

(f) 本书算法重建出的深度增强图像

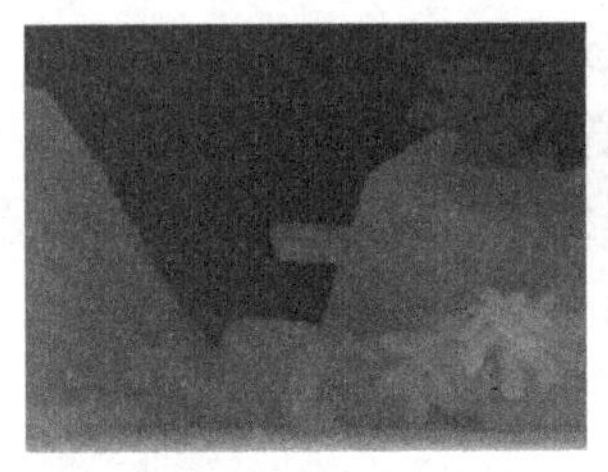
(g) 传统马尔科夫随机场方法增强深度图像

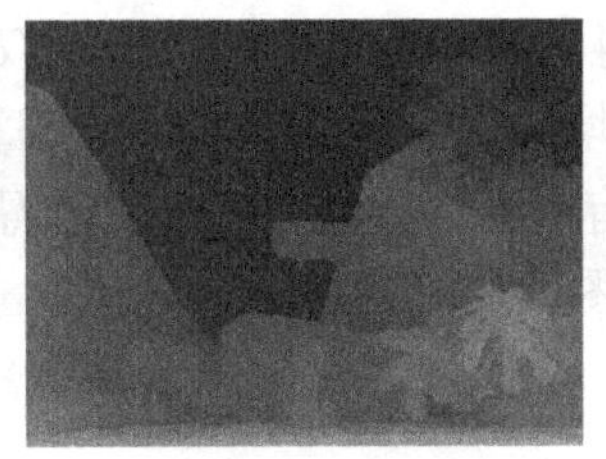
(h) 传统双边滤波方法增强深度图像

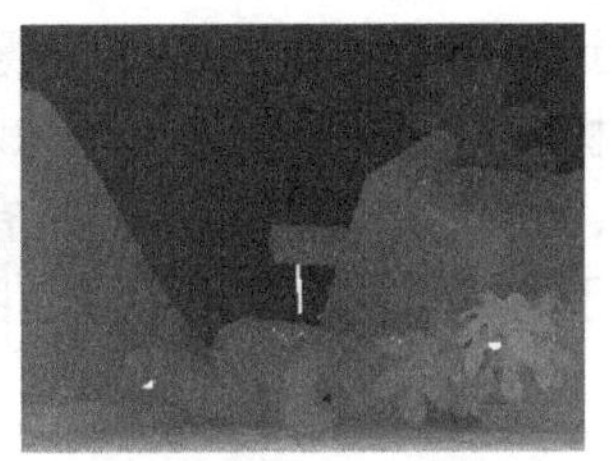
(i) 传统各向异性扩散方法增强深度图像

图 6.12 Teddy 深度图像增强实验结果

(a) 彩色引导图像

(b) 彩色图像结构特征

(c) 原始深度图像

(d) 深度图像边缘

(e) 结构特征双边滤波

(f) 本书算法重建出的深度增强图像

(g) 传统马尔科夫随机场方法增强深度图像

(h) 传统双边滤波方法增强深度图像

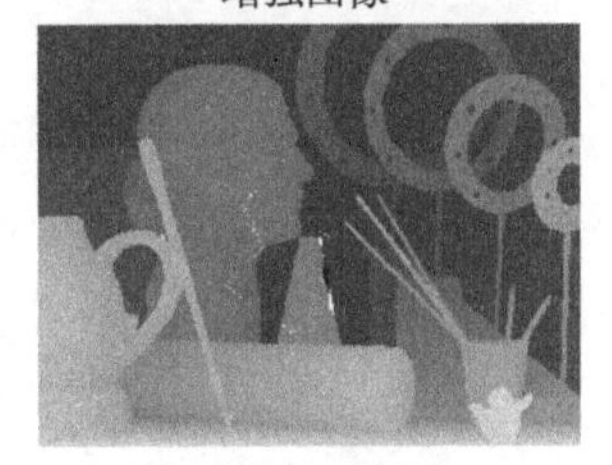
(i) 传统各向异性扩散方法增强深度图像

图 6.13 Art 深度图像增强实验结果

深度传感器能够非常方便地获取场景实时的深度信息，但是受到诸多因素的影响，其成像质量较低。本书从软件的角度出发，在不改变传感器成像系统物理结构的前提下，基于结构特征并以彩色图像作为引导，实现深度图像增强和空洞修补的目的，提高了深度图像质量。通过对彩色图像和深度图像的结构特征进行提取，得到共性的全局特征，并对得到的结构特征进行联合双边滤波，最后基于马尔科夫随机场的方法进行深度图像增强。实验结果表明本书算法在保持图像边缘的细节性、平滑性和整体性上面具有更好的效果，图像质量得到了明显的增强和改善，实现了低成本获取深度增强的图像的目的。

第7章 电子稳像

电子稳像是采用图像处理技术来实现视频图像的稳定方法，能够消除图像中诸如抖动、旋转等非正常偏移。与传统的机械和光学方式稳像技术相比，电子稳像技术因其具有高精度、低代价、小体积的特点，已在许多方面显示出了突出的优势，国外近年来已应用于军事侦察、目标精确跟踪等方面。当前光电成像系统 (电视、红外、微光等) 已广泛应用在无人机载武器系统中。无人机载平台上的传感器通常会受到由于运动或气流带来的高频振动的影响，这些影响在惯性较小的平台上表现尤为明显，更易受到振动和方向随机变化的影响，导致图像不清晰或者画面晃动等，给观察和瞄准带来困难。不稳定的图像对于观察者会产生疲劳感，导致误判和漏判；对于目标自动识别系统会导致漏警和虚警。随着武器水平要求的提高，对平台体积重量的要求低，对稳定跟踪精度的要求高，因而对光电平台的电子稳像技术尽快得到应用提出迫切要求。

本书对基于光流运动矢量估计的电子稳像技术进行了深入的研究，以 Harris 角点为特征点选择特征区域，在特征区域基础上利用光流技术计算光流运动矢量，设计了一套完整的基于光流运动估计的电子稳像算法，对每一个功能模块进行了详细的分析设计和优化改进，实现了算法仿真和性能分析。

7.1 光流法思想

光流是指空间场景的影像不断通过摄像机的靶面，好像一种光的流。而光流场则是空间场景表面上的像素点的瞬时运动。光流携带了物体可见表面的深度、曲率和取向的重要信息，可以反映出图像序列场景与传感器系统之间相对运动的关系。大量实验已经证明，光流概念在认识人和动物的视觉感知机制方面具有重要的意义。生物系统在其真实世界中一般是相对连续地运动的，投射到它们视网膜平面 (即图像平面) 上的图像实质是连续变化的，人们正是这样感觉到连续平滑的运动，而光流就是给这种运动中每一点赋予一个二维“网膜速度”。光流的研究是利用图像序列中的强度数据的时域变化和相关性来确定像素点的“运动”。

光流是图像中每个像素点的二维平面的瞬时运动，一旦给出图像的亮度模式，就可以利用各个点的灰度变化来度量视差，光流实质上指的就是被观测的场景表面的各个像素点运动的瞬时速度场。利用光流法完成帧间图像运动矢量估计的优势体现在以下两个方面：首先，它有雄厚的数学理论作为基础；其次，求解精度较高，采用松弛迭代技术获得较高的匹配精度，这是目前常用方法无法达到的。光流法实现匹配的主要不足表现在微分求解的噪声敏感性以及较大的运算量，也是目前限制光流法工程应用的主要原因。

7.2　光流运动矢量计算

光流基本方程是在基于灰度、亮度以及时间连续等假设的前提下提出来的，即认为在连续相邻的不同图像上，对应于物体上同一点的像素灰度值是相同的。这个假设在连续图像序列中以及图像中灰度作很小变化时是近似成立的。

设 $f(x,y,t)$ 是图像点 (x,y) 在时刻 t 的灰度，$u(x,y)$ 和 $v(x,y)$ 是该点光流的 x 和 y 分量。根据灰度恒定的假设，在 $t+\mathrm{d}t$ 时刻该点 (x,y) 运动到 $(x+\mathrm{d}x, y+\mathrm{d}y)$ 时有

$$f(x+\mathrm{d}x, y+\mathrm{d}y, t+\mathrm{d}t) = f(x,y,t) \tag{7.1}$$

将上式的左边用 Taylor 级数展开得

$$f(x,y,t) + \frac{\partial f}{\partial x}\mathrm{d}x + \frac{\partial f}{\partial y}\mathrm{d}y + \frac{\partial f}{\partial t}\mathrm{d}t + O(t^2) \tag{7.2}$$

将上式两边的 $f(x,y,t)$ 相互抵消，两边除以 $\mathrm{d}t$，并去除无穷小得到

$$\frac{\partial f}{\partial x}\frac{\mathrm{d}x}{\mathrm{d}t} + \frac{\partial f}{\partial y}\frac{\mathrm{d}y}{\mathrm{d}t} + \frac{\partial f}{\partial t} = 0 \tag{7.3}$$

简记为

$$f_x u + f_y v + f_t = 0 \tag{7.4}$$

取某特征像素的 5×5 邻域，利用光流技术计算此像素的运动，则可以建立如式 (7.5) 所示的 25 个方程。

$$\begin{bmatrix} f_x(p_1) & f_y(p_1) \\ f_x(p_2) & f_y(p_2) \\ f_x(p_3) & f_y(p_3) \\ \vdots & \\ f_x(p_{25}) & f_y(p_{25}) \end{bmatrix} \begin{bmatrix} u \\ v \end{bmatrix} = \begin{bmatrix} f_t(p_1) \\ f_t(p_2) \\ f_t(p_3) \\ \vdots \\ f_t(p_{25}) \end{bmatrix} \tag{7.5}$$

得到一个约束条件过多的系统方程，即速度场矩阵表示：

$$A=\begin{bmatrix} f_x(p_1) & f_y(p_1) \\ f_x(p_2) & f_y(p_2) \\ f_x(p_3) & f_y(p_3) \\ & \vdots \\ f_x(p_{25}) & f_y(p_{25}) \end{bmatrix}$$

令

$$b=\begin{bmatrix} f_t(p_1) \\ f_t(p_2) \\ f_t(p_3) \\ \vdots \\ f_t(p_{25}) \end{bmatrix}, \quad d=\begin{bmatrix} u \\ v \end{bmatrix}$$

通过下面方程来求解最小化的 $\|Ad-b\|^2$：$(A^{\mathrm{T}}A)d=A^{\mathrm{T}}b$。由这个关系式可以得到 u,v 运动分量，详细表述如下：

$$(A^{\mathrm{T}}A)=\begin{bmatrix} \sum f_xf_x & \sum f_xf_y \\ \sum f_xf_y & \sum f_yf_y \end{bmatrix}, A^{\mathrm{T}}b=-\begin{bmatrix} \sum f_xf_t \\ \sum f_yf_t \end{bmatrix}$$

$$\begin{bmatrix} \sum f_xf_x & \sum f_xf_y \\ \sum f_xf_y & \sum f_yf_y \end{bmatrix}\begin{bmatrix} u \\ v \end{bmatrix}=-\begin{bmatrix} \sum f_xf_t \\ \sum f_yf_t \end{bmatrix} \tag{7.6}$$

当 $(A^{\mathrm{T}}A)$ 可逆时，方程的解如下：

$$\begin{bmatrix} u \\ v \end{bmatrix}=(A^{\mathrm{T}}A)^{-1}A^{\mathrm{T}}b \tag{7.7}$$

7.3 基于 Harris 角点的光流运动估计的电子稳像

7.3.1 Harris 检测算子

Harris 算子是 Harris 和 Stephens 在 1988 年提出的一种基于信号的点特征提取算子。Harris 算子的基本思想与 Moravec 算子相似，即研究图像中的一个局部窗口在不同方向进行少量的偏移后窗口内图像灰度值的平均变化。主要考虑平坦区域、边缘和角点三种情况：

(1) 如果窗口内图像块的灰度值是恒定的，那么窗口沿任意方向偏移都导致很小的灰度变化。

(2) 如果窗口跨越一条边，那么沿着边的方向偏移导致很小的灰度变化，而沿与边垂直的方向偏移则导致很大的灰度变化。

(3) 如果窗口包含角点或者是一个孤立的点，那么窗口沿任意方向偏移都导致很大的灰度变化。

因此 Harris 算子将由任意方向偏移引起的最小灰度变化值大于某一特定值的点定义为角点。

设像素点位置为 (x, y)，则像素点 (x, y) 经窗口平移 $[u, v]$ 后的灰度变化为

$$E(u,v)=\sum_{x,y}w(x,y)[I(x+u,y+v)-I(x,y)]^2 \tag{7.8}$$

式中，$w(x, y)$ 为窗口函数。

因为 $I(x+u, y+v)$ 在 (x, y) 的一阶泰勒展开为

$$I(x+u,y+v)\approx I(x,y)+[I_x(x,y),I_y(x,y)]\begin{bmatrix}u\\v\end{bmatrix} \tag{7.9}$$

所以在窗口有较小平移时，灰度变化可以线性近似为

$$E(u,v)\cong\sum_{x,y}w(x,y)+\left\{[I_x(x,y),I_y(x,y)]\begin{bmatrix}u\\v\end{bmatrix}\right\}^2=[u,v]\,M\begin{bmatrix}u\\v\end{bmatrix} \tag{7.10}$$

式中，自相关矩阵 $M=\sum_{x,y}w(x,y)\begin{bmatrix}I_x^2 & I_xI_y\\ I_xI_y & I_y^2\end{bmatrix}$。

因为自相关矩阵 M 是实对称矩阵，将其对角化可得 $M=R^{-1}\begin{bmatrix}\lambda_1 & 0\\ 0 & \lambda_2\end{bmatrix}R$，其中 R 可以看成旋转因子，不影响两个正交方向的变化分量 λ_1 和 λ_2。像素点的位置与变化分量 λ_1 和 λ_2 的关系如图 7.1 所示。

为了简化算法，不通过计算出变化分量 λ_1 和 λ_2 的值检测角点，而是定义一个角点响应函数：

$$C=\mathrm{Det}M-k*(\mathrm{tr}M)^2 \tag{7.11}$$

式中，$\mathrm{Det}M=\lambda_1*\lambda_2$，$\mathrm{tr}M=\lambda_1+\lambda_2$，根据经验 k=0.04~0.06。C 的大小取决于矩阵 M，当 C 很大时，对应的像素点是角点；当 C 是负值且绝对值较大时，对应的像素点位于图像的边缘；当 C 的绝对值很小时，对应的像素点位于平坦区域。

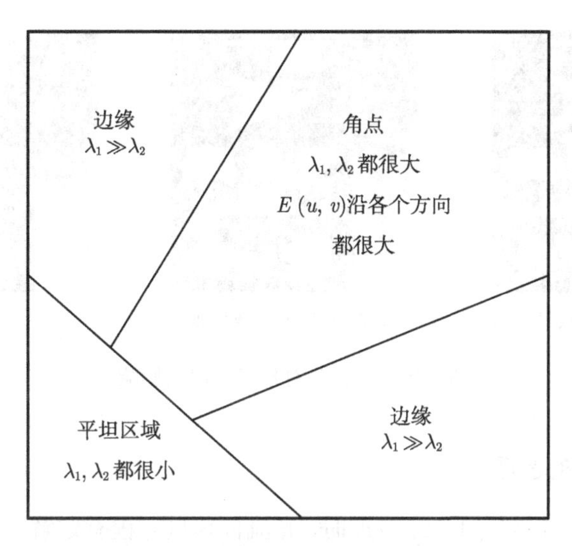

图 7.1 M 的特征值与像素位置关系图

在提取特征点后进行非极大抑制，窗口大小 3×3。去掉相隔很近的角点，使角点之间的距离间隔较大，减少在特征匹配时由于距离过近引起的误匹配。

Harris 算子是一种有效的点特征提取算子，其优点总结起来有以下几个方面。

(1) 计算简单：Harris 算子中只用到灰度的一阶差分以及滤波，操作简单。

(2) 提取的点特征均匀而且合理：Harris 算子对图像中的每个点都计算其兴趣值，然后在邻域中选择最优点。实验表明，在纹理信息丰富的区域，Harris 算子可以提取出大量有用的特征点；而在纹理信息少的区域，提取的特征点则较少。

(3) 可以定量地提取特征点：Harris 算子最后一步是对所有的局部极值点进行排序，所以可以根据需要提取一定数量的最优点。

(4) 稳定：Harris 算子即使存在有图像的灰度的变化、噪声影响和视点的变换，它也是最稳定的一种点特征提取算子，因为它的计算公式中只涉及一阶导数。

在使用 Harris 角点检测算子时，需要设置参数 k，而参数 k 的大小将影响角点响应值 C，进而影响角点提取的数量。图 7.2 给出了 Harris 图像角点检测的结果图，反映出不同参数 k 对角点提取的影响程度。增大参数 k 值，将减小角点响应值 C，降低角点检测的灵敏性，减少被检测角点的数目；减小 k 值，将增大角点响应值 C，增加焦点检测的灵敏性，增加被检测角点的数目。

虽然 Harris 角点检测是一种经典的角点检测算法，但仍然存在以下不足：由于自相关矩阵 M 的元素只是通过水平和竖直两个方向的梯度得来的，因此该算子并不具有旋转不变性。

(a) $k=0.04$ (角点数目 109)

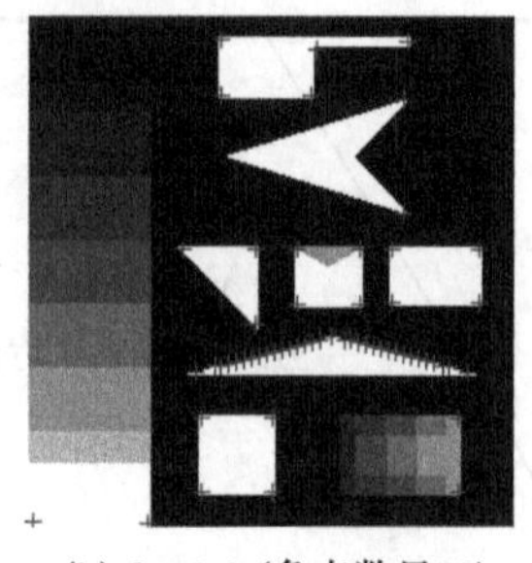

(b) $k=0.1$ (角点数目59)

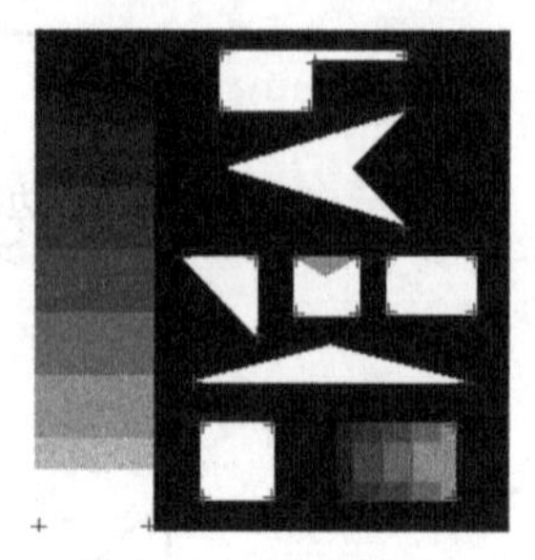

(c) $k=0.2$ (角点数目28)

图 7.2　参数 k 对角点提取的影响

7.3.2　特征区域的选择

由式 (7.6) 可知，当 $(A^{\mathrm{T}}A)$ 可逆时，光流位移量方程有定解，表达式如式 (7.7) 所示，式中，

$$(A^{\mathrm{T}}A)=\left[\begin{array}{cc}\sum f_xf_x & \sum f_xf_y\\ \sum f_xf_y & \sum f_yf_y\end{array}\right]$$

令

$$M=\left[\begin{array}{cc}\sum f_xf_x & \sum f_xf_y\\ \sum f_xf_y & \sum f_yf_y\end{array}\right]$$

当 M 的秩为 2 时，也即 M 有两个较大特征向量时，M 可逆。由 $M=\left[\begin{array}{cc}\sum f_xf_x & \sum f_xf_y\\ \sum f_xf_y & \sum f_yf_y\end{array}\right]$ 我们联想到该表达式与 Harris 角点检测算子的表达式相同，由此可以推理出在具有角点特征的邻域范围内进行光流计算，这样可以保证式 (7.5) 一定有解，因此角点邻域可以用于高精度地计算光流位移运动，因此下面统称具有角点邻区域为特征区域，使用特征区域计算光流的优势主要体现在以下三个方面：

(1) 图像的特征点区域所包含的像素比整幅图像包含的像素点要少很多，从而大大减少了计算量；

(2) 特征区域的光流计算精度比较高；

(3) 特征区域的提取过程可以减少光流计算受噪声的影响，对灰度变化、图像形变以及遮挡等都有较好的适应能力。

图 7.3 是某无人机航拍测试视频中两幅画面的特征区域提取效果示意图。

图 7.3 特征区域效果图

7.3.3 多分辨率策略的实现

多分辨率策略的思想是将图像分解成不同的分辨率级别，随着级别的增加，分辨率依次递减，整个结构呈金字塔型。因此也称为金字塔多分辨率策略，图 7.4 给出了图像的三层多尺度分解框架。

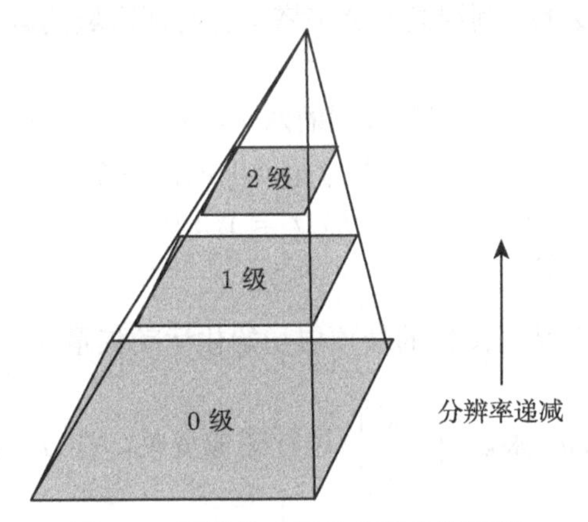

图 7.4 图像的三层多尺度分解框架

光流计算的前提条件我们已经知道，即图像的连续性，因此光流运动矢量估计不适合图像帧间大幅度的运动，因为大幅度的运动违背了光流计算的运动连贯性假设，而恰恰与此相适应，图像金字塔多分辨率策略可以解决这个问题，其基本思想是在图像金字塔的最高层计算光流，用得到的运动估计结果作为下一层金字塔的起始点，重复这个过程直到到达金字塔的最底层，这样就将不满足运动的假设的可能性降到最小。同时，利用图像金字塔多分辨率策略还可以大幅度缩减运算量，非常适合类似于光流这样的计算复杂度较大的算法优化。所以，采用图像金字塔多分辨率策略的效果有以下两个。

首先，可以解决大位移运动下图像连续性假设不满足的问题。因为在金字塔的

顶层 M 使用光流方法，可以认为原始分辨率中的场景大位移已经被缩小了 $(M-1)$ 倍，在金字塔的顶层 M 上可以认为是空间连续的；将在 M 层上得到的运动估计向金字塔的第 $M-1$ 层传播，因为已经有从 M 层传递过来的运动估计，所以在 $M-1$ 层上也可认为是空间连续，可以使用光流；如此反复类推，直至计算到金字塔的最底层。

其次，是可以加快光流计算的速度。因为在进行光流计算时，在金字塔的最顶层的运动初始值为 0，而在其他层上，都有从上一层传递下来的光流运动初始值，因为有该初始值的约束，除顶层以外的其他各层的光流计算都会很快收敛，加快光流运动估计的速度。

本书研究所采用的金字塔类型是高斯金字塔，即在进行逐层金字塔分解之前，需要对原始图像进行高斯滤波。高斯金字塔多尺度分解方法如下：首先对图像进行高斯滤波，然后对滤波后的图像进行隔点二次抽样，得到新的分辨率层，获得高一层的图像，在对此层图像进行高斯滤波后进行隔点二次抽样，依次类推，建立不同分辨率级的多尺度金字塔。

高斯金字塔建立之后，利用高斯金字塔进行特征区域的运动矢量计算，具体过程如下：

(1) 对于 $t=1$ 和 $t=2$ 相邻时刻的两个特征区域 $f_1(x,y)$ 和 $f_2(x,y)$，选取 $f_1(x,y)$ 为参考图像，构建 $f_1(x,y)$ 和 $f_2(x,y)$ 的图像金字塔，按精度递减被分成不同分辨率的层次 $L_0^i, L_1^i, \cdots, L_l^i, \cdots L_L^i (i=1,2, 0 \leqslant l \leqslant L)$，最小金字塔层次由 $\mathrm{int}(\log_2 \min(N,M))$ 确定；

(2) 令 $l=L$，在金字塔图像的最顶层初始化运动矢量为 $\begin{bmatrix} u_0 \\ v_0 \end{bmatrix} = 0$；

(3) 将图像 $f_2(x,y)$ 乘以 $\begin{bmatrix} u_0 \\ v_0 \end{bmatrix}$ 进行图像变换，在 L_l^1, L_l^2 上计算运动矢量 $\begin{bmatrix} u \\ v \end{bmatrix}$；

(4) 作判断，如果 $l=0$，则结束，否则继续；

(5) 利用分辨率倍数 $\beta=2$，将运动矢量 $\begin{bmatrix} u \\ v \end{bmatrix}$ 映射到高一级的分辨率层，将映射后的值作为迭代计算的运动矢量初值 $\begin{bmatrix} u_0 \\ v_0 \end{bmatrix}$；

(6) $l=l-1$，返回 (3)；

(7) 在金字塔最底层得到的运动矢量就是本特征区域所对应的光流运动矢量。

得到参考帧图像与配准帧图像光流运动矢量后，根据仿射变换模型变换配准帧图像，得到稳像后的变换帧图像，从而实现电子稳像。

7.4 基于光流运动矢量估计的稳像质量评价

采用无人机航拍摄取的动态图像序列做实验，图 7.5 为稳像仿真前、后的图像对比，实验结果表明算法能够有效匹配配准帧和参考帧，补偿小幅平移和旋转抖动，实现视频画面稳定。

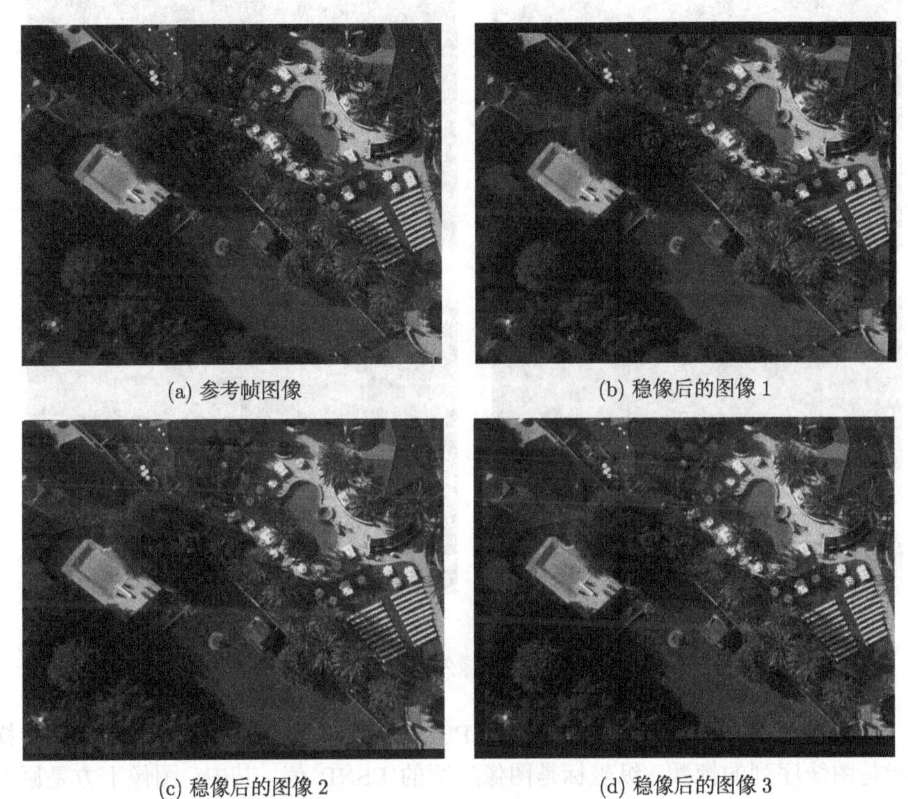

(a) 参考帧图像 (b) 稳像后的图像 1

(c) 稳像后的图像 2 (d) 稳像后的图像 3

图 7.5 稳像算法的结果

图 7.6 给出了稳像效果分析图，其中，图 (a) 为参考帧图像；图 (b) 为参考帧与配准帧直接差分后结果图，差分图越复杂，表明两幅图像差异越大；图 (c) 为采用灰度投影法稳像后的变换图与参考帧差分；图 (d) 为本书算法采用 Harris 角点作为特征区域选择稳像后的变换图与参考帧差分。可以看出图 (d) 差分图信息最少，表明稳像精度最高。

通过 PSNR 计算可以定量分析电子稳像效果，PSNR 表示图像峰值信噪比。

$$\mathrm{PSNR} = 10\lg[10 \times (255^2/\mathrm{MSE})] \tag{7.12}$$

式中，MSE 表示处理后数据和原始数据对应点误差的平方和的均值：

$$\mathrm{MSE}=\frac{1}{n}\sum_{i=1}^{n}\omega_i\left(y_i-\hat{y}_i\right)^2 \tag{7.13}$$

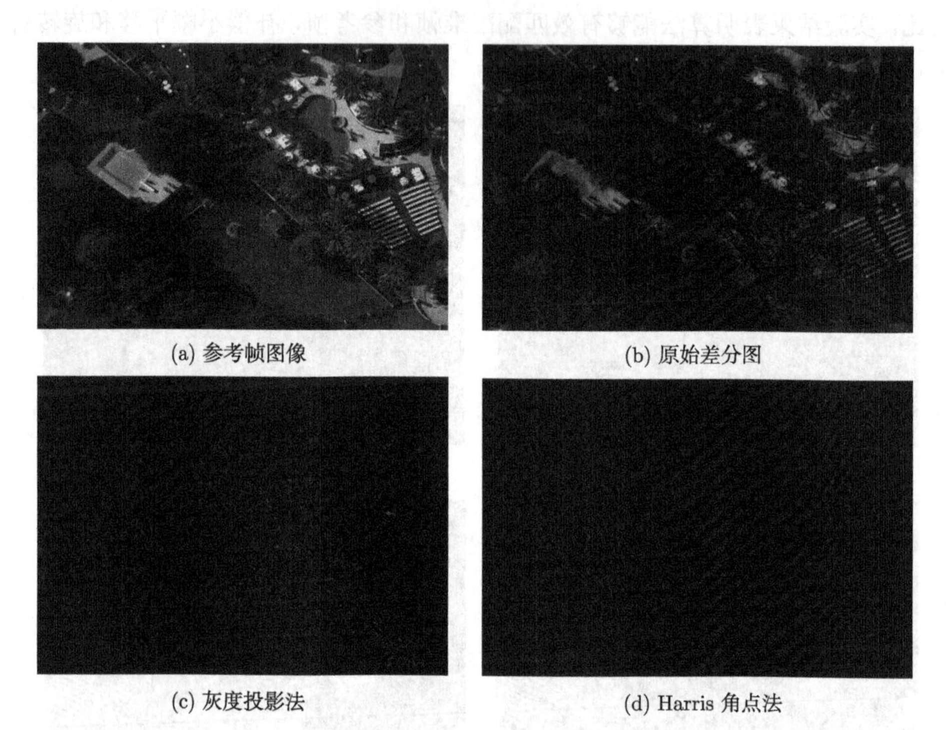

(a) 参考帧图像　(b) 原始差分图

(c) 灰度投影法　(d) Harris 角点法

图 7.6　稳像效果分析图

从图 7.7 中的图像序列处理前后的 PSNR 我们也可以看出稳像效果，图中横坐标是图像序列的帧数，纵坐标是图像序列的 PSNR 值，其中，图像下方是原始图像的 PSNR 值曲线；中间曲线是采用灰度投影法为稳像方法计算得到的信噪比；上方曲线是采用 Harris 角点作为特征区域选择稳像处理后得到的 PSNR 值曲线。从图中可看出，Harris 方法稳定后的图像序列 PSNR 大于灰度投影法稳定以及稳定前图像序列。PSNR 值越大，说明稳定后图像帧间灰度偏差量越小，图像稳定效果越好。

从上述实验结果可以看出，采用 Harris 角点作为特征区域选择的光流运动矢量估计算法能够有效稳定无人机载航拍视频图像，相比传统稠密光流方法具有更好的算法实时性，相比灰度投影法具有更好的稳像精度，可在 DSP、FPGA 等硬件平台进行实时处理，具有较高的工程应用价值。

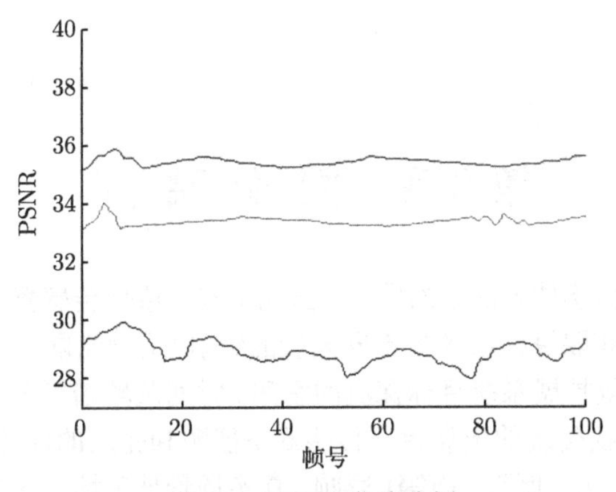

图 7.7 PSNR 曲线分析

本章对基于光流运动矢量估计的电子稳像技术进行了深入的研究，以 Harris 角点为特征点选择特征区域，在特征区域基础上利用光流技术计算光流运动矢量，设计了一套完整的基于光流运动估计的电子稳像算法，对每一个功能模块进行了详细的分析设计和优化改进，实现了算法仿真和性能分析。

第 8 章　图 像 融 合

近年来，随着传感技术的不断发展，出现了多种成像传感器，这些传感器由于成像机理的不同，获取目标或场景不同波段的辐射/反射能量，输出的信息具有很强的互补性，可有效扩展系统目标探测的空间、时间及频谱覆盖范围。多成像传感器的信息融合能解决传统的依靠单一传感器不能顺利完成的任务。例如，受照明、环境条件 (如噪声、云、烟雾、雨等) 影响，真实场景被破坏，不能精准地对其实施评估；目标状态的复杂多变 (例如运动、密集目标、伪装目标等) 引起的目标丢失、误判；目标位置 (如远近、障碍物等) 影响场景或目标的整体特征读取，以及传感器存在固有的缺陷等。实践证明，正确选择获取场景信号源的成像传感器得到的融合图像更适合人或机器的视觉特征，有助于对图像的进一步分析，以及目标的检测、识别或跟踪。

从多成像传感器获取不同特征场景图像到实现最终的图像融合主要包含图像的预处理 (几何校正、图像去噪及边缘增强等)、图像配准和像素级融合三部分，其实现过程如图 8.1 所示。首先对来自不同途径的传感器图像由于各种因素引起的图

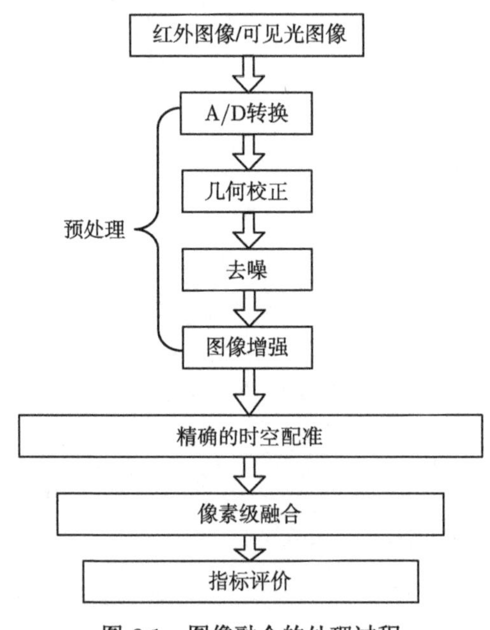

图 8.1　图像融合的处理过程

像扭曲、融合以及尺寸大小不一致进行校正，并根据图像的特征采取相应的去噪方法，同时由于图像经过去噪处理后边缘轮廓变平滑，引起部分细节信息的丢失，因此需要对图像进行边缘增强处理，然后需要对待融合的图像进行精确的时空配准，配准的精度将直接影响最终融合图像的质量，故而非常关键，最后根据图像的特征和处理时间的限制选取适当的融合框架和规则进行图像的像素级融合，并对融合图像进行指标评价。

8.1 图像融合前端处理

8.1.1 多源成像传感器及融合算法的选择

1. 红外 CCD 图像传感器

红外 CCD 图像传感器是在面阵 CCD 图像传感器和红外探测器阵列技术的基础上发展起来的新一代固体红外摄像阵列，主要用于军事，如夜视、跟踪、制导、红外侦察和预警等。红外 CCD 图像传感器与可见光图像传感器一样，按成像原理可分为线阵 CCD 图像传感器和面阵 CCD 图像传感器两大类。

红外 CCD 与可见光 CCD 在成像原理上是一样的，但红外 CCD 接收的是红外辐射，它的输出信号与可见光 CCD 相比有一定的差异。一般来说，红外 CCD 输出的是高背景、低反差的信号，其动态范围较窄，信噪比较低。在信号放大时，若不将背景噪声去掉，放大器将把信号和背景噪声同时放大，因而会造成放大器饱和。若直接用隔离耦合电容去除直流高背景噪声，则在信号相对于背景噪声非常微弱时，由于电容具有积分特性，使用隔离耦合电容会对信号产生影响。因此在红外 CCD 信号处理电路中需要设计去除高背景直流分量的专用电路。当红外 CCD 成像跟踪系统距离目标很远时，CCD 接收的红外辐射非常弱，产生的信号强度也很弱；当成像跟踪系统距离目标很近时，CCD 接收的红外辐射非常强，其信号强度往往要增大几十倍、几百倍，甚至几千倍。对于这一动态范围的信号输入，其放大电路的放大倍数应当自动可调。

2. 微光图像传感器

微光图像传感器是 20 世纪 60 年代发展起来的微光夜视技术。微光夜视技术使人眼的夜间视觉能力得到了进一步的提高，从而使人们能够在伸手不见五指的黑夜通过夜视仪器看到远处的景物目标。目前，世界各国已研制出多种微光夜视图像传感器，并大量应用于国防、公安、医疗影像和天文观测等部门。其中，微光 CCD 图像传感器是目前应用最广泛、最有前途的微光夜视图像传感器。

微光夜视仪是利用月光、星光等发光体，通过像增强器的光增强作用，帮助人眼实现夜间观察的一种夜视器材，主要由光学系统、像增强器 (也称微光管) 和高压供电装置组成。由像增强器构成的能够直接通过荧光屏观察微光景物图像的仪器称为直视夜视仪。直视夜视仪的荧光屏只能供一两个人观看，且无法进行远距离传送，更无法保留图像。为了适应现代战争的需要，夜视仪器应能够实时地将图像传输到后方指挥系统，并能存储、保留图像。20 世纪 60 年代初，研究人员将像增强器与真空电子摄像管有机地组合在一起，研制出第一代微光图像传感器，又称微光电视摄像管。

微光摄像器件是在微弱照度条件下将光学图像转变为电视信号的摄像器件，是微光电视的核心器件。对于战场监视和火控系统等军事应用来说，要求器件正常工作于星光照度条件下，还应具有适当的防强光和时间响应特性，并满足一些特定要求的结构等。

3. 毫米波传感器

通常把波长介于 1~10mm 的一段电磁频谱称为毫米波，其对应的频率范围为 30~300GHz，而在实际应用中，常把毫米波低端频率降至 26GHz，甚至 18GHz。

毫米波的发展是由其自身的固有特点所决定的。毫米波波长短、频带宽以及它和大气的相互作用是促成毫米波发展的三个基本因素。从频谱分布来看，毫米波低端与微波相连，而高端则和红外光波相接。和微波相比，毫米波波长短，因而其设备体积小，重量轻，机动性好。事实证明，作为其重要应用之一的毫米波传感器，其固有分辨率并不比传统微波和电光传感器相差太多，有些方面甚至具有比它们更突出的优点。由于成像分辨率受波长和距离的制约，在相同的成像距离上，毫米波频段具有明显的优势，因此，毫米波传感器采用简单的成像算法即可获得较高的分辨率。

毫米波与红外相比，它可以工作在硝烟弥漫、尘土飞扬的战场环境，传播几乎不受影响。在雾、雪等气候条件下，毫米波比光学和红外系统传输衰减小，而且区别金属和周围环境的能力强；与微波比较，毫米波波长小、精度高，多普勒灵敏度响应高，有利于对极低速目标的测量与跟踪。随着毫米波关键技术的突破，其应用技术得到了迅速发展，并在许多应用领域获得了广泛应用。毫米波成像技术在军事应用中可以帮助人们在能见度比较低或者根本看不清东西的恶劣天气条件下作战。例如，在看不见东西的条件下，它可以帮助飞机降落，而无须给大型机场中已经十分密集的无线电波增加附加的发射频率。同时，被动式毫米波成像技术能够为诸如安全建筑物、机场以及公共场所之类敏感区域的人口提供防范藏匿武器和爆炸物的探测。

4. 可见光传感器

可见光指人眼能看见到的波长范围为 380~760mm 的电磁波，可见光传感器在可见光条件下可对场景清晰成像，可见光图像的分辨率较高，可对目标准确地定位。但在较为恶劣的条件下，如烟、雾及周围光强度较低时，不能得到目标的准确信息，抗干扰能力差。因此，在工业领域的应用中通常与其他抗干扰能力强的传感器配套使用。常用成像传感器的主要特点如表 8.1 所示。

表 8.1　常用成像传感器的主要特点

传感器类型	主要特点
TV(电视)	可见光，可获得丰富的对比度、颜色和形状信息
微光夜视仪	夜视，探测距离一般在 800～1000m
IR(红外)	昼夜两用，距离 1～20km；波段 3～5μm、8～12μm
激光成像雷达	兼有测距、测速和成像三个功能，成像距离 3～5km
毫米波雷达	天候特性优于 TV 及 IR，抗干扰性能好、分辨率较高
SAR(合成孔径雷达)	天线尺寸小、成像分辨能力高
遥感	多个光谱段同时精确测量目标

5. 图像融合方法的选择

图像融合方法的选择必须根据应用领域以及对融合结果的具体要求，参照融合图像的类型和特征进行。如 SAR(合成孔径雷达) 图像反映结构信息较好，而且有全天候、穿透性强等特点。SAR 的侧视工作方式使图像具有轮廓清晰的优点，有较好的对比度和较多的细节。红外图像根据所采用的红外线的波长分为近红外图像、短红外图像和热红外图像等，红外波长较宽，在此波段内景物间不同的反射和发射特性都可使其有较好的形状和边缘显示。可见光图像主要源于太阳辐射，在此波段大部分目标都具有良好的亮度反差特性，有丰富的细节和色彩显示。

在算法选择中，应用领域也是非常重要的考虑因素。针对不同的工作场景应选择不同种类的成像传感器进行图像融合，如侧重于远距离监视、探测、目标搜索的应用常用 SAR 与红外两种探测器组合，可全天候工作。SAR 穿透性强，但图像中目标的微波反射特性受频率、反射角和极化方式的影响，导致相同物体可能出现不同的表现形式。而红外识别伪装和抗干扰能力强，但红外图像中目标与背景的对比度低，边缘模糊，噪声大。这两种融合能提高目标的探测精度，可采用多分辨形态学金字塔算法。因该算法重点研究的是图像的几何结构，融合后的图像能提高目标与背景的对比度，边缘特征增强。在侧重目标探测和识别的应用中，常用红外图像与可见光图像进行融合。这两种图像融合可充分利用两种图像的特点使目标与背景分离，提高图像的清晰度，提高对目标的探测和识别概率。由于小波变换具有多尺度分解的特性，对图像进行小波变换可以把图像分解到不同频率下的不同特征域上，得到的图像信号的小波多分辨率表示有助于利用图像的各个分辨率下的特征进行融合，提高融合图像的信息含量。侧重于夜间观察和制导跟踪应用的传感器组合则是微光与红外或双波段红外图像的融合。多源传感器的融合效果比较如表 8.2 所示。

表 8.2　多源传感器的融合效果比较

传感器 1	传感器 2	效果
可见光	红外	适用于白天和夜晚
毫米波雷达	红外	穿透力强、分辨率高
红外	微光夜视	适用于照度极低的条件下
毫米波雷达	可见光	穿透力强，目标定位准确
合成孔径雷达	红外	远距离监视、探测、目标搜索能力强
合成孔径雷达	合成孔径雷达	穿透率强、分辨率较高，全天候
红外	红外	背景信息增加，探测距离提高

根据国内的研究，从灰度图像融合的结果可视性看，基于多分辨率处理的金字塔技术 (包括小波金字塔) 具有最好的处理效果；从运算量看，基于简单灰度调制和假彩色的融合方法最佳。在综合考虑项目的普遍性、实现的难易度和未来可扩展升级的因素基础上，选择拉普拉斯金字塔作为可见光与长波红外图像融合的核心算法。双波段红外图像的融合是国际国内研究的热点，而且英国以 II 类通用组件为基础已研制出具有图像融合处理功能的双波段热像仪。塔式算法首先被选为双波段红外图像融合算法。通过对结果的分析，对比度塔式算法优于拉普拉斯塔式算法，这是因为后者是基于亮度的选取规则的融合，前者是基于对比度的选取规则的融合，这种规则较适合于人的视觉系统。

8.1.2　图像的预处理

对图像的预处理常包括图像归一化 (灰度均衡化、重采样、灰度插值)、图像滤波、增强图像的色彩和边缘等。图像融合常在不同尺寸、不同分辨率和不同灰度 (色彩) 动态范围的图像间进行。图像归一化是要对这些参数进行归一化，这里除进行几何校正外，还可能对各图像进行重采样以获得相同分辨率的图像。图像滤波是要对高分辨率图像进行高通滤波，获得高分辨图像的高频纹理信息，以将其与低分辨率图像进行融合时保持高分辨率图像的高频纹理信息。图像色彩增强是对低分辨率图像进行色彩增强，增加其色彩反差，在不改变低分辨率图像原有光谱信息的基础上使得图像色彩比较明亮，从而把低分辨率图像的光谱信息充分反映到融合图像上。图像边缘增强是对高分辨率图像进行的，既要尽可能降低噪声，又要使得图像边缘清晰、层次分明，以把高分辨率图像的空间纹理信息有效地融合到低分辨率图像中去。

1. 图像的去噪

我们知道在数学形态学中的开、闭运算处理的信息分别与图像凸、凹处相关，因此，它们本身都是单边算子，可以利用开、闭运算去除图像的噪声以恢复图像，也可以交替使用开、闭运算以达到双边滤波的目的。一般地，可以将开、闭运算结合起来构成形态学噪声滤波器，用来去除红外图像的噪声和虚假边缘。

通过对含有不同程度噪声的待融合图像进行图像建模，分析不同传感器成像图像中拍摄的场景信息与干扰噪声的相互关系，从而决定相应的消除噪声的方法来对采集的图像进行处理。

建立一个通用的图像模型为

$$z_k = A_k s + \alpha_k + n_k \tag{8.1}$$

式中，s 表示存在噪声和扭曲现象的场景图像，A_k 表示成像传感器获取真实场景的程度，α_k 表示传感器的细节补偿，n_k 表示整个成像过程带来的随机噪声和扭曲。该模型说明了不同的传感器对于获取不同物体的观察效果的能力各不相同，而且扭曲和噪声被引入传感器图像中。同时我们可以对上面模型中的参数作以下合理的假设。

(1) $(A_1 s, A_2 s)^{\mathrm{T}}$ 是一个高斯随机矩阵，其中：

$$E\{A_k s\} = \beta_k \mu_s, \quad k = 1, 2, \cdots$$
$$\mathrm{Var}(A_k s) = \beta_k^2 \sigma_s^2, \quad k = 1, 2, \cdots$$
$$E\{(A_1 s - \beta_1 \mu_s)(A_2 s - \beta_2 \mu_s)\} = \beta_1 \beta_2 \sigma_s^2;$$

(2) n_k 是 $(0, \sigma_{n_k}^2)$ 分布的高斯噪声；

(3) 当 $k_1 \neq k_2$ 时，n_{k_1} 与 n_{k_2} 是相互独立的；

(4) $A_k s$ 与 n_k 是相互独立的；

(5) α_k，β_k，σ_s^2 和 $\sigma_{n_k}^2$ 决定了传感器模型的传感器的补偿、信号水平和噪声水平的性质。

因此，z_k 是一组 Gaussian 随机变量，$\mu_{z_k} = \beta_k \mu_s + \alpha_k$，$\sigma_{z_k}^2 = \beta_k^2 \sigma_s^2 + \sigma_{n_k}^2$。使用这个简单但合理的模型，我们可以分析评价质量措施。由于我们对图像的讨论通常精确到对图像中具体单个像素的分析，因而可将上述的图像模型进一步分解成基于单个像素 (i,j) 邻域单位级量纲的模糊模型：

$$z_k = \beta_k \sum_{m=-M}^{M} h_{km} s_m + b_k + n_k = \vec{a}_k^{\mathrm{T}} + b_k + n_k \tag{8.2}$$

式中，s_m 表示场景点对应的图像像素点 $m(i,j)$，对于所有的 s_m，组成 $\vec{s} = [s_{-M}, s_{-M+1}, \cdots, s_0, s_1, \cdots, s_M]^{\mathrm{T}}$，表示以 (i,j) 为中心的场景点对应的水平方向的所有像素点，同理 $\vec{h} = [h_{-M}, h_{-M+1}, \cdots, h_0, h_1, \cdots, h_M]^{\mathrm{T}}$，是描述模糊的点扩散函数 (point spread function, PSF)，$\vec{a}_k = \beta_k \vec{h}_k, b_k = \alpha_k$，或者 α_k 的轻微变化都可以归根

于物理上的平滑机理。对于低分辨率的传感器，使用 PSF 表示模糊是非常合理的，例如毫米波传感器、红外传感器、像增强传感器和视频录像。

2. 图像的几何校正

图像几何校正分为直接法几何校正和间接法几何校正，如图 8.2 所示。直接法几何校正从畸变图像数组出发，按行列的顺序依次对每个像素点求取在校正图像坐标系中的正确位置：

$$\begin{cases} x' = F_x(x, y) \\ y' = F_y(x, y) \end{cases} \tag{8.3}$$

式中，F_x, F_y 为直接校正变换函数。同时把该像素点的灰度值移置到式 (8.3) 计算得到的校正影像中的相应点上去。由于畸变，经过校正后各校正像元的位置 (x', y') 就不再是按规则网格排列，必须经过重采样，将不同规则排列的离散灰度数组变成规则排列的像元灰度数组。

间接法几何校正从空白的校正图像数组出发，也是按照行列的顺序依次对每个校正像素点位置反求其在畸变图像坐标系中的位置：

$$\begin{cases} x = G_x(x', y') \\ y = G_y(x', y') \end{cases} \tag{8.4}$$

式中，G_x, G_y 为间接变换函数。同时把由式 (8.4) 计算得到的畸变图像位置上的灰度值去除填空到空白校正图像点阵中相应的像素位置上去。由于计算得到的位置 (x, y) 不一定刚好位于畸变图像的某个像素点上，必须经过灰度内插确定 (x, y) 位置的灰度值。

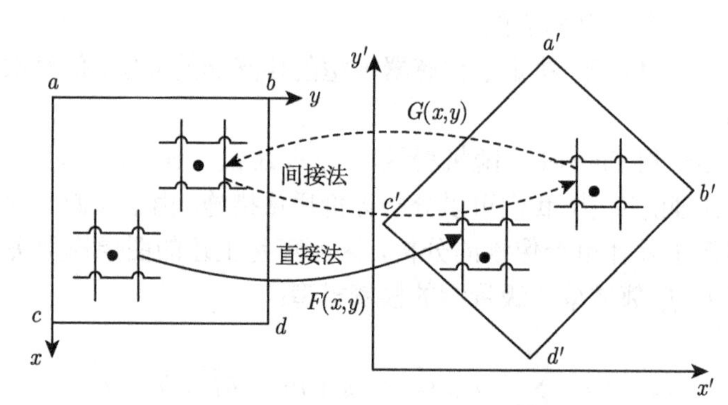

图 8.2　直接法校正和间接法校正

3. 图像的边缘增强

一维边缘可表示为高频分量和低频分量之和。而高频部分对应于图像的边界，如果能将高频部分提取出来，进行有效增强后再叠加到原来的边缘上，就可以实现边缘增强。Greenspan 等 [56] 在 2000 年提出了一种频率域的非线性外推图像增强算法。该算法首先将待增强的边缘 I_0 作为图像的低频分量，然后利用从 I_0 中分离出的高频边缘分量 H_0 外推得到更高频边缘分量 H, 再将 H 叠加到原来的边缘 I_0 上，从而得到比原边缘更接近理想边缘的增强边缘。其中，高频分量 H 的外推过程可以由式 (8.5) 和 (8.6) 表示：

$$H = \mathrm{BP}[s \times \mathrm{Bound}(H_0)] \tag{8.5}$$

$$T = (1 - c) \times H_{0\,\max} \tag{8.6}$$

式中，T 表示剪切门限，c 是剪切参数，范围在 0~1 之间，$H_{0\,\max}$ 表示灰度值 x 的最大值，s 表示一个放大系数，BP 表示高通滤波器，经高通滤波器处理后，可以只保留剪切后的边缘高频分量的高频部分。

对于二维图像，同样对其进行高通滤波得到图像的高频分量，然后在高频分量的二维矩阵上进行剪切，再将剪切结果进行高通滤波得到增强的高频分量。对增强的高频分量和原始图像进行叠加后，就得到了增强的图像。下面将非线性外推增强算法直接用于此类图像。用 I_0 表示一幅红外成像图像，其增强过程如下：

(1) 将 I_0 通过高斯低通滤波器进行低通滤波后，得到图像低频分量 L_0，再通过 $I_0 - L_0$ 得到待增强图像的高频分量 H_0；

(2) 分别取 $c = 0.4, s = 3$，对 H_0 进行剪切，得到剪切的高频分量 H_1；

(3) 对 H_1 进行高通滤波，得到增强的高频部分 H；

(4) 将 H 与原始图像 I_0 叠加，得到处理的图像 I。

本节首先简单介绍了目前常用的成像传感器的特点和应用情况，并讨论了针对不同的场景和融合的目的，以及对成像传感器和融合算法的选择问题；接着提出了对采集到的多源图像根据需要进行适当的图像预处理；最后针对红外的高噪声图像提出了有效的去噪和增强边缘的处理方法。

8.2 红外与可见光图像的配准

8.2.1 图像配准的基本概念及现状

1. 图像配准的基本概念

图像配准是指同一目标的两幅 (或者两幅以上) 图像在空间位置上的对准。可以定义成两图像之间的空间变换和灰度变换，即先将一图像像素的坐标 $X\,(x, y)$ 映射到一个新坐标系中的某一坐标 $X' = (x', y')$，再对其像素进行重采样。图像配准要求图像之间有一部分在逻辑上是相同的，即待配准图像有一部分反映了同一目标区域，这一点是实现图像配准的基本条件。如果确定了代表同一场景目标的所有像素之间的坐标关系，采用相应的处理算法，即可实现图像配准。

假设两幅图像 $f:\Omega_f\to Q_f\subset R$ 和 $g:\Omega_g\to Q_f\subset R$，其中 Ω_f 和 Ω_g 是图像 f 和 g 的定义域，Q_f 和 Q_g 是它们的值域。不失一般性，假定图像 f 是参考图像，则图像 f 和 g 之间的配准就变成了 g 经过空间变换和灰度变换与 f 匹配的过程。如果 S 和 I 分别表示图像的空间变换和灰度变换，g' 表示图像 g 经过变换后的图像，则

$$g'[q]=I\left[g\left(S\left(p,\alpha_S\right)\right),\alpha_I\right] \tag{8.7}$$

式中，$p\in\Omega_g$，$q\in\Omega_f$ 且 $q=S\left(p,\alpha_S\right)$，$\alpha_S$ 和 α_I 分别表示空间变换和灰度变换的参数集合。记 α 为图像变换中所有参数组成的集合，即

$$\alpha=\alpha_S\cup\alpha_I \tag{8.8}$$

设向量 $\vec{g'}$ 和 $\vec{f}$ 为

$$\vec{g'}=\left(g'\left(q\right):q\in\Omega_f\right)^{\mathrm{T}} \tag{8.9}$$

$$\vec{f}=\left(f\left(q\right):q\in\Omega_f\right)^{\mathrm{T}} \tag{8.10}$$

则它们之间的相似度函数 Θ 可以表示为

$$\Theta\left(\alpha\right)=\Gamma\left(\vec{g'},\vec{f}\right) \tag{8.11}$$

式中，$\Gamma\left(\cdot,\cdot\right)$ 表示两图像之间的相似性度量 (如距离度量)。一般的空间变换和灰度变换是非线性变换。

图像 f 和 g 的配准问题就是对图像 g 作空间变换和灰度变换，得到图像 g'，使得变换后的图像 g' 和图像 f 之间的相似度准则 Θ 达到最大或最小。

一般地，空间变换要求两幅图像具有相同的分辨率。一般以高分辨率图像为参考图像，先对高分辨率图像进行抽样，使其分辨率与待配准图像的分辨率保持一致；再进行空间变换和灰度变换；最后对配准后图像进行插值，使其分辨率与原始图像的分辨率保持一致。

2. 图像配准的现状

当前图像配准方法主要分为基于灰度的图像配准和基于特征的图像配准。常用的基于灰度配准的方法有空间相关法、不变矩法和频域相关法。基于灰度的图像配准方法具有精度高的优点，但也存在如下缺点：

(1) 对图像的灰度变化比较敏感，尤其是非线性的光照变化，将大大降低算法的性能；

(2) 计算的复杂度高；

(3) 对目标的旋转、形变以及遮挡比较敏感。

基于特征的图像配准方法可以克服基于灰度的图像配准方法的缺点，从而在图像配准领域得到广泛的应用。其优点主要体现在三个方面：

(1) 图像的特征点比图像的像素点要少得多，因此大大减少了匹配过程的计算量；

(2) 特征点的匹配度量值对位置的变化比较敏感，可以大大提高匹配的精确程度；

(3) 特征点的提取过程可以减少噪声的影响，对灰度变化、图像形变及遮挡等都有较好的适应能力。

针对本书研究课题主要研究的是电视和热像两种成像传感器图像的配准，属于多源图像配准技术领域，关于不同种传感器图像配准的问题国内外学者提出了许多方法，其中最有效的主要是基于图像边缘轮廓的图像配准方法。

近年来随着系统对配准精度要求进一步提高的状况，出现了一种首先利用边缘图像对待配准图像进行粗匹配，匹配时利用 Hausdorff 距离来计算模板与图像间的相关程度，匹配时并不要求模板与图像有明确的点对之间的关系，同时对传统的 Hausdorff 距离算法进行了改进，从而减少了 Hausdorff 距离对噪声和点集中外野点的敏感，同时也克服了图像中一些特征部分被遮挡的问题。然后再在第一步基础上对所得到的匹配点对进行优选，使仿射参数不断趋近真实值以达到配准精度的要求。

但目前研究中还存在着很多的困难，特别是图像或数据类别差异大 (如光学与 SAR 图像)、波段差异大 (如可见光与长波红外图像) 等情况下的图像高精度与自动配准技术的实现，更是存在较大的困难。图像配准技术面临如下几大难题。

(1) 异构传感器图像与数据的配准技术。尽管国内外目前在遥感影像的配准方面已开展了许多研究工作，有些已形成了软件系统，但这些大多是针对影像波段、分辨力、景物特征等一致或比较接近的情况，采用人工或人机交互的方法在待配准的影像间选择控制点。而对于多源空间场景信息，特别是当它们可能是来自于性质完全不同的传感器，或其波段、分辨力、景物特征等差别很大甚至完全不同时，它们之间的配准问题还远远没有解决，更没有达到快速、具有较高自动化的程度以满足大规模影像数据处理的需求。同时，不同性质的传感器获取的图像灰度和特征信息往往有很大的不同。如长波红外图像中目标边缘通常较模糊，因此利用传统的边缘检测方法得到的是多条细微的边缘线，从而影响准确地确定目标边缘点的位置，这就给长波红外图像与可见光图像的自动配准带来了很大的困难。

(2) 自动配准的实现。自动配准技术是实时或准实时融合系统工作的前提条件。自动配准是指不需要人工干预，计算机可根据既定的程序自动完成多源图像的配准。但在目前的研究中，很多方法还需要一些人工的干预，无法实现全自动的配准。

如当前美国 Sarnoff 公司研制的图像融合处理电路，在多源图像配准时，就采用人工干预选取特征点的方法进行控制点对的匹配，另外在基于互信息的优化搜索、寻找最佳匹配参数的运算中往往需要给出匹配参数的大致搜索范围等。这些都给自动配准的实现带来了困难。

(3) 亚像素级精度的多源图像配准的实现。多源图像配准作为图像融合、运动检测、立体视觉等应用的前提步骤，其精度将直接影响后续操作的效果。如多源遥感图像融合，其配准误差通常都要求亚像素级甚至深亚像素级，否则会使小目标、细线目标等多源识别失效，融合图像边缘模糊。但在实际的研究中，由于受图像噪声影响大、利用图像景物特征配准时获取区域和边缘困难或图像缺乏必需的地面特征点等的限制，高精度的图像配准难度较大。

(4) 快速配准算法的实现。除了需要自动图像配准技术，在建立实时或准实时图像融合系统时，还必须拥有快速的图像配准算法作为保障。但基于灰度的图像配准方法中遍历的搜索和基于特征的图像配准方法中特征的匹配都是比较耗时的运算。当待配准的图像尺寸变大时，图像数据量增大，特征点数量随之增多，特征匹配的计算量更是呈几何级数增长。在这种情况下，要实现高精度的配准，必然占用较长的运算时间。而传统的利用人工选取控制点的方式更是难以满足快速和实时的要求。因此如何提高配准处理速度，达到快速和实时的要求也是图像配准的一大难题。

(5) 较大几何位置差别条件下的配准技术的实现。在待配准图像之间有较大的尺寸比例差别、较大的旋转角及较大的平移时，甚至还伴随着各自图像的畸变，或存在较严重的几何校正残余误差等情况下的配准也存在严重的困难。许多在上述差别较小条件下适用的算法在遇到这种情况时常常会无法实施。

8.2.2 多源图像的配准

关于多源图像配准算法的研究，大多建立在基于图像特征的配准基础上，在待配准的多源图像中寻找相同的特征信息进行对应点的匹配。虽然不同于传统意义上的基于图像特征的配准算法，但算法设计的总体思路相似。

1. 基于图像特征的配准

基于图像特征的配准方法利用图像的内部特征进行匹配。在图像中选取某些特征的像素点提取图像的特征，包括特征点、目标边缘等。利用这些特征计算空间变换参数。根据所提取的图像特征的不同，特征提取算子可分为点特征提取算子 (如 Moravec 算子、Forstner 算子)、线特征提取算子 (如 LoG 算子、Hough 变换算子) 和面特征提取算子 (主要通过区域分割)。其基本步骤和方法是一致的 (见图 8.3)，即包括如下几点。

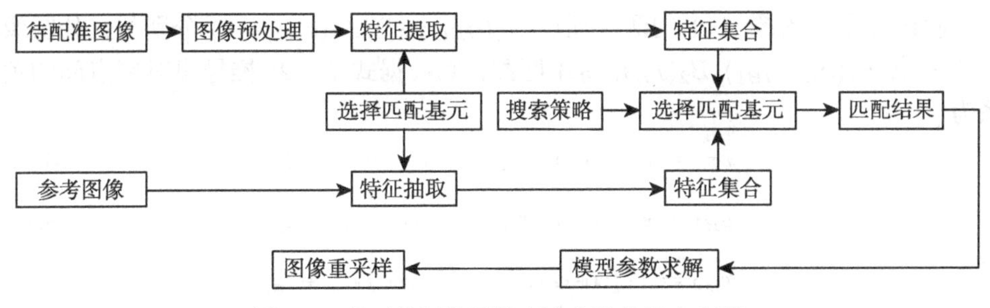

图 8.3 基于特征的图像配准方法的基本步骤

1) 图像的预处理

通过图像的预处理来消除或减少待配准图像之间的灰度偏差和几何变形，使图像匹配过程能够顺利地进行。

2) 特征选择

在参考图像与待配准图像上，选择边界、形状物交叉点、区域轮廓线等明显特征，或者利用特征算子自动提取特征点。

3) 特征匹配

采用一定的配准算法，实现两幅图像上对应的明显特征点的匹配，将匹配后的特征点作为控制点或同名点。“控制点”的选择应注意以下几个方面：一是分布尽量均匀；二是在相应的图像上有明显的识别标志；三是要有一定的数量保证。

4) 空间变换

根据控制点的图像坐标，建立图像间的映射关系。

5) 重采样

通过灰度变换，对空间变换后的配准图像的灰度值进行重新赋值。

基于图像特征的配准方法在实际中的应用越来越广泛。图像的特征只考虑图像的局部信息，较大地减少了匹配过程的计算量，从而提高了配准的速度；同时，特征点的匹配度量值对位置的变化比较敏感，可以提高匹配的精确度。但是，该图像只依赖于所提取的图像特征，所以对于图像的细微情节不太敏感。

2. 图像配准的关键问题

首先假设待配准的红外图像 B 与可见光图像 A 在直角坐标系中真实的对应仿射关系为

$$\begin{bmatrix} x_B \\ y_B \end{bmatrix} = s \cdot \begin{bmatrix} \cos\alpha & -\sin\alpha \\ \sin\alpha & \cos\alpha \end{bmatrix} \cdot \begin{bmatrix} x_A \\ y_A \end{bmatrix} + \begin{bmatrix} t_x \\ t_y \end{bmatrix} \tag{8.12}$$

式中，s 表示两幅图像间的缩放比例，t_x, t_y 分别表示两幅待配准图像对应点在 x, y 方向上的平移距离，α 表示图像间的旋转角度。

假设可见光图像 A 上的两特征点 $A_1(x_{A1}, y_{A1}), A_2(x_{A2}, y_{A2})$ 分别与红外图像 B 上的点 $B_1(x_{B1}, y_{B1}), B_2(x_{B2}, y_{B2})$ 匹配，则根据式 (8.12) 推导出对应点间的关系为

$$x_{B1} = s \cdot (\cos\alpha \cdot x_{A1} - \sin\alpha \cdot y_{A1}) + t_x \tag{8.13}$$

$$y_{B1} = s \cdot (\cos\alpha \cdot x_{A1} + \sin\alpha \cdot y_{A1}) + t_x \tag{8.14}$$

$$x_{B2} = s \cdot (\cos\alpha \cdot x_{A2} - \sin\alpha \cdot y_{A2}) + t_x \tag{8.15}$$

$$y_{B2} = s \cdot (\cos\alpha \cdot x_{A2} + \sin\alpha \cdot y_{A2}) + t_x \tag{8.16}$$

从而得出仿射模型的参数与对应点之间的关系为

$$\alpha = \arctan\left(\frac{\Delta x_A \cdot \Delta y_B - \Delta x_B \cdot \Delta y_A}{\Delta y_A \cdot \Delta y_B + \Delta x_B \cdot \Delta x_A}\right) \tag{8.17}$$

$$s = \frac{\Delta x_B}{\cos\alpha \cdot \Delta x_A - \sin\alpha \cdot \Delta y_A} \tag{8.18}$$

$$t_x = x_{B1} - s \cdot (\cos\alpha \cdot x_{A1} - \sin\alpha \cdot y_{A1}) \tag{8.19}$$

$$t_y = x_{B1} - s \cdot (\sin\alpha \cdot x_{A1} + \cos\alpha \cdot y_{A1}) \tag{8.20}$$

式中，$\Delta x_A = x_{A2} - x_{A1}$，$\Delta y_A = y_{A2} - y_{A1}$，$\Delta x_B = x_{B2} - x_{B1}$，$\Delta y_B = y_{B2} - y_{B1}$。

通过相关算法找出待配准图像上的两对对应匹配点，从而求解出数学模型的 4 个参数，得到两图像间的几何变换关系。

由此可知解决图像配准问题的关键是如何精确地找到相应的匹配点对。同时由于红外与可见光成像传感器工作机理不同，对应的光谱灵敏度，成像图像的分辨率、灰度以及提取的场景特征均有所不同，因而传统的基于图像灰度相关的匹配和基于完全的特征匹配的方法均不适用。

8.3　多源图像融合

8.3.1　图像融合方法的现状

目前图像融合的算法基本分为非多尺度分解的图像融合和多尺度分解的图像融合以及一些智能图像融合方法。非多尺度分解的图像融合有像素灰度值选最大图像融合、像素灰度值选最小图像融合、加权平均图像融合、权系数主分量分析选取 (principal components analysis, PCA) 等。多尺度图像分解的融合有基于拉普拉斯塔形分解的图像融合、基于比率塔形分解的图像融合、基于梯度图像塔形分解的图像融合、基于对比度塔形分解的图像融合、基于小波分解的图像融合、基于形态学塔形分解的图像融合等。智能图像融合方法有基于知识的神经网络法、基于演化

计算的遗传算法以及基于模糊理论的模糊融合算法。由于非多尺度分解的图像融合不能得到满意的融合结果，没有多大的工程意义，智能融合算法虽然能得到较高质量的融合图像，但这些方法往往需要大量的先验知识以及长时间的系统训练，同样不能满足工程实时多变的要求，因此在国外相关的融合系统中其嵌入的算法大多是基于多尺度分解的融合算法。

结合工程实际的要求，我们对目前已存在的融合算法进行分析研究，得到以下结论：简单线性加权融合虽然运算时间快，但该方法只能得到分辨率很低的融合图像，无法对感兴趣的目标特征进行有效的提取和分割，不能有效地解决图像处理遇到的各种问题。基于金字塔分析的多尺度图像融合算法，如拉普拉斯金字塔、小波、曲波和脊波等，其基本思想是首先将待融合的两幅图像分解成具有不同频谱范围和方向的边缘子图像，然后采用一定的融合规则对大小和方向相同的子图像进行各层间的融合，最后对各层的融合子图像进行重建，即得到最终的融合图像。小波变换是早期傅里叶分析方法的一个重大突破，与拉普拉斯金字塔方法相比，小波分解在尺度上更加灵活，且具有 3 个不同的尺度方向，能对图像进行更准确充分的分解，在一些图像融合处理中效果明显优于拉普拉斯金字塔方法。另外，人眼视觉的生理和心理实验表明：图像的多分辨率分解与人眼视觉的多通道分解规律一致，同时，小波多通道模型也揭示了图像内在的统计特性，所以将小波多分辨率分解作为工具，开发基于小波变换的多传感器的图像融合技术非常有必要，但小波分解运算比较复杂，在考虑利用小波分解的融合技术时，需要从软件算法和硬件电路上同时进行开发研究。

8.3.2 图像融合规则

当前，图像融合算法的研究包括两部分内容：第一是融合结构，如小波分解、拉普拉斯金字塔、神经网络、模糊数学等；第二是融合规则，目前主要的融合规则根据处理对象有基于单个像素的和基于区域的两种融合规则。

1. 基于单个像素的融合规则

像素点的融合主要是单纯根据被融合的像素点本身的值的大小来进行融合，融合与周围的像素点无关。

1) 加权平均

假设参加融合的两幅原图像分别为 A, B，图像大小为 $M \times N$，经融合后得到的融合图像为 F，那么，对 A, B 两幅原图像的像素灰度值加权平均融合过程可以表示为

$$F(m,n) = w_1 A(m,n) + w_2 B(m,n) \tag{8.21}$$

式中，m 表示图像中像素的行号：$m = 1, 2, \cdots M$，n 表示图像中像素的列号：$n =$

$1, 2, \cdots N$，加权系数为

$$w_1 = \frac{A(m,n)}{A(m,n)+B(m,n)} \tag{8.22}$$

$$w_2 = 1 - w_1 \tag{8.23}$$

若 $w_1 = w_2 = 0.5$，则为平均加权融合。

2) 像素灰度值选大

像素灰度值选大图像融合规则可表示为

$$F(m,n) = \text{Max}\{A(m,n), B(m,n)\} \tag{8.24}$$

即在融合处理时，比较源图像 A, B 中对应位置 (m,n) 处像素灰度值的大小，以其中灰度值大的像素作为融合后图像 F 在位置 (m,n) 处的像素。这种融合方法只是简单地选择参加融合的源图像中灰度值大的像素作为融合后的像素，故适用场合非常有限。

3) 像素灰度值选小

像素灰度值选小图像融合规则可表示为

$$F(m,n) = \text{Min}\{A(m,n), B(m,n)\} \tag{8.25}$$

即在融合处理时，比较源图像 A, B 中对应位置 (m,n) 处像素灰度值的大小，以其中灰度值小的像素作为融合后图像 F 在位置 (m,n) 处的像素。这种融合方法只是简单地选择参加融合的源图像中灰度值小的像素作为融合后的像素，与像素灰度值选大融合方法一样，适用场合也很有限。

4) 主分量分析法选取加权系数法

主分量分析法选取加权系数图像融合的基本原理是：先计算待融合的两幅原图像间的协方差矩阵，然后求其特征向量和特征值，每幅图像的权系数根据与最大特征值相应的特征向量来确定。融合的步骤如下。

(1) 由源图像构造数据矩阵 $\overrightarrow{X}$，从而计算数据矩阵 $\overrightarrow{X}$ 的协方差矩阵 $\overrightarrow{C}$。

假设源图像的数量是 m，每幅源图像像素的大小为 $n = N \times N$。$\sigma_{i,j}^2$ 为图像的方差。

$\sigma_{i,j}^2 = \dfrac{1}{n}\displaystyle\sum_{l=0}^{n-1}(x_{i,l} - \overrightarrow{x_i})(x_{j,l} - \overrightarrow{x_i})$；$\overrightarrow{x_i}$ 为第 i 幅源图像的平均灰度值。

$$\overrightarrow{X} = \begin{pmatrix} x_{11} & \cdots & x_{1j} & \cdots & x_{1n} \\ \vdots & & \vdots & & \vdots \\ x_{i1} & \cdots & x_{ij} & \cdots & x_{jn} \\ \vdots & & \vdots & & \vdots \\ x_{m1} & \cdots & x_{mj} & \cdots & x_{mn} \end{pmatrix};\quad \overrightarrow{C} = \begin{pmatrix} \sigma_{11} & \cdots & \sigma_{1j} & \cdots & \sigma_{1n} \\ \vdots & & \vdots & & \vdots \\ \sigma_{i1} & \cdots & \sigma_{ij} & \cdots & \sigma_{jn} \\ \vdots & & \vdots & & \vdots \\ \sigma_{m1} & \cdots & \sigma_{mj} & \cdots & \sigma_{mn} \end{pmatrix}$$

(2) 计算协方差矩阵 $\vec{C}$ 的特征值 λ。

由特征值方程 $\left|\vec{\lambda}\vec{I}-\vec{C}\right|=0$ 求出特征值 $\lambda_i\ (i=1,2,\cdots,m)$，然后得出各个权系数：

$$\omega_i=\lambda_i/\sum_{i=1}^{m}\lambda_i \tag{8.26}$$

(3) 得出融合图像。由上面的 ω_i 代入下式得出融合图像：

$$F\left(m,n\right)=\sum_{i=1}^{m}\omega_i A_i\left(m,n\right) \tag{8.27}$$

2. 基于区域的融合规则

基于区域特征进行图像融合 (substituted fusion method based on local properties in spatial domain, SLPS) 的规则，其基本思路是对比待融合源图像的某方面特征，通常为某一像素周围的一个邻域的特征，从而动态选取这方面特征突出的源图像组成融合结果。选取这种基于区域特征的选择是逐像素进行的，窗口的大小一般选为 3×3 或 5×5。在基于区域特征方法进行融合过程中，可供使用的区域特征主要有以下几种。

1) 区域标准差 Std(X)

$$\mathrm{Std}(X)=\frac{1}{MN}\sum_{t=1}^{M}\sum_{j=1}^{N}\left[X(i,j)-\bar{X}\right]^2 \tag{8.28}$$

区域标准差可以反映区域信息含量，多源图像是对同一目标不同时刻的反映，因此，可以选取信息含量更为丰富的图像组成融合结果，从而得到有关该目标的更多信息。其中，X 表示大小为 $M\times N$ 的区域，$X(i,j)$ 表示区域 X 中像素点 (i,j) 的灰度值，$\bar{X}$ 表示区域 X 的灰度平均值。

2) 区域极大值 Max($\bar{X}$) 和极小值 Min($\bar{X}$)

$$\mathrm{Max}(\bar{X})=\mathrm{Max}\left[\bar{X}(i,j)\right] \tag{8.29}$$

$$\mathrm{Min}(\bar{X})=\mathrm{Min}\left[\bar{X}(i,j)\right] \tag{8.30}$$

3) 区域能量 $E(\bar{X})$

$$E(\bar{X})=\frac{1}{MN}\sum_{i=1}^{M}\sum_{j=1}^{N}\left[X(i,j)\right]^2 \tag{8.31}$$

8.3.3 基于 Laplace 金字塔分解的图像融合算法

图像处理中的金字塔算法最早用于图像的编码中，图像的金字塔方法也可以用于计算机和机器视觉的多分辨率分析。利用图像的金字塔分解能分析图像中不同大小的物体，例如，高分辨率层 (下层) 可用于分析细节，低分辨率层 (顶层) 可用于分析较大的物体。同时，通过对高分辨率的下层进行分析所得到的信息还可用于指导对低分辨率的上层进行分析，从而可大大简化分析和计算。图像的塔型分解提供了一种方便灵活的图像多分辨率分析方法，图像的 Laplace 塔型分解可以将图像的重要性 (例如边缘) 按照不同的尺度分解到不同的塔型分解层上。

算法步骤如下：

(1) 建立图像的 Gauss 塔型分解。

设原图像为 G_0，以 G_0 作为 Gauss 金字塔的零层 (底层)，则 Gauss 金字塔的第 l 层图像 G_l 为

$$\begin{gathered} G_l=\sum_{m=-2}^{2}\sum_{n=-2}^{2}w\left(m,n\right)G_{l-1}\left(2i+m,2j+n\right), \\ 0\leqslant l\leqslant N,\quad 0\leqslant i<C_l,\quad 0\leqslant j<R_l; \end{gathered} \tag{8.32}$$

式中，N 为 Gauss 金字塔顶层层号；C_l 为 Gauss 金字塔第 l 层图像的列数；R_l 为 Gauss 金字塔第 l 层图像的行数；$w\left(m,n\right)$ 表示 5×5 窗口函数 (生成核)，具有低通特性：

$$w(m,n)=\frac{1}{256}\begin{vmatrix} 1 & 4 & 6 & 4 & 1 \\ 4 & 16 & 24 & 16 & 4 \\ 6 & 24 & 36 & 24 & 6 \\ 4 & 16 & 24 & 16 & 4 \\ 1 & 4 & 6 & 4 & 1 \end{vmatrix} \tag{8.33}$$

(2) 由 Gauss 金字塔建立图像的 Laplace 金字塔：

$$\begin{gathered} G_l^{*}=4\sum_{m=-2}^{2}\sum_{n=-2}^{2}w\left(m,n\right)G_l^{**}\left(\frac{i+m}{2},\frac{j+n}{2}\right), \\ 0\leqslant l\leqslant N,\quad 0\leqslant i<C_l,\quad 0\leqslant j<R_l; \end{gathered} \tag{8.34}$$

式中，

$$G_l^{**}\left(\frac{i+m}{2},\frac{j+n}{2}\right)=\begin{cases} G_l\left(\dfrac{i+m}{2},\dfrac{j+n}{2}\right), & \text{当 } \dfrac{i+m}{2},\dfrac{j+n}{2} \text{ 为整数} \\ 0, & \text{其他} \end{cases} \tag{8.35}$$

G_l^{*} 是由 G_l 内插放大得到的图像，其尺寸与 G_{l-1} 的相同，但 G_l^{*} 与 G_{l-1} 并不相等，在原有像素间内插的新像素的灰度值是通过对原有像素灰度值的加权平均确

定的。由于 G_l 是对 G_{l-1} 低通滤波得到的，即 G_l 是模糊化、降采样的 G_{l-1}，因此 G_l^* 的细节信息比 G_{l-1} 的少。

由此得到 Laplace 金字塔各层的分解图像 LP_l 为

$$\begin{cases} \mathrm{LP}_l = G_l - G_{l+1}^*, & 0 \leqslant l < N \\ \mathrm{LP}_N = G_N, & l = N \end{cases} \tag{8.36}$$

式中，N 为 Laplace 金字塔顶层的层号；LP_l 表示 Laplace 金字塔分解的第 l 层图像。

(3) 由 Laplace 金字塔重建原图像。

由式 (8.36) 转化可得

$$\begin{cases} G_l = \mathrm{LP}_l + G_{l+1}^*, & 0 \leqslant l < N \\ G_N = \mathrm{LP}_N, & l = N \end{cases} \tag{8.37}$$

(4) 基于 Laplace 金字塔分解的图像融合。

基于 Laplace 金字塔分解的图像融合方法如图 8.4 所示。设 A, B 为两幅源图像，F 为融合后的图像，融合过程如下。

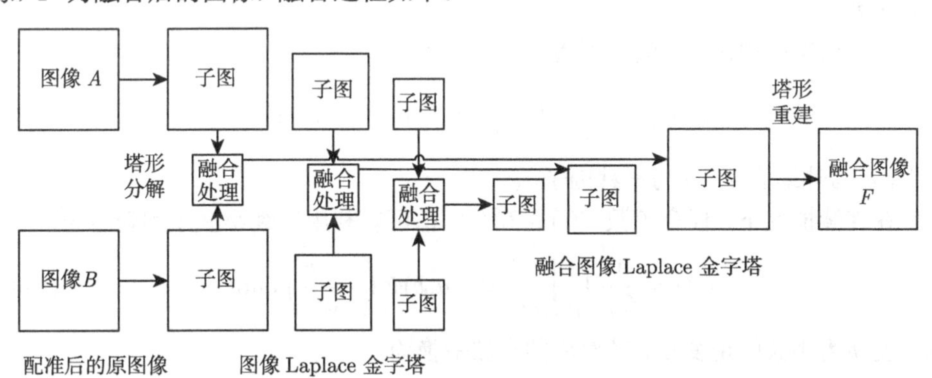

图 8.4 基于 Laplace 金字塔分解的图像融合

步骤 1：对每幅源图像进行 Laplace 金字塔分解，建立各自的 Laplace 金字塔；

步骤 2：对图像金字塔的各分解层分别进行融合处理，不同的分解层采用不同的融合规则进行融合处理，最终得到融合后图像的 Laplace 金字塔；

步骤 3：对融合后的 Laplace 金字塔进行图像重构，得到最终的融合图像。

8.3.4 基于小波变换的图像融合算法

基于金字塔分解的图像融合算法是一种多尺度、多分辨率分解，可以取得良好效果的融合方法，但是，图像的金字塔分解是一种冗余分解，也就是说，分解后各层数据之间具有相关性。因此图像在进行 Laplace 金字塔分解和低通比率金字塔分解时数据总量均比原始图像增加了约 33%，梯度金字塔分解的数据量增加得更多。同时，图像的 Laplace 金字塔分解和低通比率金字塔分解均无方向性。小波变换也是一种多尺度、多分辨率分解，但是，小波变换是非冗余的，图像经过小波变换后数据的总量不会增大。同时小波变换具有方向性，利用这一特征有时可以获得视觉效果更佳的融合图像。

1. 小波变换简介

小波变换是一种时频域局部化分析方法，在信号的低频部分具有较高的频率分辨率和较低的时间分辨率，在信号的高频部分具有较高的时间分辨率和较低的频率分辨率，所以被誉为数学显微镜。

设 $\Psi(t) \in L^2(R)$(此处 $L^2(R)$ 表示平方可积的实数空间，即能量有限的信号空间)，其 Fourier 变换为 $\hat{\Psi}(w)$，当 $\hat{\Psi}(w)$ 满足条件

$$C_\Psi = \int_R \frac{\left|\hat{\Psi}(w)\right|^2}{|w|} \mathrm{d}w < \infty \tag{8.38}$$

时，称 $\Psi(t)$ 为一个基本小波或母小波。将 $\Psi(t)$ 经伸缩和平移后，就可以得到一个小波序列。

对于连续的情况，小波序列为

$$\Psi_{a,b}(t) = \frac{1}{\sqrt{a}} \Psi\left(\frac{t-b}{a}\right), \quad a, b \in R, \quad a \neq 0 \tag{8.39}$$

式中，a 为伸缩因子，b 为平移因子。

在连续情况下，任意函数 $f(t) \in L^2(R)$ 都可以利用连续小波序列表示为

$$f(t) = \frac{1}{C_\Psi} \int_R \int_R \frac{1}{a^2} W_f(a,b) \Psi\left(\frac{t-b}{a}\right) \mathrm{d}a\mathrm{d}b \tag{8.40}$$

称该变换为小波的逆变换，其对应的小波变换为

$$W_f(a,b) = \langle f, \Psi_{a,b} \rangle = |a|^{-1/2} \int_R f(t) \bar{\Psi}\left(\frac{t-b}{a}\right) \mathrm{d}t \tag{8.41}$$

在实际应用中，连续小波变换必须离散化。为实现离散小波变换 (discrete wavelet transform, DWT)，Mallat 提出了多分辨率分析的概念 [55]，将在此之前的所有正交小波基的构造法统一起来，并给出了正交小波的构造方法以及正交小波的快速算法，称之为 Mallat 算法。

假设原信号的频率空间为 V_0，经第一级分解后 V_0 被分为两个子空间：低频的 V_1 和高频的 W_1；经第二级分解后 V_1 又被分解为低频的 V_2 和高频的 W_2。这种子空间的分解过程可以记为

$$V_0 = V_1 \oplus W_1, \quad V_1 = V_2 \oplus W_2, \quad V_2 = V_3 \oplus W_3, \cdots, V_{N-1} = V_N \oplus W_N \tag{8.42}$$

上式中，符号 $\oplus$ 表示两个子空间的“正交和”；V_j 表示与分辨率 2^{-j} 对应的多分辨率分析子空间；W_j 是 V_j 的正交补空间；各个 W_j 是反映 V_{j-1} 空间信息细节的高频子空间；V_j 是反映 V_{j-1} 空间信号概貌的低频子空间。由上式可得

$$V_0 = V_1 \oplus W_1 = V_2 \oplus W_2 \oplus W_1 = \cdots = V_N \oplus W_N \oplus W_{N-1} \oplus \cdots \oplus W_2 \oplus W_1 \tag{8.43}$$

上式说明分辨率 $2^0 = 1$ 的多分辨率分析子空间 V_0 可以用有限个子空间来逼近。

可以通过设计一对理想低通和高通滤波器来实现上述多分辨率分解。由于理想高通滤波器是该低通滤波器的镜像滤波器，因此，设计一个离散小波变换所需要的就是精心选择的低通滤波。该低通滤波可以通过尺度函数导出。

所谓尺度函数，是指存在函数 $\phi(x) \in V_0$，使 $\{\phi(x-k)\,|k \in Z\}$ 构成 V_0 的规范正交基，则函数 $\phi(x)$ 就是尺度函数。下面是一个典型的尺度函数：

$$\phi_{j,k} = z^{-j/2}\phi(2^{-j}x - k), \quad j,k \in Z \tag{8.44}$$

则相应的离散低通滤波器的脉冲响应函数 $h(k)$ 为

$$h(k) = \langle \phi_{1,0}(x), \phi_{0,k}(x) \rangle \tag{8.45}$$

而尺度函数 $\phi(x)$ 和其相应的离散低通滤波器的脉冲响应 $h(k)$ 之间的关系为

$$\phi(x) = \sum_k h(k)\phi(2x-k) \tag{8.46}$$

有了 $\phi(x)$ 和 $h(k)$，就可以定义一个称为小波向量的离散高通滤波器的脉冲响应 $g(k)$，即

$$g(k) = (-1)^k h(-k+1) \tag{8.47}$$

然后由此得到基本小波

$$\Psi(x) = \sum_k g(k)\phi(2x-k) \tag{8.48}$$

再由此得到正交归一小波集

$$\Psi_{j,k} = 2^{-j/2}\Psi(2^{-j}t - k), \quad j,k \in Z \tag{8.49}$$

由一维信号表示的这一概念很容易推广到二维情况，考虑到二维函数的可分离性，即

$$\phi(x,y) = \phi(x)\phi(y) \tag{8.50}$$

式中，$\phi(x)$ 是一个一维尺度函数。若 $\Psi(x)$ 是其对应的小波，则存在下述三个基本小波：

$$\begin{cases} \psi^1(x,y) = \phi(x)\psi(y) \\ \psi^2(x,y) = \phi(y)\psi(x) \\ \psi^3(x,y) = \psi(x)\psi(y) \end{cases} \tag{8.51}$$

这样就建立了二维小波变换的基础。则其对应的函数集为

$$\{\Psi_{j,m,n}^{l}(x,y)\} = \left\{2^{j}\Psi^{l}(x-2^{j}m, y-2^{j}n)\right\}, \quad j \geqslant 0, l=1,2,3 \tag{8.52}$$

式中，j,m,n,l 为正整数，是 $L^2(R^2)$ 下的正交归一基。

图像的离散小波变换是这样进行的：假设 $f_1(x,y)$ 是一幅 $N \times N$ 的图像，当 $j=0$ 时，对应的尺度为 $2^0=1$，也就是原图像的尺度。j 值每一次增大都使尺度加倍，而使分辨率减半。在变换的每一层次，图像都被分解为 4 个 1/4 大小的图像。这 4 个图像中的每一个都是由原图与一个小波基图像内积后，再经过在 x 和 y 方向都进行 2 倍的间隔采样而生成的。对于第 1 层 $(j=1)$，可以写为

$$\begin{cases} f_2^0(m,n) = \langle f_1(x,y), \phi(x-2m, y-2n)\rangle \\ f_2^1(m,n) = \left\langle f_1(x,y), \Psi^1(x-2m, y-2n)\right\rangle \\ f_2^2(m,n) = \left\langle f_1(x,y), \Psi^2(x-2m, y-2n)\right\rangle \\ f_2^3(m,n) = \left\langle f_1(x,y), \Psi^3(x-2m, y-2n)\right\rangle \end{cases} \tag{8.53}$$

对于后继层次 $(j>1)$，$f_{2^j}^0(x,y)$ 都以完全相同的方式分解而构成 4 个尺度 2^{j+1} 上的更小的图像。将内积写成卷积形式，可得

$$\begin{cases} f_{2^{j+1}}^0(m,n) = \left\{\left[f_{2^j}^0(x,y) * \phi(-x,-y)\right](2m,2n)\right\} \\ f_{2^{j+1}}^1(m,n) = \left\{\left[f_{2^j}^0(x,y) * \Psi^1(-x,-y)\right](2m,2n)\right\} \\ f_{2^{j+1}}^2(m,n) = \left\{\left[f_{2^j}^0(x,y) * \Psi^2(-x,-y)\right](2m,2n)\right\} \\ f_{2^{j+1}}^3(m,n) = \left\{\left[f_{2^j}^0(x,y) * \Psi^3(-x,-y)\right](2m,2n)\right\} \end{cases} \tag{8.54}$$

并且在每一层次进行 4 个相同的间隔采样滤波操作。

由于尺度函数和小波函数都是可分离的，故每次卷积都可分解成在 $f_{2^j}^0(x,y)$ 的行和列上的一维卷积。

图 8.5 给出了离散小波变换图像的分解示意图，在第一层，首先用 $h(-x)$ 和 $g(-x)$ 分别与图像 $f_1(x,y)$ 的每行作积分并丢弃奇数列 (以最左列为第 0 列)。接着，这个 $N \times N/2$ 整列的每列再和 $h(-x)$ 和 $g(-x)$ 相卷积，丢弃奇数行 (以最上行为第 0 行)。其结果就是该层变换所要求的 4 个 $(N/2)\times(N/2)$ 的数组。

逆变换是通过上述类似过程实现的，如图 8.6 所示。在每一层 (如最后一层) 都通过在每一列的左边插入一列 0 来增频采样前一层的 4 个阵列，然后用 $h(x)$ 和 $g(x)$ 来卷积各行，再成对地将这几个 $(N/2)\times N$ 的阵列加起来，然后通过在每一行上面插入一行 0 来将刚才所得到的两个阵列的大小增频采样为 $N \times N$，再用

$h(x)$ 和 $g(x)$ 与这两个阵列的每个分别卷积，这两个阵列的和就是这一层次重建的结果。

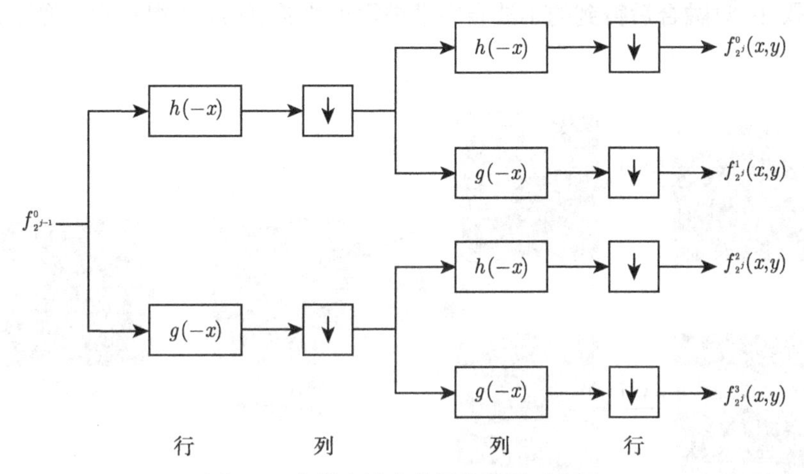

图 8.5　离散小波变换图像分解示意图

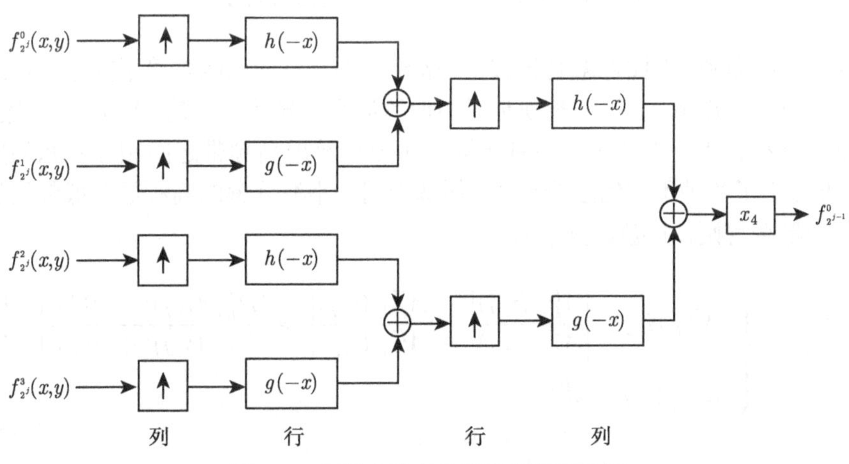

图 8.6　离散小波变换图像重构示意图

2. 基于小波变换的图像融合

由于图像的小波变换所得到的各个图像也具有金字塔结构，因此将图像的小波变换也称为小波金字塔分解。图像的小波变换也是一种多尺度、多分辨率的分解，同样可以用于多传感器的融合处理。基于小波多尺度分解图像融合的方案如图 8.7 所示。具体的融合处理步骤如下。

步骤 1：对每一原图像分别进行小波变换，建立图像的小波金字塔分解。

步骤 2: 对各分解层分别进行融合处理。各分解层上不同的频率分量可以采用不同的融合规则进行融合处理，最终得到融合后的小波金字塔。

步骤 3: 对融合后得到的小波金字塔进行小波逆变换，所得重构图像即为融合图像。

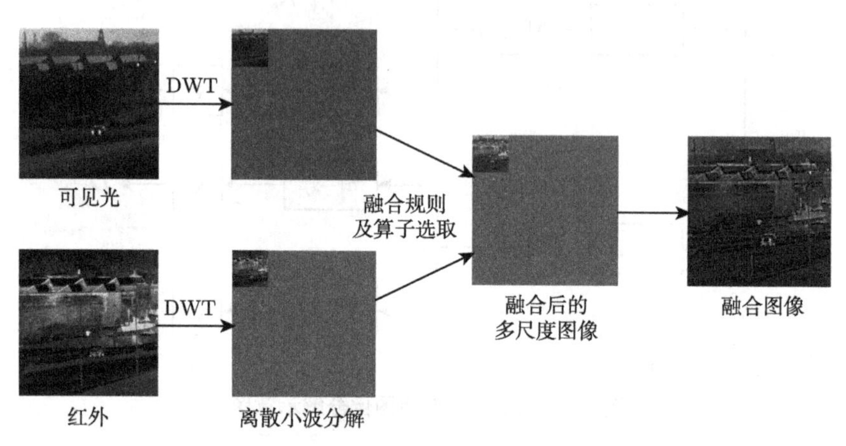

图 8.7　基于小波多尺度分解的图像融合

前面已经提到，在图像融合过程中，融合规则及对应的融合算子的选取对融合质量尤为重要，另外，由于人类视觉对图像的边缘信息比较敏感，针对小波变换分解的融合结构特点，出现了一些基于同一小波分解层高频带之间相互关系的融合规则，并提出了各种不同的融合算子。如基于同一小波分解的高频层与低频层的局部对比度融合规则，其融合算子为

$$F_{HL}^{K}(i,j)=\begin{cases}A_{HL}^{K}(i,j), & \dfrac{\left|A_{LL}^{K}(i,j)\right|-\left|A_{HL}^{K}(i,j)\right|}{\left|A_{LL}^{K}(i,j)\right|+\left|A_{HL}^{K}(i,j)\right|}>\dfrac{\left|B_{LL}^{K}(i,j)\right|-\left|B_{HL}^{K}(i,j)\right|}{\left|B_{LL}^{K}(i,j)\right|+\left|B_{HL}^{K}(i,j)\right|}\\ B_{HL}^{K}(i,j), & \text{其他}\end{cases}\tag{8.55}$$

$$F_{LH}^{K}(i,j)=\begin{cases}A_{LH}^{K}(i,j), & \dfrac{\left|A_{LL}^{K}(i,j)\right|-\left|A_{LH}^{K}(i,j)\right|}{\left|A_{LL}^{K}(i,j)\right|+\left|A_{LH}^{K}(i,j)\right|}>\dfrac{\left|B_{LL}^{K}(i,j)\right|-\left|B_{LH}^{K}(i,j)\right|}{\left|B_{LL}^{K}(i,j)\right|+\left|B_{LH}^{K}(i,j)\right|}\\ B_{LH}^{K}(i,j), & \text{其他}\end{cases}\tag{8.56}$$

$$F_{HH}^{K}(i,j)=\begin{cases}A_{HH}^{K}(i,j), & \dfrac{\left|A_{LL}^{K}(i,j)\right|-\left|A_{HH}^{K}(i,j)\right|}{\left|A_{LL}^{K}(i,j)\right|+\left|A_{HH}^{K}(i,j)\right|}>\dfrac{\left|B_{LL}^{K}(i,j)\right|-\left|B_{HH}^{K}(i,j)\right|}{\left|B_{LL}^{K}(i,j)\right|+\left|B_{HH}^{K}(i,j)\right|}\\ B_{HH}^{K}(i,j), & \text{其他}\end{cases}\tag{8.57}$$

交叉频带融合规则的融合算子为

$$F_{LH}^{K}(i,j)=\begin{cases}A_{LH}^{K}(i,j), \left|A_{HL}^{K}(i,j)\right|+\left|A_{LH}^{K}(i,j)\right|+\left|A_{HH}^{K}(i,j)\right| \\ >\left|B(i,j)\right|+\left|B_{LH}^{K}(i,j)\right|+\left|B_{HH}^{K}(i,j)\right| \\ B_{LH}^{K}(i,j), \text{其他}\end{cases}$$

$$F_{HL}^{K}(i,j)=\begin{cases}A_{HL}^{K}(i,j), \left|A_{HL}^{K}(i,j)\right|+\left|A_{LH}^{K}(i,j)\right|+\left|A_{HH}^{K}(i,j)\right| \\ >\left|B(i,j)\right|+\left|B_{LH}^{K}(i,j)\right|+\left|B_{HH}^{K}(i,j)\right| \\ B_{HL}^{K}(i,j), \text{其他}\end{cases}$$

$$F_{HH}^{K}(i,j)=\begin{cases}A_{HH}^{K}(i,j), \left|A_{HL}^{K}(i,j)\right|+\left|A_{LH}^{K}(i,j)\right|+\left|A_{HH}^{K}(i,j)\right| \\ >\left|B(i,j)\right|+\left|B_{LH}^{K}(i,j)\right|+\left|B_{HH}^{K}(i,j)\right| \\ B_{HH}^{K}(i,j), \text{其他}\end{cases}$$

为了获得视觉特征更佳、细节更加丰富突出的融合效果，采用的融合规则及融合算子如下：

(1) 对分解后的低频部分，即图像的“粗像”(位于最高分解层)，采用加权平均融合规则或灰度值选取融合规则；

(2) 对于高频分量，采用基于区域特性量测的选取及加权平均算子；

(3) 对于三个方向的高频带，分别选用不同的特性选择算子。

8.3.5 实验结果

实验选取同一场景下的可见光图像和红外图像，经过电视摄像机的自动变焦功能使两者成像大小相同，但电视的视场比热像的稍大一些。如图 8.8 所示，图中待融合的可见光 (a) 与红外 (b) 图像为经过预处理，并经过粗略配准，对红外图像进行补偿使两幅图像尺寸和成像大小一致，对应特征点配准后的两幅图像。采用目前常见的融合算法进行实验仿真，得到各自对应的融合结果。

通过各种融合算法的结果得到以下的结论。

(1) 融合图像包含了更加丰富的实际场景信息，充分综合了热像传感器对场景中隐蔽目标的探测能力和电视对周围背景清晰分辨能力，从而有利于观察者对整个场景的识别判断，做出更加合理精确的决策方案。

(2) 不同的融合算法得到的结果有一定的差别。简单的加权系数虽然在运行时间上较少一些，但融合图像的分辨率较差，图像比较模糊，不利于目标的最终识别；在多尺度的算法中 Laplace 算法对目标的提取能力较强，这也是该算法在目前工程上比较受欢迎的原因，但其运算时间较长，需要结合相应的硬件电路实现小波的快速算法，才有可能实现融合算法的实时性。

(a) 可见光图像　　(b) 红外图像

(c) 简单加权系数选大算法融合图像　　(d) Laplace 算法融合图像

图 8.8　源图像及各种融合算法结果的比较

8.4　融合图像质量评价

8.4.1　主观融合评价

目前主要使用两种方法对图像融合效果进行评价，一类是主观评价，即融合图像的质量通过人的观察给出一个定性的评价，该结果受人为因素影响较大；另一类是客观评价标准，通过定义一种或几种评价参量，然后计算融合图像的这些参量。本节着重研究图像融合的客观评价方法，并针对红外与可见光图像的融合结果，寻找出能有效评价该类融合图像的客观评价方法。

主观评价常由参与的评价人员通过目视或目测来进行，表 8.3 给出了国际上规定的五级质量尺度和妨碍尺度，也称为主观评价的 5 分制。对一般人来讲，多使用质量尺度；对专业人员来讲，则多采用妨碍尺度。为了保证图像主观评价在统计上有意义，参加评价的观察者应当足够多。

观察人员在具体评价中常要对以下内容进行判断。

(1) 判断图像配准的精度。如果配准不好，那么融合图像就会出现重影。

(2) 判断融合图像的整体色彩分布。如果它能与天然色彩保持一致，则融合图像的色彩就真实。

(3) 判断融合图像的整体亮度和色彩反差。如果整体亮度和色彩反差不合适，就会出现蒙雾或斑块等现象。

(4) 判断融合图像的纹理及彩色信息是否丰富。如果光谱与空间信息在融合过程中丢失，则融合图像会显得比较平淡。

(5) 判断融合图像的清晰度。如果图像的清晰度降低，则目标影像的边缘会变得模糊。

主观评价的方法在对一些明显的图像信息进行评价时比较直观、快捷、方便，但一般仅是定性分析说明，且主观性较强。

表 8.3 主观评价尺度评分表

分数	质量尺度	妨碍尺度
5 分	非常好	丝毫看不出图像质量变坏
4 分	好	能看出图像质量变坏，但并不妨碍观看
3 分	一般	清楚地看出图像质量变坏，对观看稍有妨碍
2 分	差	对观看有妨碍
1 分	非常差	非常严重地妨碍观看

8.4.2 客观融合评价

当前的图像融合效果的客观评价问题一直没有得到很好的解决，原因是同一融合算法对于不同类型的图像，其融合效果不同；同一融合算法，观察者感兴趣的部分不同，则认为效果不同；不同的应用要求图像的各项参数不同，由此导致选取的融合方法不同，其效果也不同。目前常用的客观评价指标主要有基于图像统计特性的客观评价、基于图像信息量的客观评价以及最近出现的基于人类视觉模型的客观评价。

1. 基于图像统计特性的客观评价

1) 均值

图像的灰度均值反映人眼感觉到的平均亮度，对图像的视觉效果有较大影响。融合图像 F 的均值为

$$\mu = \frac{1}{M \times N} \sum_{m=0}^{M-1} \sum_{n=0}^{N-1} F(m,n) \tag{8.58}$$

式中，$F(m,n)$ 表示融合图像在 (m,n) 处的灰度值，图像的大小为 $M \times N$。如果一幅图像的均值大小适中，则图像的主观视觉效果会比较好。

2) 标准差

图像的灰度标准差反映了各灰度相对灰度均值的离散情况，可用来评价图像反差的大小，融合图像 F 的标准差计算公式为

$$\sigma = \frac{1}{M \times N}\sqrt{\sum_{m=0}^{M-1}\sum_{n=0}^{N-1}[F(m,n)-\mu]^2} \tag{8.59}$$

如果一幅图像的标准差较小，则表明图像的反差较小 (相邻像素间的对比度较小)，图像的整体色调比较单一，可观察到的信息较少。如果标准差较大，则情况相反。

3) 平均灰度梯度

图像的平均灰度梯度与灰度标准差类似，也反映了图像中的反差情况。由于梯度的计算常围绕局部进行，所以平均梯度更多地反映了图像局部的微小细节变化和纹理特征。计算融合图像 F 平均灰度梯度的公式为

$$A = \frac{1}{M \times N}\sqrt{\sum_{m=0}^{M-1}\sum_{n=0}^{N-1}[G_X^2(x,y)+G_Y^2(x,y)]^{1/2}} \tag{8.60}$$

式中，$G_X(x,y)$ 和 $G_Y(x,y)$ 分别为 $F(x,y)$ 沿 X 和 Y 方向的差分 (梯度)。如果一幅图像的平均灰度梯度较小，表示图像层次较少；反之平均灰度较大，一般图像会比较清晰。

4) 标准偏差

标准偏差反映了图像灰度分布的离散程度。高对比度的图像对应大的标准偏差，反之亦然。设一幅图像的灰度分布为 $P=\{p(0),p(1),\cdots p(i),\cdots,p(L-1)\}$，其中 L 表示图像总的灰度级数，$p(i)$ 是一阶直方图概率。图像的平均均值为

$$\bar{i} = \sum_{i=0}^{L-1} ip(i) \tag{8.61}$$

则该图像的灰度标准偏差为

$$\sigma_i = \sqrt{\sum_{i=0}^{L-1}(i-\bar{i})^2 p(i)} \tag{8.62}$$

另外，还有一些评价标准借助于参考图像来衡量融合图像的质量好坏。

5) 均方根误差

参考图像和融合图像的均方根误差定义为

$$\text{RMSE} = \sqrt{\frac{\sum_{m=1}^{M}\sum_{n=1}^{N}[R(m,n)-F(m,n)]^2}{M \times N}} \tag{8.63}$$

式中，$R(m,n)$ 和 $F(m,n)$ 分别为参考图像和融合图像点 (m,n) 处的灰度值，图像的大小为 $M \times N$。均方根误差越小，说明融合的效果和质量越好。

6) 归一化最小方差

两幅图像间的归一化最小方差为

$$\mathrm{NLSE} = \sqrt{\frac{\sum_{m=1}^{M}\sum_{n=1}^{N}[R(m,n)-F(m,n)]^2}{\sum_{m=1}^{M}\sum_{n=1}^{N}[R(m,n)]^2}} \tag{8.64}$$

式中，$R(m,n)$ 和 $F(m,n)$ 分别为参考图像和融合图像点 (m,n) 处的灰度值，图像的大小为 $M \times N$。

2. 基于图像信息量的客观评价

1) 熵

图像的熵是衡量该图像中信息量丰富程度的指标，其定义为

$$H = -\sum_{i=0}^{L-1} p(i)\log_2 p(i) \tag{8.65}$$

式中，$p(i)$ 为灰度 i 的分布概率，其范围是 $[0,1,\cdots,L-1]$。

融合后图像的熵值大小反映了融合图像包含的信息量，熵值越大，说明融合的效果相对越好。

2) 差熵

两幅图像间熵的差异反映了它们所包含的信息量的差异。差熵的定义为

$$\Delta H = |H_R - H_F| \tag{8.66}$$

式中，H_R 和 H_F 分别为参考图像和融合结果的熵。

3) 交叉熵

设 $P = \{p(0),p(1),\cdots,p(i),\cdots,p(L-1)\}$ 和 $Q = \{q(0),q(1),\cdots,q(i),\cdots,q(L-1)\}$ 表示两幅图像的灰度分布情况，则交叉熵可以衡量它们之间的信息差异，交叉熵越小，表示图像的差异就越小，即融合效果越好。图像 P 和图像 Q 间的交叉熵为

$$\mathrm{CEN}(P:Q) = \sum_{i=0}^{L-1} p(i)\log_2\frac{p(i)}{q(i)} \tag{8.67}$$

如果融合过程中存在参考图像，则上式可以直接用来计算融合图像与参考图像间的交叉熵。如果融合过程中没有参考图像，则可以计算源图像 A、B 与融合图

像 F 间的交叉熵 $\mathrm{CEN}(A:F)$ 和 $\mathrm{CEN}(B:F)$。总体的交叉熵定义为

$$\mathrm{CEN}_\alpha = \frac{\mathrm{CEN}(A:F)+\mathrm{CEN}(B:F)}{2} \tag{8.68}$$

或者

$$\mathrm{CEN}_\beta = \sqrt{\frac{\mathrm{CEN}^2(A:F)+\mathrm{CEN}^2(B:F)}{2}} \tag{8.69}$$

4) 相关熵/联合熵

融合图像与原始图像之间的相关熵是反映两幅图像之间相关性的度量。两幅图像之间的相关熵可用下式计算：

$$C(F:G) = -\sum_{l_2=0}^{L-1}\sum_{l_1=0}^{L-1} P_{fg}(l_1,l_2)\log_2 P_{fg}(l_1,l_2) \tag{8.70}$$

式中，$P_{fg}(l_1,l_2)$ 表示两幅图像同一位置像素在原始图像中灰度值为 l_1，而在融合图像中灰度值为 l_2 的联合概率，一般情况下，融合图像与原始图像的相关熵越大，融合效果越好。

5) 交互信息

交互信息曾被用来评估图像融合的质量，它反映了图像之间的信息联系。定义融合图像 F 与源图像 $A(B)$ 的联合直方图为 $P_{FA}(f,a)P_{FB}(f,b)$，那么融合图像与源图像的交互信息分别为

$$I_{FA}(f,a) = \sum_{f,a} P_{FA}(f,a)\log_2\frac{P_{FA}(f,a)}{P_F(f)p_A(a)} \tag{8.71}$$

和

$$I_{FB}(f,b) = \sum_{f,b} P_{FB}(f,a)\log_2\frac{P_{FB}(f,a)}{P_F(f)p_B(a)} \tag{8.72}$$

则衡量融合图像效果的指标公式为

$$\mathrm{MI} = I_{FA}(f,a) + I_{FB}(f,b) \tag{8.73}$$

它反映了最终融合图像中包含原始图像信息量的多少，交互信息越大，说明融合图像包含的信息量越丰富。

6) 边缘信息

基于图像边缘和方向的融合性能测量方法通过评估大量的从源图像传递到融合图像的边缘信息 (quantitative edge, QE) 进行测量。其中 Sobel 算子用来产生图

像的每一个像素的边缘强度 $g(x,y)$ 和方向 $\alpha(x,y)(\in[0,\pi])$，源图像 A 与融合图像 F 边缘强度 $G^{AF}(x,y)$ 和方向 $\Phi^{AF}(x,y)$ 关系被定义为

$$G^{AF}(x,y)=\begin{cases}\dfrac{g_F(x,y)}{g_A(x,y)}, & g_F(x,y)>g_A(x,y)\\ \dfrac{g_A(x,y)}{g_F(x,y)}, & \text{其他}\end{cases} \tag{8.74}$$

$$\Phi^{AF}(x,y)=1-\frac{|\alpha_A(x,y)-\alpha_F(x,y)|}{\pi/2} \tag{8.75}$$

从源图像 A 传递到融合图像的边缘保存值由一个相对强度和方向因子的 S 形映射函数形成。其中常数 κ,σ 和 Γ 决定了 S 映射的形状：

$$Q^{AF}(x,y)=\frac{\Gamma_g\Gamma_a}{[1+\mathrm{e}^{\kappa_g(G^{AF}(x,y)-\sigma_g)}]+[1+\mathrm{e}^{\kappa_a(\Phi^{AF}(x,y)-\sigma_a)}]} \tag{8.76}$$

整个客观质量测量 QE 通过输入的待融合图像的正规化边缘保存值加权求和得到

$$\mathrm{QE}=\sum_{i=1}^{N}\sum_{j=1}^{M}\frac{Q^{AF}(x,y)w^A(x,y)+Q^{BF}(x,y)w^B(x,y)}{\displaystyle\sum_{i=1}^{N}\sum_{j=1}^{M}\left[w^A(x,y)+w^B(x,y)\right]} \tag{8.77}$$

通常权值 $w^A(x,y)$ 和 $w^B(x,y)$ 是关于边缘强度的函数。$\mathrm{QE}\in[0,1]$，其中 $\mathrm{QE}=0$ 表示源图像的信息完全丢失；$\mathrm{QE}=1$ 表示获得最好的融合性能。

7) 通用的测量指标

关于结构相似 (structural similarity, SSIM) 测量提出一种新的融合图像质量的测度方法。给定两个离散非负的信号 $s=(s_1,\cdots,s_n)$ 和 $t=(t_1,\cdots,t_n)$，u_s,σ_s^2 和 σ_{st} 分别为 s 的均值、方差和 s 与 t 的协方差，那么信号 s 与 t 之间的结构相似测量指标定义为

$$\mathrm{SSIM}=\frac{\sigma_{st}}{\sigma_s\sigma_t}\cdot\frac{2\mu_s\mu_t}{\mu_s^2+\mu_t^2}\cdot\frac{2\sigma_s\sigma_t}{\sigma_s^2+\sigma_t^2} \tag{8.78}$$

新的基于 SSIM 的质量指标给出了每幅待融合图像包含的突出信息传递到融合图像的量，首先我们计算 $\mathrm{SSIM}(a,f|w)$ 和 $\mathrm{SSIM}(b,f|w)$，它们分别表示在窗口 w 内待融合图像与融合图像的 SSIM 值，进而正规化的权值 $\lambda(w)$ 通过源图像重要部分的局部特征计算出来，融合质量指标的计算公式为

$$\mathrm{UI}=\frac{1}{|W|}\sum_{w\in W}[\lambda(w)\mathrm{SSIM}(a,f|w)+(1-\lambda(w))\mathrm{SSIM}(b,f|w)] \tag{8.79}$$

式中，W 是所有窗口的集合，$|W|$ 表示 W 的势。

3. 基于人类视觉模型的客观评价

基于视觉的图像融合质量评价方法是对人类视觉系统建立数学模型的过程。我们在很多图像融合的应用中，很难获得一幅理想的图像作为比较的标准。因此输入图像 I_A, I_B 传递到融合图像 I_F 上的信息是我们想要用来衡量融合质量的依据，该方法主要由以下几个部分构成：对比灵敏度滤波函数的选取；图像局部对比度的计算；对比度的存储；特征图像的生成；整体图像质量的计算。

该方法首先计算出每幅图像的局部对比度，将源图像和融合图像通过对比灵敏度函数进行滤波处理，然后产生一个描述融合图像与每幅源图像之间关系的对比度存储图，最后通过对应的特征图像对对比度存储图赋予权重值，从而获得完整的质量关系式。该评价主要应用于夜视图像方面。

我们知道人类视觉系统具有以下几个重要的特征。

(1) 与图像的绝对强度相比，人类视觉的响应更加依赖于刺激的反差作用。

(2) 视觉系统对所有的刺激不是都具有同等的敏感。对刺激的可见度有很多内在的限制。通过对比度灵敏函数可以知道不同的光学与神经系统的相互作用能产生不同的频率响应。

(3) 在视觉中屏蔽是一种临界现象，它表示对某个空间或当时复杂背景刺激探测能力的下降。

通过建立一些视觉数学模型来建立质量评价过程。视觉模型的优点在于可以通过较低层水平的生理视觉系统求出视觉的灵敏度，该模型主要由以下几部分构成。

1) 对比度的换算

一幅图像是由具有相同强度 I 的背景和居于图像中心的具有不同强度 $I+\delta I$ 的斑点组成的，当 δI 增加时观测者能首先探测到这些斑点，对于较宽范围的背景强度值，具有明显差异的 δI 与 I 的比率是一个常数，它们的关系由韦伯定律可表示为

$$\frac{\delta I}{I} = K \tag{8.80}$$

通常情况下我们可以通过计算图像的局部亮度变化与周围环境亮度的比得到对比度的测量值。

2) 对比灵敏度滤波器

同时，我们通过对比灵敏度函数 (contrast sensitive function, CSF) 来描述人类的眼睛对于不同变化频率的视觉刺激具有怎样的敏感程度。

首先，所有的图像通过经验函数 CSF 进行滤波处理，$I_A(u,v)$ 表示源图像 $I_A(x,y)$ 的傅里叶变换图像，(x,y) 表示像素点的位置，则函数 CSF 的滤波响应

$\tilde{I}_A(u,v)$ 为

$$\tilde{I}_A(u,v) = I_A(u,v)S(r) \tag{8.81}$$

式中，$S(r)$ 是函数 CSF 的极坐标形式，$r=\sqrt{u^2+v^2}$。

(1) 局部均方根 (root mean square, RMS) 对比度。

考虑图像中一个坐标为 (x,y) 的像素，定义一个以 (x,y) 为中心，半径为 p 包含 N 个像素的窗口。对窗口中的第 i 个像素赋予的权重值 w_i 为

$$w_i = 0.5\left\{\cos\left[\frac{\pi}{p}\sqrt{(x_i-x)^2+(y_i-y)^2}\right]+1\right\} \tag{8.82}$$

定义 $\bar{I}=\sum\limits_{i=1}^{N} w_i I_i$，那么输入图像 I 的局部均方根对比度定义为

$$C^{\mathrm{rms}}(x,y)=\sqrt{\frac{1}{\sum\limits_{i=1}^{N} w_i}\sum_{i=1}^{N} w_i \frac{(I_i-\bar{I})^2}{\left(\bar{I}+I_{\mathrm{dark}}\right)^2}} \tag{8.83}$$

式中，$C^{\mathrm{rms}}(x,y)$ 是像素点 (x,y) 的 RMS 对比度，I_{dark} 是暗光参数 ($1\mathrm{cd/m^2}$)，它是基于人类能够适应与辨别的光强度。

(2) 局部有限子带对比度。

基于局部有限子带对比度的测量方法是对图像上的每一点分别计算它们的对比度，从而存储整个图像对比度变化处像素的位置。定义一组带通滤波器的滤波算子为 $\psi_1,\psi_2,\cdots,\psi_M$。定义一个与之相应的低通滤波集合 $\phi_1,\phi_2,\cdots,\phi_M$。那么图像 I 的局部有限子带对比度表示为

$$C^P(x,y)=\frac{\psi_j(x,y)*I(x,y)}{\phi_{j+1}(x,y)*I(x,y)} \tag{8.84}$$

式中，$*$ 表示在点 (x,y) 区域的二维空间卷积。

考虑到带通滤波的金字塔变换，可以获得两个相邻低通滤波的差异，因此 Peli 对比度也可以表示为

$$C^P(x,y)=\frac{(\phi_j(x,y)-\phi_{j+1}(x,y))*I(x,y)}{\phi_{j+1}(x,y)*I(x,y)}=\frac{\phi_j(x,y)*I(x,y)}{\phi_{j+1}(x,y)*I(x,y)}-1 \tag{8.85}$$

通常选取的低通滤波算子 ϕ_j 为高斯核：

$$G_j(x,y)=\frac{1}{(\sqrt{2\pi}\sigma_j)^2}\mathrm{e}^{-\frac{x^2+y^2}{2\sigma_j^2}} \tag{8.86}$$

式中，标准偏差 $\sigma_j=2^j$。

(3) 均等局部对比度。

基于解析滤波的均等局部对比度测量方法在频率域以极坐标 (r,φ) 的形式被定义，定义了一组具有不同方向的带通滤波算子 $\hat{\Psi}_{11},\hat{\Psi}_{12},\cdots,\hat{\Psi}_{KM}$，其中第一个指数 K 表示频率子带，第二个指数 M 表示不同的方向。定义联合均等低通滤波算子为 $\hat{\phi}_1,\hat{\phi}_2,\cdots,\hat{\phi}_M$，那么图像 I 在第 j 层上的均等局部对比度测量定义为

$$C^W(x,y)=\frac{\sqrt{2\sum_K|\psi_{jK}*I(x,y)|^2}}{\phi_j*I(x,y)} \tag{8.87}$$

3) 对比度的保留计算

这里我们计算从输入的图像 I_A 到融合图像 I_F 传递的信息总量。如果我们仅仅对图像 $\tilde{I}_A$ 进行对比度的计算，我们定义这个结果为对比度的映射 C_A，类似地对图像 $\tilde{I}_B$ 和 $\tilde{I}_F$ 的对比度映射分别为 C_B 和 C_F。那么屏蔽对比度映射关系可以通过文献 [43] 中的经验屏蔽模型得到，即为

$$C'_A=\frac{k(C_A)^p}{h(C_A)^q+Z} \tag{8.88}$$

式中，k,h,p,q 和 Z 是标量实参数，它们决定了非线性模板函数的形状。信息的保留值为

$$Q_{AF}(x,y)=\begin{cases}\dfrac{C'_A(x,y)}{C'_F(x,y)}, & C'_A(x,y)<C'_F(x,y)\\ \dfrac{C'_F(x,y)}{C'_A(x,y)}, & \text{其他}\end{cases} \tag{8.89}$$

$Q_{AF}(x,y)\in[0,1]$，当 $Q_{AF}=1$ 时，表示图像 A 的信息全部保留到融合图像 F 中；当 $Q_{AF}=0$ 时，表示图像 A 的信息在融合图像 F 中全部丢失。

4) 特征图的生成

当前一些研究者使用边缘强度来表示图像的局部特征。我们采用模板对比度图来识别基于人类视觉观察到的特征，输入图像 I_A 的视觉观察特征图定义为

$$\lambda_A(x,y)=\frac{C'^2_A(x,y)}{C'^2_A(x,y)+C'^2_B(x,y)} \tag{8.90}$$

式中 C'_A 是得到的模板对比度图。类似的图像 I_B 的特征图为 λ_B，A 和 B 表示待融合图像。

5) 整体质量关系式

$$Q_C(x,y)=\lambda_A(x,y)Q_{AF}(x,y)+\lambda_B(x,y)Q_{BF}(x,y) \tag{8.91}$$

每一个像素 $Q_C \in [0,1]$, 为了获得单一的显示融合图像质量的值，可以简单地对整幅图像的质量图求均值得到

$$Q = \bar{Q}_C(x,y) \tag{8.92}$$

对融合图像可以选择合适的客观融合评价指标，选取的指标参量可以为空间频率、标准偏差、熵和交叉熵等，其中图像的空间频率又称为图像的平均灰度梯度，主要反映图像局部的细小变化和纹理变化，如果一幅图像的平均灰度梯度越小，表示图像层次较少；反之平均灰度梯度越大，一般图像会比较清晰；图像的灰度标准偏差反映了图像整体灰度分布的离散程度。高对比度的图像对应大的标准偏差，反之亦然；图像的熵是衡量图像信息丰富程度的指标，图像的熵值越大，说明图像包含的信息量越大；图像的交叉熵可以衡量两幅图像之间的信息差异，交叉熵越小，表示图像间的差异就越小，即融合效果越好。

第9章 基于深度学习的视觉感知技术

9.1 概 述

由于现在计算机硬件的发展及视频安防设备的普及，可以获取到海量的视频数据，因而如何从海量的视频数据中提取感兴趣的信息就具有很大的实用意义。目标检测是进行场景语义、智能机器人等高层次应用的基础。此外，随着工业 4.0 时代的到来，在智能化生产、智能化生活、智能化办公等环境中也会涉及目标检测。实时目标检测除了关注检测结果的精度，还对运行的实时性有一定的要求，实时目标检测在很多智能领域都有应用，如自动驾驶、机器人感知、工业手臂的抓取。实时目标检测都是这些智能化任务的关键环节。只有将环境清楚准确地返回给设备，它才能根据这些内容制定相应的行动方案。随着现在电子设备的普及及社交媒体的广为传播，每天都会产生大量的视频和图像数据，实时处理这些数据并获得重要的信息，是一个值得研究的问题。

自 Alexnet 模型在 ILSVRC 2012 竞赛中取得冠军之后，基于深度学习的方法如雨后春笋一般在各个领域都得到了广泛关注。ILSVRC 是对大型图像数据集 (ImageNet) 进行目标分类、目标检测、场景分割的大型竞赛，每年都会有很多公司和组织参赛。2015 年开始，由于基于深度学习进行目标分类的精度已经很高了，不再进行目标分类小单元的竞赛。在 ILSVRC 竞赛中，会涌现很多优秀的方法和技巧，对后来的研究都具有很好的指导意义，例如，2014 年提出的 GoogleNet、SPPNET，2015 提出的 ResNet 等。ILSVRC 在一定程度上推动了深度学习的发展。

深度学习相对于之前的方法具有更好的延展性，只要给它足够的符合标准的数据，它就能够自主地学习到数据内在的特征，为后续的任务提供特征来源。深度学习除了在图像处理上的广泛应用之外，在语音识别、自然语言理解、医疗、推荐系统、生物信息等领域也是主流。深度学习包含很多的方法：稀疏编码、深度置信网络、递归网络等，其中卷积神经网络因为其特有卷积层–降采样层结构和局部感受野，应用最为广泛。

基于深度学习的实时目标检测，主要是利用卷积神经网络学习视频数据的本质特征，通过对这些特征进行分类和识别，实现实时目标检测。大致的实现方案可以分成两种：一种是基于候选框预测的方法，一种是基于回归的端对端的方法。

基于候选框预测的方法的典型代表为 Faster RCNN。Faster RCNN 利用 RPN(候选框生成网络) 来生成候选框，然后将候选框和上一层的卷积层特征一起输入全连接层进行分类和定位预测。Faster RCNN 摒弃了常用的生成目标候选框的 selective search 方法，参考 SPP-Net 中对卷积后的特征图进行计算的思想，利用两个卷积层构成 RPN(候选框生成网络) 来计算得到目标候选框，避免了对候选框的单独计算，将候选框的生成融入整个网络训练之中，将整个目标检测过程合成一个完整的过程，从而节省了计算时间，达到实时的效果。

Faster RCNN 具有很好的精度，但是运行速度只有 5FPS (frames per second，每秒传输帧数)，离实时目标检测还有一定的距离。基于回归的端对端的方法，主要是解决速度的问题，彻底将目标检测问题看作一个端对端的问题，通过回归的方法来获得目标候选框。下面重点介绍 YOLO 和 SSD 两个框架。

YOLO 将图像分成若干单元，通过计算是否有物体的中心落在单元中，来得到每一个单元的类别预测结果、候选框的坐标信息和置信度。YOLO 将整幅图作为输入，在学习过程中可以获得大量的上下文信息，从而使背景的误判率会比 Faster RCNN 低。假定图像分割成 7×7 的单元，共有 20 个类别，一幅图像会产生 980 个预测的概率。通常情况下得到的概率大部分为 0，这会导致网络训练离散。为此引入了一个变量来解决这个问题：某位置是否有物体存在的概率。YOLO 的训练是分步进行的：首先，取出网络的前 20 个卷积层，添加一个均值池化层和一个全连接层，在 ImageNet 数据上进行训练。然后，在 20 个预训练好的卷积层后添加了 4 个新的卷积层和 2 个全连接层，并采用随机数来初始化新添加层的参数，这些层进行微调的输入图像的大小为 448×448。最后一个全连接层用来预测物体属于不同类的概率、边界框的中心点坐标和宽高。YOLO 可以达到 45FPS 的速度，由于是基于回归的方法生成的候选框，定位的精度不是很好。当一个单元中存在两个物体的时候，小物体往往检测不出来。模型的延展性不强，对于训练样本中没有出现的纵横比物体也检测不出来。

SSD 针对 YOLO 定位的问题，在 YOLO 框架的基础上结合 anchor (固定框) 来进行改进。不同于以往的方法，SSD 采用卷积层进行分类预测和边界框的偏移值计算。对于不同纵横比的物体检测采用不同的检测器。多尺度的问题通过计算多个特征图来解决。结合最底层和最高层的特征图来计算分类和边界框预测，可以在一定程度上提高检测的性能。在 SSD 框架中，默认的框没有必要符合每一层的感受野大小。通过设计图像块来使得特征图上的位置与图像的特定位置相对应，以及符合目标的特定尺度。SSD 避免了将 RPN 和 fast RCNN 合并的麻烦，更容易进行训练，速度更快。SSD 可以达到 58FPS 的速度，在精度上也比 YOLO 要好。

目前来说，实时目标检测还存在很多的问题，集中在速度和精度两个方面。基于回归的方法在定位的精度上会存在一些不足，而基于候选框的方法在速度上还需要改善。另外，整个实时目标检测的精度还有很大的提升空间。我们也会积极地进行探索，争取在智能零售柜和智能机器人中采用具有较高精度的实时目标检测。

9.2 深度学习

9.2.1 人工智能发展概述

人工智能是人类最美好的梦想之一。虽然计算机技术已经取得了长足的进步，但是到目前为止，还没有一台电脑能产生“自我”的意识。也许在人类和大量现成数据的帮助下，电脑可以表现得十分强大，但是离开了这两者，它甚至都不能分辨一只猫和一只狗。

图灵 (计算机和人工智能的鼻祖，分别对应于其著名的“图灵机”和“图灵测试”) 在 1950 年的论文里提出图灵测试的设想，即，隔墙对话，你将不知道与你谈话的是人还是电脑。这无疑给计算机尤其是人工智能预设了一个很高的期望值。但是半个世纪过去了，人工智能的进展远远没有达到图灵试验的标准。这不禁让多年翘首以待的人们心灰意冷，认为人工智能是欺骗，相关领域是“伪科学”。

但是自 2006 年以来，机器学习领域取得了突破性的进展。图灵测试至少不是那么可望而不可及了。至于技术手段，不仅仅依赖于云计算对大数据的并行处理能力，而且依赖于算法，这个算法就是 Deep Learning (深度学习)。借助于 Deep Learning 算法，人类终于找到了如何处理“抽象概念”这个亘古难题的方法。

2012 年 6 月,《纽约时报》披露了 Google Brain 项目，吸引了公众的广泛关注。这个项目是由著名的斯坦福大学教授 Andrew Ng 和在大规模计算机系统方面的世界顶尖专家 Jeff Dean 共同主导，用 16000 个 CPU Core 的并行计算平台训练一种称为“深度神经网络”(deep neural networks, DNN) 的机器学习模型 (内部共有 10 亿个节点。这一网络自然是不能跟人类的神经网络相提并论的。要知道，人脑中共有 150 多亿个神经元，互相连接的节点即突触数更是如恒河沙数。曾经有人估算过，如果将一个人的大脑中所有神经细胞的轴突和树突依次连接起来，并拉成一根直线，可从地球连到月球，再从月球返回地球)，在语音识别和图像识别等领域获得了巨大的成功。

Andrew 教授称:“我们没有像通常做的那样自己框定边界，而是直接把海量数据投放到算法中，让数据自己说话，系统会自动从数据中学习。”另外一名负责人 Jeff 则说:“我们在训练的时候从来不会告诉机器说‘这是一只猫’，系统其实是自己发明或者领悟了‘猫’的概念。”

2012 年 11 月，微软在中国天津的一次活动上公开演示了一个全自动的同声传译系统，讲演者用英文演讲，后台的计算机一气呵成自动完成语音识别、英中机器翻译和中文语音合成，效果非常流畅。据报道，后面支撑的关键技术也是 DNN 或者深度学习。2013 年 1 月，百度高调宣布要成立百度研究院，其中第一个成立的就是“深度学习研究所” (institute of deep learning, IDL)。

为什么拥有大数据的互联网公司争相投入大量资源研发深度学习技术？那什么是深度学习？为什么有深度学习？它是怎么来的？又能干什么呢？目前存在哪些困难呢？我们先来了解机器学习 (人工智能的核心) 的背景。

9.2.2 机器学习

机器学习 (machine learning) 是一门专门研究计算机怎样模拟或实现人类的学习行为，以获取新的知识或技能，重新组织已有的知识结构，使之不断改善自身的性能的学科。机器能否像人类一样具有学习能力呢？1959 年美国的塞缪尔 (Samuel) 设计了一个下棋程序，这个程序具有学习能力，它可以在不断的对弈中改善自己的棋艺。4 年后，这个程序战胜了设计者本人。又过了 3 年，这个程序战胜了美国一个保持 8 年之久的常胜不败的冠军。这个程序向人们展示了机器学习的能力，提出了许多令人深思的社会问题与哲学问题。

机器学习虽然发展了几十年，但还是存在很多没有得到良好解决的问题。例如图像识别、语音识别、自然语言理解、天气预测、基因表达、内容推荐等。目前我们通过机器学习去解决这些问题的思路都是这样的 (以视觉感知为例)：从开始的通过传感器来获得数据，然后经过预处理、特征提取、特征选择，再到推理、预测或者识别，最后一个部分，也就是机器学习的部分，绝大部分的工作是在这方面做的，也有很多这方面的文章和研究。而中间的三部分，概括起来就是特征表达。良好的特征表达，对最终算法的准确性起了非常关键的作用，而且系统主要的计算和测试工作都耗在这一大部分。但这部分实际中一般都是人工完成的，靠人工提取特征。

截止到目前，也出现了不少非常好的特征，好的特征应具有不变性 (大小、尺度和旋转等) 和可区分性。如 SIFT 的出现是局部图像特征描述子研究领域一项里程碑式的工作。由于 SIFT 对尺度、旋转以及一定视角和光照变化等图像变化都具有不变性，并且 SIFT 具有很强的可区分性，的确让很多问题的解决变为可能。但它也不是万能的。

然而，手工选取特征毕竟是一件非常费力、启发式 (需要专业知识) 的方法，能不能选取好很大程度上靠经验和运气，而且它的调节需要大量的时间。既然手工选取特征不太好，那么能不能自动地学习一些特征呢？答案是能！深度学习就是用来做这个事情的，通过它的一个别名“无监督的特征学习”就可以体会到了，“无监督”的意思就是不要人参与特征的选取过程。

那它是怎么学习的呢？怎么知道哪些特征好哪些不好呢？我们说机器学习是一

门专门研究计算机怎样模拟或实现人类的学习行为的学科，那么我们人的视觉系统是怎么工作的呢？为什么在茫茫人海中我们都可以找到另一个人？人脑那么聪明，我们能不能参考人脑、模拟人脑呢？近几十年以来，认知神经科学、生物学等学科的发展，让我们对自己这个神秘的而又神奇的大脑不再那么陌生，也给人工智能的发展推波助澜。

9.2.3 特征的表达

特征是机器学习系统的原材料，对最终模型的影响是毋庸置疑的。如果数据被很好地表达成了特征，那么通常线性模型就能达到令人满意的精度。那对于特征，我们需要考虑什么呢？

1. 特征表示的粒度

学习算法在一个什么粒度上的特征表示才能发挥作用呢？就一个图片来说，像素级的特征根本没有价值。例如图 9.1 所示的摩托车，从像素级别根本得不到任何信息，其无法进行摩托车和非摩托车的区分。而如果特征具有结构性 (或者说有含义) 的时候，例如是否具有车把手 (handle)，是否具有车轮 (wheel)，就很容易把摩托车和非摩托车区分，学习算法才能发挥作用。

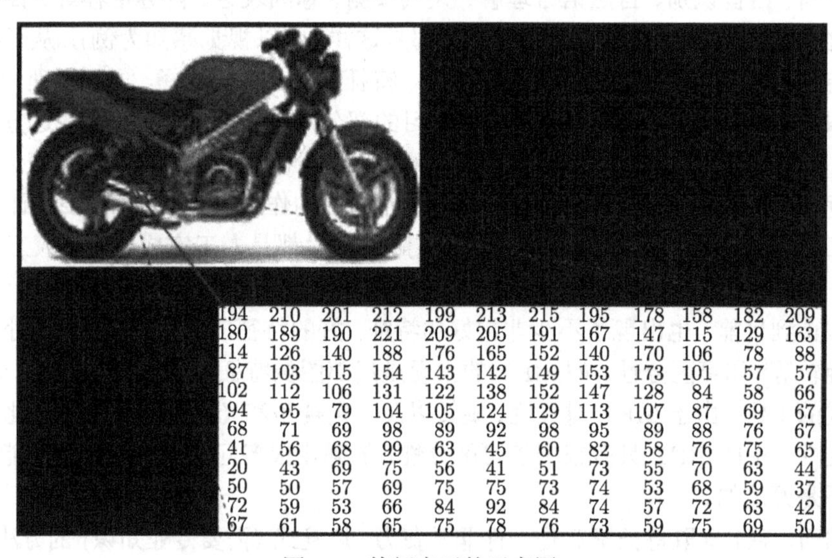

图 9.1 特征表示的示意图

2. 初级 (浅层) 特征表示

既然像素级的特征表示方法没有作用，那怎样的表示才有用呢？

1995 年前后，Bruno Olshausen 和 David Field 两位学者任职康奈尔大学 (Cornell University)，他们试图同时用生理学和计算机的手段双管齐下，研究视觉问题。

他们收集了很多黑白风景照片，从这些照片中提取出 400 个小碎片，每个照片碎片的尺寸均为 16×16 像素，不妨把这 400 个碎片标记为 $S[i], i = 0, \cdots, 399$。接下来再从这些黑白风景照片中随机提取另一个碎片，尺寸也是 16×16 像素，不妨把这个碎片标记为 T。

他们提出的问题是，如何从这 400 个碎片中选取一组碎片 $S[k]$，通过叠加的办法合成一个新的碎片，而这个新的碎片应当与随机选择的目标碎片 T 尽可能相似，同时 $S[k]$ 的数量尽可能少。用数学的语言来描述，就是

Sum_k(a[k] * S[k]) → T，　其中 a[k] 是在叠加碎片 S[k] 时的权重系数

为解决这个问题，Bruno Olshausen 和 David Field 发明了一个算法，即稀疏编码 (sparse coding)。稀疏编码是一个重复迭代的过程，每次迭代分两步：

(1) 选择一组 S[k]，然后调整 a[k]，使得 Sum_k (a[k] * S[k]) 最接近 T。

(2) 固定住 a[k]，在 400 个碎片中选择其他更合适的碎片 S′[k]，替代原先的 S[k]，使得 Sum_k (a[k] * S′[k]) 最接近 T。

经过几次迭代后，最佳的 S[k] 组合被遴选出来了。令人惊奇的是，被选中的 S[k] 基本上都是照片上不同物体的边缘线，这些线段形状相似，区别在于方向，如图 9.2 所示。

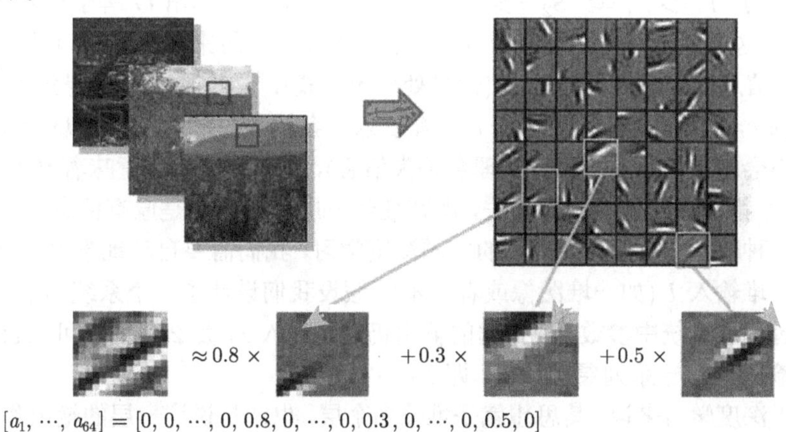

图 9.2　特征的稀疏表示

也就是说，复杂图形往往由一些基本结构组成。例如图 9.2 中一个图可以通过用 64 种正交的 edges(可以理解成正交的基本结构) 来线性表示。例如样例的 x 可以用 1~64 个 edges 中的 3 个按照 0.8,0.3,0.5 的权重调和而成，而其他基本 edges 没有贡献，因此均为 0。

另外，研究者们还发现，不仅图像存在这个规律，声音也存在。他们从未标注

的声音中发现了 20 种基本的声音结构，其余的声音可以由这 20 种基本结构合成。

3. 结构性特征表示

小块的图形可以由基本 edges 构成，那么更结构化、更复杂的、具有概念性的图形如何表示呢？这就需要更高层次的特征表示，例如 V_2，V_4，因此 V_1 看像素级是像素级，V_2 看 V_1 是像素级，这个是层次递进的，高层表达由底层表达组合而成。专业说法就是基 (basis)。V_1 提取出的 basis 是边缘，然后 V_2 层是 V_1 层这些 basis 的组合，这时候 V_2 区得到的又是高一层的 basis，即上一层的 basis 组合的结果，上上层又是上一层的组合 basis …… (所以深度学习就是无监督特别学习)。直观上说，就是找到有意义的小包再将其进行组合，就得到了上一层的特征并递归地向上学习特征。

我们知道需要层次的特征进行构建，由浅入深，但每一层该有多少个特征呢？任何一种方法，特征越多，给出的参考信息就越多，准确性会得到提升。但特征多意味着计算复杂，探索的空间大，可以用来训练的数据在每个特征上就会稀疏，都会带来各种问题，并不一定特征越多越好。

9.2.4 深度学习的基本原理

假设我们有一个系统 S，它有 n 层 $(S_1,\cdots,S_n)$，它的输入是 I，输出是 O，形象地表示为：$I => S_1 => S_2 => \cdots => S_n => O$，如果输出 O 等于输入 I，即输入 I 经过这个系统变化之后没有任何的信息损失 (一般来说这是不可能的。信息论中有“信息逐层丢失”的说法 (信息处理不等式)，设处理 a 信息得到 b，再对 b 处理得到 c，那么可以证明：a 和 c 的互信息不会超过 a 和 b 的互信息。这表明信息处理不会增加信息，大部分处理会丢失信息)，保持不变，这意味着输入 I 经过每一层 S_i 都没有任何的信息损失，即在任何一层 S_i，它都是原有信息 (即输入 I) 的另外一种表示。现在回到我们的主题深度学习，我们需要自动地学习特征，假设我们有一堆输入 I (如一堆图像或者文本)，假设我们设计了一个系统 S (有 n 层)，我们通过调整系统中参数，使得它的输出仍然是输入 I，那么我们就可以自动地获取得到输入 I 的一系列层次特征，即 $S_1,\cdots,S_n$。

对于深度学习来说，其思想就是堆叠多个层，也就是说这一层的输出作为下一层的输入。通过这种方式，就可以实现对输入信息进行分级表达了。另外，前面是假设输出严格地等于输入，这个限制太严格，我们可以略微地放松这个限制，例如，我们只要使得输入与输出的差别尽可能小即可，这个放松会导致另外一类不同的深度学习方法。

9.2.5 浅层学习和深度学习

浅层学习是机器学习的第一次浪潮。20 世纪 80 年代末期，用于人工神经网络

的反向传播算法 (也叫 back propagation 算法或者 BP 算法) 的发明，给机器学习带来了希望，掀起了基于统计模型的机器学习热潮，这个热潮一直持续到今天。人们发现，利用 BP 算法可以让一个人工神经网络模型从大量训练样本中学习统计规律，从而对未知事件做预测。这种基于统计的机器学习方法比起过去基于人工规则的系统，在很多方面显出优越性。这个时候的人工神经网络虽也被称作多层感知机 (multi-layer perceptron)，但实际是一种只含有一层隐层节点的浅层模型。90 年代，各种各样的浅层机器学习模型相继被提出，例如支撑向量机 (SVM，support vector machines)、Boosting、最大熵方法 (如 LR，即 logistic regression) 等。这些模型的结构基本上可以看成带有一层隐层节点 (如 SVM、Boosting) 或没有隐层节点 (如 LR)。这些模型无论是在理论分析还是应用中都获得了巨大的成功。相比之下，由于理论分析的难度大，训练方法又需要很多经验和技巧，这个时期浅层人工神经网络反而相对沉寂。

深度学习是机器学习的第二次浪潮。2006 年，加拿大多伦多大学教授、机器学习领域的泰斗 Geoffrey Hinton 和他的学生 Ruslan Salakhutdinov 在《科学》上发表了一篇文章，开启了深度学习在学术界和工业界的浪潮。这篇文章有两个主要观点：① 多隐层的人工神经网络具有优异的特征学习能力，学习得到的特征对数据有更本质的刻画，从而有利于可视化或分类；② 深度神经网络在训练上的难度可以通过“逐层初始化”(layer-wise pre-training) 来有效克服，在这篇文章中，逐层初始化是通过无监督学习实现的。

当前多数分类、回归等学习方法为浅层结构算法，其局限性在于有限样本和计算单元情况下对复杂函数的表示能力有限，针对复杂分类问题其泛化能力受到一定制约。深度学习可通过学习一种深层非线性网络结构，实现复杂函数逼近，表征输入数据分布式表示，并展现了强大的从少数样本集中学习数据集本质特征的能力 (多层的好处是可以用较少的参数表示复杂的函数)。

深度学习的实质是通过构建具有很多隐层的机器学习模型和海量的训练数据来学习更有用的特征，从而最终提升分类或预测的准确性。因此，“深度模型”是手段，“特征学习”是目的。区别于传统的浅层学习，深度学习的不同在于：① 强调了模型结构的深度，通常有 5 层、6 层甚至 10 多层的隐层节点；② 明确突出了特征学习的重要性，也就是说，通过逐层特征变换，将样本在原空间的特征表示变换到一个新特征空间，从而使分类或预测更加容易。与人工规则构造特征的方法相比，利用大数据来学习特征，更能够刻画数据的丰富内在信息。

9.2.6 深度学习与神经网络的区别与联系

深度学习是机器学习研究中的一个新的领域，其动机在于建立、模拟人脑进行分析学习的神经网络，它模仿人脑的机制来解释数据，例如图像、声音和文本。深度学习是无监督学习的一种。

深度学习的概念源于人工神经网络的研究。含多隐层的多层感知器就是一种深度学习结构。深度学习通过组合低层特征形成更加抽象的高层表示属性类别或特征，以发现数据的分布式特征表示。

深度学习本身算是机器学习的一个分支，可以简单理解为神经网络的发展。大约二三十年前，神经网络曾经是机器学习领域特别火热的一个方向，但是后来却慢慢淡出了，原因包括以下几个方面：

(1) 比较容易过拟合，参数比较难调整，而且需要不少技巧；

(2) 训练速度比较慢，在层次比较少 (小于等于 3) 的情况下效果并不比其他方法更优。

所以中间有大约 20 多年的时间，神经网络被很少关注，这段时间基本上是 SVM 和 boosting 算法的天下。

深度学习与传统的神经网络之间有相同的地方，也有很多不同。二者的相同之处在于深度学习采用了神经网络相似的分层结构，系统由包括输入层、隐层 (多层)、输出层组成的多层网络，只有相邻层节点之间有连接，同一层以及跨层节点之间相互无连接，每一层可以看作是一个 logistic regression 模型，这种分层结构比较接近人类大脑结构，如图 9.3 所示。

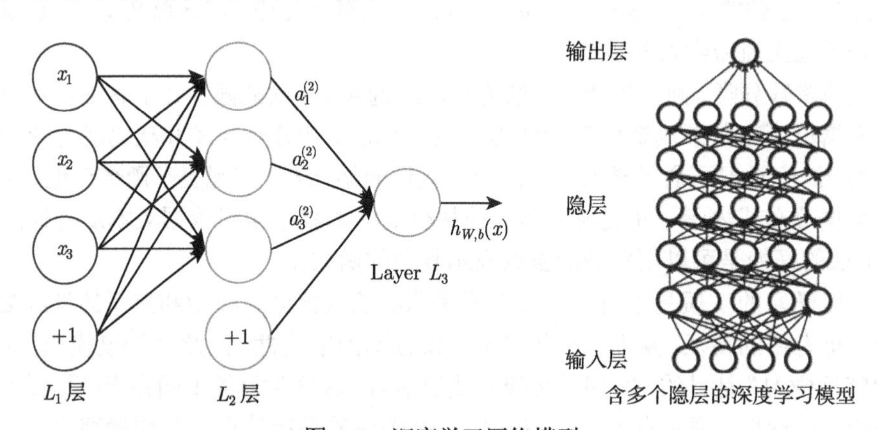

图 9.3　深度学习网络模型

而为了克服神经网络训练中的问题，深度学习采用了与神经网络很不同的训练机制。传统神经网络中采用的是 back propagation 的方式进行，简单来讲就是采用迭代的算法来训练整个网络，随机设定初值，计算当前网络的输出，然后根据当前输出和 label 之间的差去改变前面各层的参数，直到收敛 (整体是一个梯度下降法)。而深度学习整体上是一个 layer-wise 的训练机制。这样做的原因是，如果采用 back propagation 的机制，对于一个深度网络 (7 层以上)，残差传播到最前面的层已经变得太小，出现所谓的梯度扩散。

9.2.7 深度学习的训练过程

1. 传统神经网络的训练方法为什么不能用在深度神经网络?

BP 算法作为传统训练多层网络的典型算法，实际上对仅含几层网络的情况，该训练方法就已经很不理想。深度结构 (涉及多个非线性处理单元层) 非凸目标代价函数中普遍存在的局部最小是训练困难的主要来源。

BP 算法存在以下几个问题。

(1) 梯度越来越稀疏：从顶层越往下，误差校正信号越来越小；

(2) 收敛到局部最小值：尤其是从远离最优区域开始的时候 (随机值初始化会导致这种情况的发生)；

(3) 一般的，我们只能用有标签的数据来训练，但大部分的数据是没标签的，而大脑可以从没有标签的数据中学习。

2. 深度学习训练过程

如果对所有层同时训练，时间复杂度会太高；如果每次训练一层，偏差就会逐层传递。这会面临与上面监督学习中相反的问题，会严重欠拟合 (因为深度网络的神经元和参数太多了)。

2006 年，Hinton 提出了在非监督数据上建立多层神经网络的一个有效方法，简单地说分为两步，一是每次训练一层网络，二是调优，使原始表示 x 向上生成的高级表示 r 和该高级表示 r 向下生成的 x' 尽可能一致。方法是：

(1) 首先逐层构建单层神经元，这样每次都是训练一个单层网络；

(2) 当所有层训练完后，Hinton 使用 wake-sleep 算法进行调优。

他将除最顶层的其他层间的权重变为双向的，这样最顶层仍然是一个单层神经网络，而其他层则变为了图模型。向上的权重用于“认知”，向下的权重用于“生成”。然后使用 wake-sleep 算法调整所有的权重，让认知和生成达成一致，也就是保证生成的最顶层表示能够尽可能正确地复原底层的节点。如顶层的一个节点表示人脸，那么所有人脸的图像应该激活这个节点，并且这个结果向下生成的图像应该能够表现为一个大概的人脸图像。wake-sleep 算法分为醒 (wake) 和睡 (sleep) 两个部分。

(1) wake 阶段：认知过程，通过外界的特征和向上的权重 (认知权重) 产生每一层的抽象表示 (节点状态)，并且使用梯度下降修改层间的下行权重 (生成权重)。也就是“如果现实跟我想象的不一样，改变我的权重使得我想象的东西就是这样的”。

(2) sleep 阶段：生成过程，通过顶层表示 (醒时学得的概念) 和向下权重，生成底层的状态，同时修改层间向上的权重。也就是“如果梦中的景象不是我脑中的相应概念，改变我的认知权重使得这种景象在我看来就是这个概念”。

深度学习训练过程具体如下：

(1) 使用自下上升非监督学习 (就是从底层开始，一层一层地往顶层训练)。

采用无标定数据 (有标定数据也可) 分层训练各层参数，这一步可以看作是一个无监督训练过程，是和传统神经网络区别最大的部分 (这个过程可以看作是特征学习过程)：具体地，先用无标定数据训练第一层，训练时先学习第一层的参数 (这一层可以看作是得到一个使得输出和输入差别最小的三层神经网络的隐层)，由于模型 capacity 的限制以及稀疏性约束，使得得到的模型能够学习到数据本身的结构，从而得到比输入更具有表示能力的特征；在学习得到第 $n-1$ 层后，将 $n-1$ 层的输出作为第 n 层的输入，训练第 n 层，由此分别得到各层的参数。

(2) 自顶向下的监督学习 (就是通过带标签的数据去训练，误差自顶向下传输，对网络进行微调)。

基于第一步得到的各层参数进一步调整 (fine-tune) 整个多层模型的参数，这一步是一个有监督训练过程。第一步类似神经网络的随机初始化初值过程，由于深度学习的第一步不是随机初始化，而是通过学习输入数据的结构得到的，因而这个初值更接近全局最优，从而能够取得更好的效果，所以深度学习效果好很大程度上归功于第一步的特征学习过程。

9.2.8 深度学习模型

1. AutoEncoder 自动编码器

深度学习最简单的一种方法是利用人工神经网络的特点，人工神经网络 (artificial neural network, ANN) 本身就是具有层次结构的系统，如果给定一个神经网络，我们假设其输出与输入是相同的，然后训练调整其参数，得到每一层中的权重。自然地，我们就得到了输入 I 的几种不同表示 (每一层代表一种表示)，这些表示就是特征。自动编码器就是一种尽可能复现输入信号的神经网络。为了实现这种复现，自动编码器就必须捕捉可以代表输入数据的最重要的因素，就像 PCA 那样，找到可以代表原信息的主要成分。具体过程简单说明如下。

1) 给定无标签数据，用非监督学习方法来学习特征

在我们之前的神经网络中，我们输入的样本是有标签的，即 (input，target)，这样我们根据当前输出和 target(label) 之间的差去改变前面各层的参数，直到收敛。但现在我们只有无标签数据，也就是右边的图。那么这个误差怎么得到呢？

我们将 input 输入一个 encoder 编码器，就会得到一个 code，这个 code 也就是输入的一个表示，那么我们怎么知道这个 code 表示的就是 input 呢？我们加一

个 decoder 解码器，这时候 decoder 就会输出一个信息，那么如果输出的这个信息和一开始的输入信号 input 是很像的 (理想情况下就是一样的)，那很明显，我们就有理由相信这个 code 是可信的。所以，我们就通过调整 encoder 和 decoder 的参数，使得重构误差最小，这时候我们就得到了输入 input 信号的第一个表示了，也就是编码 code 了。因为是无标签数据，所以误差的来源就是直接重构后与原输入相比得到。

2) 通过编码器产生特征，然后训练下一层，这样逐层训练

在上面我们就得到第一层的 code，我们的重构误差最小让我们相信这个 code 就是原输入信号的良好表达了，或者牵强点说，它和原信号是一模一样的 (表达不一样，反映的是一个东西)。那第二层和第一层的训练方式就没有差别了，我们将第一层输出的 code 当成第二层的输入信号，同样最小化重构误差，就会得到第二层的参数，并且得到第二层输入的 code，也就是原输入信息的第二个表达了。其他层用同样的方法就行了 (训练这一层，前面层的参数都是固定的，并且它们的 decoder 已经没用了，都不需要了)。

3) 有监督微调

经过上面的方法，我们就可以得到很多层了。至于需要多少层 (或者深度需要多少，这个目前本身就没有一个科学的评价方法) 就需要自己进行试调了。每一层都会得到原始输入的不同的表达。当然了，我们觉得它是越抽象越好，就像人的视觉系统一样。

到目前为止，这个 AutoEncoder 还不能用来分类数据，因为它还没有学习如何去连接一个输入和一个类。它只是学会了如何去重构或者复现它的输入而已。或者说，它只是学习获得了一个可以良好代表输入的特征，这个特征可以最大程度上代表原输入信号。那么，为了实现分类，我们就可以在 AutoEncoder 的最顶的编码层添加一个分类器 (如 Logistic 回归、SVM 等)，然后通过标准的多层神经网络的监督训练方法 (梯度下降法) 去训练。

也就是说，这时候，我们需要将最后层的特征 code 输入最后的分类器，通过有标签样本，通过监督学习进行微调，这也分两种：一种是只调整分类器；另一种通过有标签样本微调整个系统 (如果有足够多的数据，这个是最好的，也就是端对端学习)。

一旦监督训练完成，这个网络就可以用来分类了。神经网络的最顶层可以作为一个线性分类器，然后我们可以用一个具有更好性能的分类器去取代它。

在研究中可以发现，如果在原有的特征中加入这些自动学习得到的特征，可以大大提高精确度，甚至在分类问题中比目前最好的分类算法效果还要好。

AutoEncoder 存在一些变体，这里简要介绍以下两个。

(1) Sparse AutoEncoder (稀疏自动编码器)。

当然，我们还可以继续加上一些约束条件得到新的深度学习方法，如果在 AutoEncoder 的基础上加上 L_1 的 Regularity 限制 (L_1 主要是约束每一层中的节点中大部分都要为 0，只有少数不为 0，这就是 Sparse 名字的来源)，我们就可以得到 Sparse AutoEncoder 法。

(2) Denoising AutoEncoders (降噪自动编码器)。

降噪自动编码器 (DA) 是在自动编码器的基础上训练数据加入噪声，所以自动编码器必须学习去去除这种噪声而获得真正的没有被噪声污染过的输入。因此，这就迫使编码器去学习输入信号的更加鲁棒的表达，这也是它的泛化能力比一般编码器强的原因。DA 可以通过梯度下降算法去训练。

2. *稀疏编码*

如果我们把输出必须和输入相等的限制放松，同时利用线性代数中基的概念，即 $O = a_1 \cdot \varPhi_1 + a_2 \cdot \varPhi_2 + \cdots + a_n \cdot \varPhi_n$，$\varPhi_i$ 是基，a_i 是系数，我们可以得到这样一个优化问题：$\mathrm{Min}|I - O|$，其中 I 表示输入，O 表示输出。

通过求解这个最优化式子，我们可以求得系数 a_i 和基 $\varPhi_i$，这些系数和基就是输入的另外一种近似表达。

因此，它们可以用来表达输入 I，这个过程也是自动学习得到的。如果我们在上述式子上加上 L_1 的 Regularity 限制，得到

$$\mathrm{Min}|I - O| + u \cdot (|\varPhi_1| + |\varPhi_2| + \cdots + |\varPhi_n|)$$

这种方法被称为稀疏编码 (Sparse Coding)。通俗地说，就是将一个信号表示为一组基的线性组合，而且要求只需要较少的几个基就可以将信号表示出来。“稀疏性”定义为：只有很少的几个非零元素或只有很少的几个远大于零的元素。要求系数 a_i 是稀疏的意思就是说：对于一组输入向量，我们只想有尽可能少的几个系数远大于零。选择使用具有稀疏性的分量来表示我们的输入数据是有原因的，因为绝大多数的感官数据 (如自然图像) 可以被表示成少量基本元素的叠加，在图像中这些基本元素可以是面或者线。同时，与初级视觉皮层的类比过程也因此得到了提升 (人脑有大量的神经元，但对于某些图像或者边缘只有很少的神经元兴奋，其他都处于抑制状态)。

稀疏编码算法是一种无监督学习方法，它用来寻找一组“超完备”基向量来更高效地表示样本数据。虽然形如主成分分析 (principal component analysis，PCA) 技术能使我们方便地找到一组“完备”基向量，但是这里我们想要做的是找到一组“超完备”基向量来表示输入向量 (也就是说，基向量的个数比输入向量的维数要大)。超完备基的好处是它们能更有效地找出隐含在输入数据内部的结构与模式。然而，对于超完备基来说，系数 a_i 不再由输入向量唯一确定。因此，在稀疏编码算

法中，我们另加了一个评判标准“稀疏性”来解决因超完备而导致的退化问题。

比如在图像的特征提取的最底层要做边缘检测的生成，那么这里的工作就是从自然图像中随机选取一些小包，通过这些包生成能够描述它们的“基”，也就是右边的 8×8=64 个基组成的基，然后给定一个测试包，我们可以按照上面的式子通过基的线性组合得到，而稀疏矩阵就是 a，a 中有 64 个维度，其中非零项只有 3 个，故称“稀疏”。

这里可能大家会有疑问，为什么把底层作为边缘检测呢？上层又是什么呢？这里做个简单解释读者就会明白，之所以是边缘检测是因为不同方向的边缘就能够描述出整幅图像，所以不同方向的边缘自然就是图像的基了 …… 而上一层是基组合的结果，上上层又是上一层的组合基 …… 依此类推。

稀疏代码分为两个部分。

(1) Training 阶段：给定一系列的样本图片 $[x_1, x_2, \cdots]$，我们需要学习得到一组基 $[\Phi_1, \Phi_2, \cdots]$，也就是字典。

稀疏编码是 k-means 算法的变体，其训练过程也差不多。EM 算法的思想是：如果要优化的目标函数包含两个变量，如 $L(W, B)$，那么我们可以先固定 W，调整 B 使得 L 最小，然后再固定 B，调整 W 使 L 最小，这样迭代交替，不断将 L 推向最小值。

训练过程就是一个重复迭代的过程，按上面所说，我们交替地更改 a 和 Φ 使得下面这个目标函数最小。

每次迭代分两步：

① 固定字典 $\Phi[k]$，然后调整 $a[k]$，使得上式即目标函数最小 (即解 LASSO 问题)。

② 然后固定住 $a[k]$，调整 $\Phi[k]$，使得上式即目标函数最小 (即解凸 QP 问题)。不断迭代，直至收敛。这样就可以得到一组可以很好表示这一系列 x 的基，也就是字典。

(2) Coding 阶段：给定一个新的图片 x，由上面得到的字典，通过解一个 LASSO 问题得到稀疏向量 a。这个稀疏向量就是这个输入向量 x 的一个稀疏表达了。

3. 受限玻尔兹曼机

假设有一个二部图，每一层的节点之间没有链接，一层是可视层，即输入数据层 (v)，另一层是隐藏层 (h)，如果假设所有的节点都是随机二值变量节点 (只能取 0 或者 1 值)，同时假设全概率分布 $p(v, h)$ 满足 Boltzmann 分布，我们称这个模型是受限玻尔兹曼机 (restricted Boltzmann machine, RBM)。

下面我们来看看为什么它是深度学习方法。首先，这个模型因为是二部图，所以在已知 v 的情况下，所有的隐藏节点之间是条件独立的 (因为节点之间不存在连

接)，即 $p(h|v) = p(h_1|v)\cdots p(h_n|v)$。同理，在已知隐藏层 h 的情况下，所有的可视节点都是条件独立的。同时又由于所有的 v 和 h 满足 Boltzmann 分布，因此，当输入 v 的时候，通过 $p(h|v)$ 可以得到隐藏层 h，而得到隐藏层 h 之后，通过 $p(v|h)$ 又能得到可视层，通过调整参数，我们就是要使得从隐藏层得到的可视层 v_1 与原来的可视层 v 一样，那么得到的隐藏层就是可视层另外一种表达，因此隐藏层可以作为可视层输入数据的特征，所以它就是一种深度学习方法。

如果我们把隐藏层的层数增加，我们可以得到深度玻尔兹曼机 (deep Boltzmann machine, DBM)；如果我们在靠近可视层的部分使用贝叶斯信念网络 (即有向图模型，当然这里依然限制层中节点之间没有链接)，而在最远离可视层的部分使用受限玻尔兹曼机，我们可以得到深度信任网 (deep belief net, DBN)。

4. 深信度网络

深信度网络是一个概率生成模型，与传统的判别模型的神经网络相对，生成模型是建立一个观察数据和标签之间的联合分布，对 P(Observation|Label) 和 P(Label|Observation) 都做了评估，而判别模型仅仅只是评估了后者，也就是 P(Label|Observation)。在深度神经网络应用传统的 BP 算法的时候，DBNs 遇到了以下问题:

(1) 需要为训练提供一个有标签的样本集;

(2) 学习过程较慢;

(3) 不适当的参数选择会导致学习收敛于局部最优解。

DBNs 由多个 RBM 层组成。这些网络被“限制”为一个可视层和一个隐层，层间存在连接，但层内的单元间不存在连接。隐层单元被训练去捕捉在可视层表现出来的高阶数据的相关性。

首先不考虑最顶的构成一个联想记忆 (associative memory) 的两层，一个 DBN 的连接是通过自顶向下的生成权值来指导确定的，RBMs 就像一个建筑块一样，相比传统和深度分层的 sigmoid 信念网络，它能易于连接权值的学习。

最开始的时候，通过一个非监督贪婪逐层方法去预训练获得生成模型的权值，非监督贪婪逐层方法被 Hinton 证明是有效的，并被其称为对比分歧 (contrastive divergence)。

在这个训练阶段，在可视层会产生一个向量 v，通过它将值传递到隐层。反过来，可视层的输入会被随机地选择，以尝试去重构原始的输入信号。最后，这些新的可视的神经元激活单元将前向传递重构隐层激活单元，获得 h (在训练过程中，首先将可视向量值映射给隐单元，然后可视单元由隐层单元重建，这些新可视单元再次映射给隐单元，这样就获得新的隐单元)。这些后退和前进的步骤就是我们熟悉的 Gibbs 采样，而隐层激活单元和可视层输入之间的相关性差别就作为权值更新的主要依据。

训练时间会显著减少，因为只需要单个步骤就可以接近最大似然学习。增加到网络的每一层都会改进训练数据的对数概率，我们可以理解为越来越接近能量的真实表达。这个有意义的拓展和无标签数据的使用是任何一个深度学习应用的决定性因素。

在最高两层，权值被连接到一起，这样更低层的输出将会提供一个参考的线索或者关联给顶层，这样顶层就会将其联系到它的记忆内容。而我们最关心的、最后想得到的就是判别性能，例如分类任务里面。

在预训练后，DBN 可以通过利用带标签数据用 BP 算法去对判别性能做调整。在这里，一个标签集将被附加到顶层 (推广联想记忆)，通过一个自下向上的学习到的识别权值获得一个网络的分类面。这个性能会比单纯的 BP 算法训练的网络好。这可以很直观地进行解释，DBNs 的 BP 算法只需要对权值参数空间进行一个局部的搜索，这相比前向神经网络来说，训练速度要快，而且收敛的时间也少。

DBNs 的灵活性使得它的拓展比较容易。一个拓展就是卷积 DBNs (convolutional deep belief networks, CDBNs)。DBNs 并没有考虑到图像的二维结构信息，因为输入是简单地从一个图像矩阵一维向量化的。而 CDBNs 就是考虑到了这个问题，它利用邻域像素的空域关系，通过一个称为卷积 RBMs 的模型区达到生成模型的变换不变性，而且可以更容易地变换到高维图像。DBNs 并没有明确地处理在观察变量的时间联系方面的学习，虽然目前已经有这方面的研究，例如堆叠时间 RBMs，以此来推广有序列学习能力的时域卷积机，这种序列学习时域卷积机的应用给语音信号处理问题带来了一个让人激动的研究方向。

目前，和 DBNs 有关的研究包括堆叠自动编码器，它是通过用堆叠自动编码器来替换传统 DBNs 里面的 RBMs。这就使得可以通过同样的规则来训练产生深度多层神经网络架构，但它缺少层的参数化的严格要求。与 DBNs 不同，自动编码器使用判别模型，这样这个结构就很难采样输入采样空间，这就使得网络更难捕捉它的内部表达。但是，降噪自动编码器却能很好地避免这个问题，并且比传统的 DBNs 更优，它通过在训练过程添加随机的污染并堆叠产生场泛化性能。训练单一的降噪自动编码器的过程和 RBMs 训练生成模型的过程一样。

5. *卷积神经网络*

卷积神经网络是人工神经网络的一种，已成为当前语音分析和图像识别领域的研究热点。它的权值共享网络结构使之更类似于生物神经网络，降低了网络模型的复杂度，减少了权值的数量。该优点在网络的输入是多维图像时表现得更为明显，使图像可以直接作为网络的输入，避免了传统识别算法中复杂的特征提取和数据重建过程。卷积网络是为识别二维形状而特殊设计的一个多层感知器，这种网络结构对平移、比例缩放、倾斜或者其他形式的变形具有高度不变性。

CNNs 是受早期的延时神经网络 (time delay neural network，TDNN) 的影响。延时神经网络通过在时间维度上共享权值降低学习复杂度，适用于语音和时间序列信号的处理。

CNNs 是第一个真正成功训练多层网络结构的学习算法。它利用空间关系减少需要学习的参数数目以提高一般前向 BP 算法的训练性能。CNNs 作为一个深度学习架构提出是为了最小化数据的预处理要求。在 CNN 中，图像的一小部分 (局部感受区域) 作为层级结构的最低层的输入，信息再依次传输到不同的层，每层通过一个数字滤波器去获得观测数据的最显著的特征。这个方法能够获取对平移、缩放和旋转不变的观测数据的显著特征，因为图像的局部感受区域允许神经元或者处理单元可以访问到最基础的特征，例如定向边缘或者角点。

1) 卷积神经网络的历史

1962 年，Hubel 和 Wiesel 通过对猫视觉皮层细胞的研究，提出了感受野 (receptive field) 的概念，1984 年，日本学者 Fukushima 基于感受野概念提出的神经认知机 (neocognitron) 可以看作是卷积神经网络的第一个实现网络，也是感受野概念在人工神经网络领域的首次应用。神经认知机将一个视觉模式分解成许多子模式 (特征)，然后进入分层递阶式相连的特征平面进行处理，它试图将视觉系统模型化，使其能够在即使物体有位移或轻微变形的时候也能完成识别。

通常神经认知机包含两类神经元，即承担特征抽取的 S-元和抗变形的 C-元。S-元中涉及两个重要参数，即感受野与阈值参数，前者确定输入连接的数目，后者则控制对特征子模式的反应程度。许多学者一直致力于提高神经认知机的性能的研究：在传统的神经认知机中，每个 S-元的感光区中由 C-元带来的视觉模糊量呈正态分布。如果感光区的边缘所产生的模糊效果要比中心的大，S-元将会接受这种非正态模糊所导致的更大的变形容忍性。我们希望得到的是，训练模式与变形刺激模式在感受野的边缘与其中心所产生的效果之间的差异变得越来越大。为了有效地形成这种非正态模糊，Fukushima 提出了带双 C-元层的改进型神经认知机。

Van Ooyen 和 Niehuis 为提高神经认知机的区别能力引入了一个新的参数。事实上，该参数作为一种抑制信号，抑制了神经元对重复激励特征的激励。多数神经网络在权值中记忆训练信息。根据 Hebb 学习规则，某种特征训练的次数越多，在以后的识别过程中就越容易被检测。也有学者将进化计算理论与神经认知机相结合，通过减弱对重复性激励特征的训练学习，而使得网络注意那些不同的特征以助于提高区分能力。上述都是神经认知机的发展过程，而卷积神经网络可看作是神经认知机的推广形式，神经认知机是卷积神经网络的一种特例。

2) 卷积神经网络的网络结构

卷积神经网络是一个多层的神经网络，每层由多个二维平面组成，而每个平面由多个独立神经元组成。

输入图像通过和三个可训练的滤波器和可加偏置进行卷积，卷积后在 C1 层产生三个特征映射图，然后特征映射图中每组的四个像素再进行求和，加权值，加偏置，通过一个 Sigmoid 函数得到三个 S2 层的特征映射图。这些映射图再进过滤波得到 C3 层。这个层级结构再和 S2 一样产生 S4。最终这些像素值被光栅化，并连接成一个向量输入传统的神经网络得到输出，如图 9.4 所示。

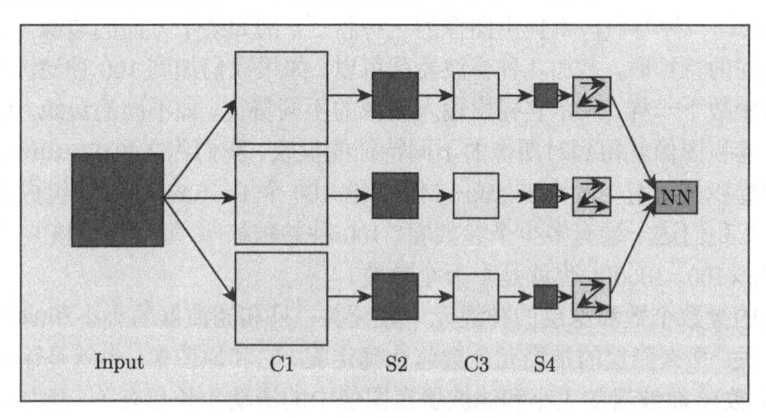

图 9.4 卷积神经网络模型

一般地，C 层为特征提取层，每个神经元的输入与前一层的局部感受野相连，并提取该局部的特征，一旦该局部特征被提取后，它与其他特征间的位置关系也随之确定下来；S 层是特征映射层，网络的每个计算层由多个特征映射组成，每个特征映射为一个平面，平面上所有神经元的权值相等。特征映射结构采用影响函数核小的 sigmoid 函数作为卷积网络的激活函数，使得特征映射具有位移不变性。

此外，由于一个映射面上的神经元共享权值，因而减少了网络自由参数的个数，降低了网络参数选择的复杂度。卷积神经网络中的每一个特征提取层 (C-层) 都紧跟着一个用来求局部平均与二次提取的计算层 (S-层)，这种特有的两次特征提取结构使网络在识别时对输入样本有较高的畸变容忍能力。

3) 关于参数减少与权值共享

如果我们有 1000×1000 像素的图像，有一百万个隐层神经元，那么如果它们全连接 (每个隐层神经元都连接图像的每一个像素点)，就有 1000×1000×1000000= 10^{12} 个连接，也就是 10^{12} 个权值参数。然而图像的空间联系是局部的，就像人是通过一个局部的感受野去感受外界图像一样，每一个神经元都不需要对全局图像做感受，每个神经元只感受局部的图像区域，然后在更高层将这些感受不同局部的神经元综合起来就可以得到全局的信息了。这样，我们就可以减少连接的数目，也就是减少神经网络需要训练的权值参数的个数了。假如局部感受野是 10×10，隐层每个感受野只需要和这 10×10 的局部图像相连接，所以一百万个隐层神经元就只有一亿个连接，即 10^8 个参数，比原来减少了 4 个数量级，这样训练起来就没那么费力了。但还是感觉很多，那还有什么办法没？

我们知道，隐含层的每一个神经元都连接 10×10 个图像区域，也就是说每一个神经元存在 10×10=100 个连接权值参数。那如果对于每个神经元这 100 个参数是相同的呢？也就是说每个神经元用的是同一个卷积核去卷积图像。假如有一种滤波器，也就是一种卷积核就提出图像的一种特征，例如某个方向的边缘，那么在需要提取不同的特征时，多加几种滤波器就可以。如果我们加到 100 种滤波器，每种滤波器的参数不一样，表示它提出输入图像的不同特征，如不同的边缘。这样每种滤波器去卷积图像就得到对图像的不同特征的反映，我们称之为 Feature Map。所以 100 种卷积核就有 100 个 Feature Map。这 100 个 Feature Map 就组成了一层神经元。那么我们这一层有多少个参数呢？100 种卷积核 × 每种卷积核共享 100 个参数 =100×100=10000，也就是 1 万个参数。

隐层的参数个数和隐层的神经元个数无关，只和滤波器的大小和滤波器种类的多少有关。那么隐层的神经元个数怎么确定呢？它和原图像，也就是输入的大小(神经元个数)、滤波器的大小和滤波器在图像中的滑动步长都有关。例如，我的图像是 1000×1000 像素，而滤波器大小是 10×10，假设滤波器没有重叠，也就是步长为 10，这样隐层的神经元个数就是 (1000×1000)/(10×10)=100×100 个神经元了，注意，这只是一种滤波器，也就是一个 Feature Map 的神经元个数，如果 100 个 Feature Map 就是 100 倍了。由此可见，图像越大，神经元个数和需要训练的权值参数个数差距就越大。需要注意的一点是，上面的讨论都没有考虑每个神经元的偏置部分，所以权值个数需要加 1。这也是同一种滤波器共享的。

总之，卷积网络的核心思想是：将局部感受野、权值共享 (或者权值复制) 以及时间或空间亚采样这三种结构思想结合起来，以获得某种程度的位移、尺度和形变不变性。

4) 一个典型的案例说明

一种典型的用来识别数字的卷积网络是 LeNet-5。当年美国大多数银行就是用它来识别支票上面的手写数字的。能够达到这种商用的地步，那么它的准确性可想而知。

下面举一个例子来进行说明。

LeNet-5 共有 7 层，不包含输入，每层都包含可训练参数 (连接权重)。输入图像为 32×32 大小。这要比 MNIST 数据库 (一个公认的手写数据库) 中最大的字母还大。这样做的原因是希望潜在的明显特征如笔画断电或角点能够出现在最高层特征监测子感受野的中心。

我们先要明确一点：每个层有多个 Feature Map，每个 Feature Map 通过一种卷积滤波器提取输入的一种特征，每个 Feature Map 有多个神经元。

C_1 层是一个卷积层 (为什么是卷积? 卷积运算一个重要的特点就是, 通过卷积运算, 可以使原信号特征增强, 并且降低噪声), 由 6 个特征图 Feature Map 构成。特征图中每个神经元与输入中 5×5 的邻域相连。特征图的大小为 28×28, 这样能防止输入的连接掉到边界之外 (是为了 BP 反馈时的计算, 不致梯度损失)。C_1 有 156 个可训练参数 (每个滤波器 5×5=25 个 unit 参数和一个 bias 参数, 一共 6 个滤波器, 共 (5×5+1)×6=156 个参数), 共 156×(28×28)=122304 个连接。

S_2 层是一个下采样层 (为什么是下采样? 利用图像局部相关性的原理对图像进行子抽样, 可以减少数据处理量同时保留有用信息), 有 6 个 14×14 的特征图。特征图中的每个单元与 C_1 中相对应特征图的 2×2 邻域相连接。S_2 层每个单元的 4 个输入相加, 乘以一个可训练参数, 再加上一个可训练偏置。结果通过 sigmoid 函数计算。可训练系数和偏置控制着 sigmoid 函数的非线性程度。如果系数比较小, 那么运算近似于线性运算, 亚采样相当于模糊图像。如果系数比较大, 根据偏置的大小亚采样可以被看成是有噪声的"或"运算或者有噪声的"与"运算。每个单元的 2×2 感受野并不重叠, 因此 S_2 中每个特征图的大小是 C_1 中特征图大小的 1/4(行和列各 1/2)。S_2 层有 12 个可训练参数和 5880 个连接。

卷积过程包括: 用一个可训练的滤波器 f_x 去卷积一个输入的图像 (第一阶段是输入的图像, 后面的阶段就是卷积特征 map 了), 然后加一个偏置 b_x, 得到卷积层 C_x。子采样过程包括: 每邻域四个像素求和变为一个像素, 然后通过标量 W_{x+1} 加权, 再增加偏置 b_{x+1}, 然后通过一个 sigmoid 激活函数, 产生一个大概缩小 4 倍的特征映射图 S_{x+1}, 如图 9.5 所示。

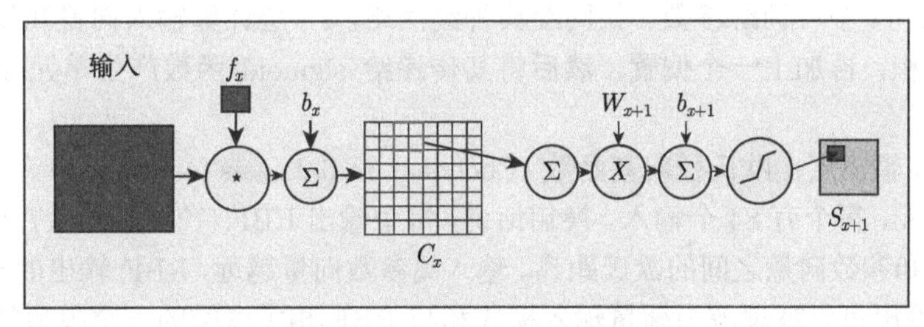

图 9.5 卷积和子采样过程

所以从一个平面到下一个平面的映射可以看作是作卷积运算, S-层可以看作是模糊滤波器, 起到二次特征提取的作用。隐层与隐层之间的空间分辨率递减, 而每层所含的平面数递增, 这样可用于检测更多的特征信息。

C_3 层也是一个卷积层, 它同样通过 5×5 的卷积核去卷积层 S_2, 然后得到的特征 map 就只有 10×10 个神经元, 但是它有 16 种不同的卷积核, 所以就存在 16 个特征 map 了。这里需要注意的是: C_3 中的每个特征 map 是连接到 S_2 中的所有 6 个或者几个特征 map 的, 表示本层的特征 map 是上一层提取到的特征 map 的不

同组合 (这个做法也并不是唯一的，就像之前提到的人的视觉系统一样，底层的结构构成上层更抽象的结构，例如边缘构成形状或者目标的部分)。

刚才说 C_3 中每个特征图由 S_2 中所有 6 个或者几个特征 map 组合而成。为什么不把 S_2 中的每个特征图连接到每个 C_3 的特征图中呢？原因有两点：第一，不完全的连接机制将连接的数量保持在合理的范围内；第二，也是最重要的，其破坏了网络的对称性。由于不同的特征图有不同的输入，所以迫使它们抽取不同的特征 (希望是互补的)。

例如，存在的一个方式是：C_3 的前 6 个特征图以 S_2 中 3 个相邻的特征图子集为输入。接下来 6 个特征图以 S_2 中 4 个相邻特征图子集为输入。后面的 3 个以不相邻的 4 个特征图子集为输入。最后一个将 S_2 中所有特征图为输入。这样 C_3 层有 1516 个可训练参数和 151600 个连接。

S_4 层是一个下采样层，由 16 个 5×5 大小的特征图构成。特征图中的每个单元与 C_3 中相应特征图的 2×2 邻域相连接，跟 C_1 和 S_2 之间的连接一样。S_4 层有 32 个可训练参数 (每个特征图 1 个因子和 1 个偏置) 和 2000 个连接。

C_5 层是一个卷积层，有 120 个特征图。每个单元与 S_4 层的全部 16 个单元的 5×5 邻域相连。由于 S_4 层特征图的大小也为 5×5(同滤波器一样)，故 C_5 特征图的大小为 1×1：这构成了 S_4 和 C_5 之间的全连接。之所以仍将 C_5 标示为卷积层而非全相联层，是因为如果 LeNet-5 的输入变大，而其他的保持不变，那么此时特征图的维数就会比 1×1 大。C_5 层有 48120 个可训练连接。

F_6 层有 84 个单元 (选这个数字的原因来自于输出层的设计)，与 C_5 层全相连。有 10164 个可训练参数。如同经典神经网络，F_6 层计算输入向量和权重向量之间的点积，再加上一个偏置，然后将其传递给 sigmoid 函数产生单元 i 的一个状态。

最后，输出层由欧氏径向基函数 (Euclidean radial basis function) 单元组成，每类一个单元，每个有 84 个输入。换句话说，每个输出 RBF (径向基函数) 单元计算输入向量和参数向量之间的欧氏距离。输入离参数向量越远，RBF 输出的越大。一个 RBF 输出可以被理解为衡量输入模式和与 RBF 相关联类的一个模型的匹配程度的惩罚项。用概率术语来说，RBF 输出可以被理解为 F_6 层配置空间的高斯分布的负 log-likelihood。给定一个输入模式，损失函数应能使得 F_6 的配置与 RBF 参数向量 (即模式的期望分类) 足够接近。这些单元的参数是人工选取并保持固定的 (至少初始时刻如此)。这些参数向量的成分被设为 -1 或 1。虽然这些参数可以以 -1 和 1 等概率的方式任选，或者构成一个纠错码，但是被设计成一个相应字符类的 7×12 大小 (即 84) 的格式化图片。这种表示对识别单独的数字不是很有用，但是对识别可打印 ASCII 集中的字符串很有用。

使用这种分布编码而非更常用的“1 of N”编码用于产生输出的另一个原因是，

当类别比较大的时候，非分布编码的效果比较差。原因是大多数时间非分布编码的输出必须为 0。这使得用 sigmoid 单元很难实现。另一个原因是分类器不仅用于识别字母，也用于拒绝非字母。使用分布编码的 RBF 更适合该目标。因为与 sigmoid 不同，它们在输入空间较好限制的区域内兴奋，而非典型模式更容易落到外边。

RBF 参数向量起着 F_6 层目标向量的作用。需要指出这些向量的成分是 $+1$ 或 -1，这正好在 F_6 sigmoid 的范围内，因此可以防止 sigmoid 函数饱和。实际上，$+1$ 和 -1 是 sigmoid 函数最大弯曲的点，这使得 F_6 单元运行在最大非线性范围内。必须避免 sigmoid 函数的饱和，因为这将会导致损失函数较慢的收敛和病态问题。

5) 训练过程

神经网络用于模式识别的主流是有指导学习网络，无指导学习网络更多是用于聚类分析。对于有指导的模式识别，由于任一样本的类别是已知的，样本在空间的分布不再是依据其自然分布倾向来划分，而是要根据同类样本在空间的分布及不同类样本之间的分离程度找到一种适当的空间划分方法，或者找到一个分类边界，使得不同类样本分别位于不同的区域内。这就需要一个长时间且复杂的学习过程，不断调整用以划分样本空间的分类边界的位置，使尽可能少的样本被划分到非同类区域中。

卷积网络在本质上是一种输入到输出的映射，它能够学习大量的输入与输出之间的映射关系，而不需要任何输入和输出之间的精确的数学表达式，只要用已知的模式对卷积网络加以训练，网络就具有输入输出对之间的映射能力。卷积网络执行的是有导师训练，所以其样本集是由形如 (输入向量，理想输出向量) 的向量对构成的。所有这些向量对都应该是来源于网络即将模拟的系统的实际“运行”结果。它们可以是从实际运行系统中采集来的。在开始训练前，所有的权都应该用一些不同的小随机数进行初始化。“小随机数”用来保证网络不会因权值过大而进入饱和状态，从而导致训练失败；“不同”用来保证网络可以正常地学习。实际上，如果用相同的数去初始化权矩阵，则网络无能力学习。

训练算法与传统的 BP 算法差不多。主要包括四步，这四步被分为如下两个阶段。

第一阶段，向前传播阶段：

(1) 从样本集中取一个样本 (X, Y_{p})，将 X 输入网络；

(2) 计算相应的实际输出 O_{p}。

在此阶段，信息从输入层经过逐级变换传送到输出层。这个过程也是网络在完成训练后正常运行时执行的过程。在此过程中，网络执行的是计算 (实际上就是输入与每层的权值矩阵相点乘，得到最后的输出结果)：

$$O_{\mathrm{p}} = F_n(\cdots(F_2(F_1(X_{\mathrm{p}}W(1))W(2))\cdots)W(n))$$

第二阶段，向后传播阶段：

(1) 计算实际输出 O_p 与相应的理想输出 Y_p 的差；

(2) 按极小化误差的方法反向传播调整权矩阵。

6) 卷积神经网络的优点

卷积神经网络 (convolutional neural network，CNN) 主要用来识别位移、缩放及其他形式扭曲不变性的二维图形。由于 CNN 的特征检测层通过训练数据进行学习，所以在使用 CNN 时，避免了显式的特征抽取，而隐式地从训练数据中进行学习；再者由于同一特征映射面上的神经元权值相同，所以网络可以并行学习，这也是卷积网络相对于神经元彼此相连网络的一大优势。卷积神经网络以其局部权值共享的特殊结构在语音识别和图像处理方面有着独特的优越性，其布局更接近于实际的生物神经网络，权值共享降低了网络的复杂性，特别是多维输入向量的图像可以直接输入网络这一特点，避免了特征提取和分类过程中数据重建的复杂度。

流的分类方式几乎都是基于统计特征的，这就意味着在进行分辨前必须提取某些特征。然而，显式的特征提取并不容易，在一些应用问题中也并非总是可靠的。卷积神经网络避免了显式的特征取样，隐式地从训练数据中进行学习。这使得卷积神经网络明显有别于其他基于神经网络的分类器，通过结构重组和减少权值将特征提取功能融合进多层感知器。它可以直接处理灰度图片，能够直接用于处理基于图像的分类。

卷积网络较一般神经网络在图像处理方面有如下优点：① 输入图像和网络的拓扑结构能很好地吻合；② 特征提取和模式分类同时进行，并同时在训练中产生；③ 权重共享可以减少网络的训练参数，使神经网络结构变得更简单，适应性更强。

9.2.9 深度学习未来与展望

深度学习是关于自动学习要建模的数据的潜在 (隐含) 分布的多层 (复杂) 表达的算法。换句话说，深度学习算法自动提取分类需要的低层次或者高层次特征。高层次特征是指该特征可以分级 (层次) 地依赖其他特征，例如：对于机器视觉，深度学习算法从原始图像去学习得到它的一个低层次表达，例如边缘检测器、小波滤波器等，然后在这些低层次表达的基础上再建立表达，例如这些低层次表达的线性或者非线性组合，然后重复这个过程，最后得到一个高层次的表达。

深度学习能够得到更好的表示数据的特征，同时由于模型的层次、参数很多，能力足够，因此，模型有能力表示大规模数据，所以对于图像或语音这种特征不明显 (需要手工设计且很多没有直观物理含义) 的问题，能够在大规模训练数据上取得更好的效果。此外，从模式识别特征和分类器的角度，深度学习框架将特征和分类器结合到一个框架中，用数据去学习特征，在使用中减少了手工设计特征的巨大工作量 (这是目前工业界工程师付出努力最多的方面)，因此，不仅仅效果可以更好，而且使用起来也有很多方便之处，因此是十分值得关注的一套框架，每个做深度学习的人都应该关注了解。

当然，深度学习本身也不是完美的，也不是解决世间任何深度学习问题的利器，不应该被放大到一个无所不能的程度。

深度学习目前仍有大量工作需要研究。目前的关注点还是从机器学习的领域借鉴一些可以在深度学习中使用的方法，特别是降维领域。例如，目前一个工作就是稀疏编码，通过压缩感知理论对高维数据进行降维，使得具有非常少元素的向量就可以精确地代表原来的高维信号。另一个例子就是半监督流行学习，通过测量训练样本的相似性，将高维数据的这种相似性投影到低维空间。另外一个比较鼓舞人心的方向就是遗传编程方法 (evolutionary programming approaches)，它可以通过最小化工程能量去进行概念性自适应学习和改变核心架构。

深度学习还有很多核心的问题需要解决：

(1) 对于一个特定的框架，对于多少维的输入它可以表现得较优 (如果是图像，可能是上百万维)？

(2) 对捕捉短时或者长时的时间依赖，哪种架构才是有效的？

(3) 如何对于一个给定的深度学习架构来融合多种感知的信息？

(4) 有什么正确的机理可以去增强一个给定的深度学习架构，以改进其鲁棒性和对扭曲和数据丢失的不变性？

(5) 模型方面是否有其他更为有效且有理论依据的深度模型学习算法？

探索新的特征提取模型是值得深入研究的内容。此外有效的可并行训练算法也是值得研究的一个方向。当前基于最小批处理的随机梯度优化算法很难在多计算机中进行并行训练。通常办法是利用图形处理单元加速学习过程。然而单个机器的 GPU 对大规模数据识别或相似任务数据集并不适用。在深度学习应用拓展方面，如何合理充分利用深度学习来增强传统学习算法的性能仍是目前各领域的研究重点。

第10章　基于 SLAM 的三维重建与视觉导航算法

10.1　点 云 配 准

近年来，激光测量技术的发展使得三维激光扫描仪更新换代，在获取几何数据时，三维激光扫描仪成为不可或缺的设备之一，并且在各行各业中展示了强大的功能性和技术的先进性。

在医学领域，通过对人体器官结构的三维建模获取三维信息，可以帮助医务人员快速诊断病情，提高医疗效率。例如，在拔牙之前和拔牙之后分别对牙模进行全方位的扫描，获取三维信息，通过比较数字化的牙模信息，科学地做出拔牙手术后处理。图 10.1 展示了三维扫描的牙模。

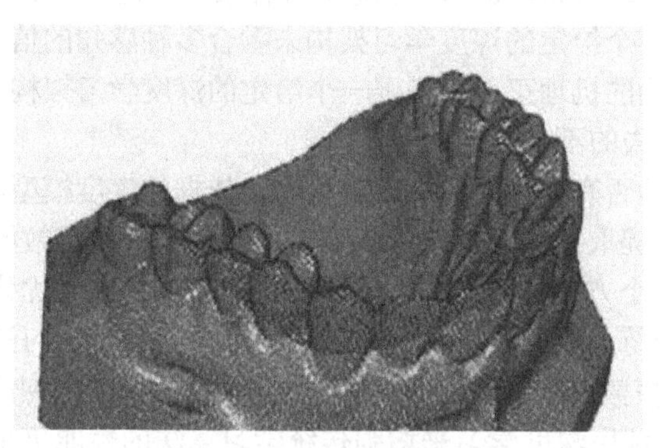

图 10.1　三维扫描的牙模图形

在影视娱乐领域，基于三维扫描对现实世界中的具体实物进行建模，能够迅速获得各类 3D 模型，如飞机、建筑物等，能够使得电脑制作出的画面更加接近现实世界。例如，2004 年的《紫禁城・天子的宫殿》动画运用了虚拟现实技术，通过对故宫所有场景和物体进行三维扫描，展示故宫的三维世界，使人产生身临其境的感觉。图 10.2 展示了故宫的三维建模。

在文物保护领域，为了保护文物，通常情况下是不允许测量设备接触文物的。通过对珍贵的雕塑和考古文物进行三维扫描，建立数字化模型。根据模型不仅可以很方便地修复破损部位，而且可以制造出文物样品，供科研研究。图 10.3 展示了文物的三维扫描。

图 10.2 故宫的三维建模

图 10.3 文物三维扫描图

通过三维扫描仪得到物体表面的点云数据，在计算机上对物体进行三维重建就是利用这些点云数据。由于三维扫描仪的扫描视角有限和物体本身不同部位之间的遮挡，我们必须从各个视角对物体进行扫描，得到物体多方位的三维点云图，然后将这些三维点云图通过合适的转换方式配准到同一个坐标系下，结合成一个完整的点云模型。点云配准就是寻求从一个点云转换到另一个点云的刚体变换。

对于两片点云配准，待配准的点云只有一部分是重叠的，不仅初始相对位置、重叠比例和重叠区域是未知的，而且由于现如今激光扫描仪能够获得高密度的点云数据，所得的点云数据比较大，这些因素都对点云配准算法构成了极大的挑战。因此，点云配准依然是一个数字几何处理的基本问题，也是三维重建和逆向工程等领域的重点研究课题。

10.1.1 配准技术涉及的几何特征

1. 点的邻域

三维扫描设备获取的点云数据是离散的，没有任何拓扑关系，仅仅描述了点的颜色、纹理和三维坐标值等信息，而通过这些信息不能估计点的法向量、曲率等几何特征，因此需要一种局部邻域的形式来描述。点云中与该点有较近距离的点构成点的局部邻域，此时的“距离”是指欧氏距离。

定义 10.1 假设给定点云 $P=\{p_i\}_{i\in \text{index}(p)}$，$p_i\in R^3$，对于 P 中任意一点 $p_i\in R^3$，与 p_i 欧氏距离最小的 k 个点称为点 p_i 的 k-最近邻域 (k-nearest neighbor, KNN)，记为 $N(p_i)$，如图 10.4 所示。

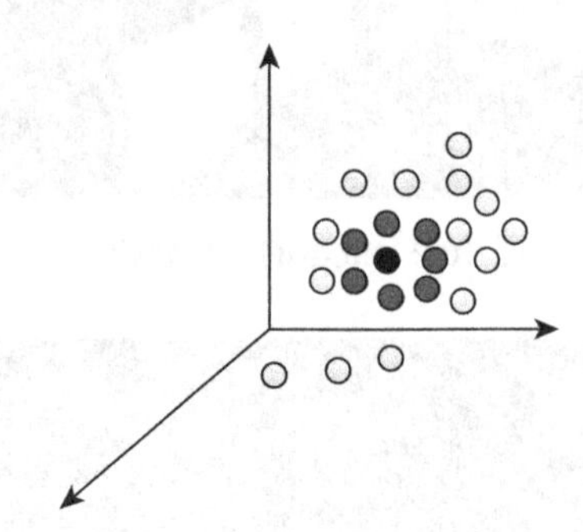

图 10.4 k-最近邻域示意图

根据上述定义，采样点的邻域主要有两种表示方式。第一种是半径邻域。以点云中任意一个采样点为中心，以欧几里得距离 r 为半径的空间内所有的点构成的局部邻域适合于规则的采样平面。第二种是 k 个最近点邻域。对于点云中任意一个数据点，距离该点最近的 k 个点构成该点的 k-最近邻域。这种方法是自适应的，选取邻域过程中与该采样点邻域内其他采样点的邻域无关，仅仅与该采样点有关，适合于不规则的采样表面。

2. **法向量**

法向量对于描述点云中点的特征是非常重要的，它描述了该点处曲面的变化趋势，具有刚体变换不变性。点云中点的曲率、点云配准和表面重建都与点的法向量有密切关系，从而说明法向量的准确与否直接影响对点云处理质量，并影响后续的工作。

定义 10.2 曲面 $S(x,y)$ 在点 $p(x,y)$ 的法向量的定义为 $\vec{n}(x_0,y_0)=N/|N|$，其中，

$$N=\frac{\partial \vec{p}(x_0,y_0)}{\partial x}\times\frac{\partial \vec{p}(x_0,y_0)}{\partial y} \tag{10.1}$$

由式 (10.1) 可知，估算点云中点的法向量使用 k-最近邻域的方法。根据许多文献的探讨，估算法向量的方法主要有最小二乘法和主元分析法。

最小二乘法是曲线曲面逼近最常用的方法。由于某一采样点的法向量难以计算，通过求取采样点邻域构成的曲面的法向量来近似代替采样点的法向量。数学公

式如下所示：

$$p(x,y) = c_{00} + c_{10}x + c_{01}y + c_{20}x^2 + c_{11}xy + c_{02}y^2 \tag{10.2}$$

$$\sum_{i=1}^{k}[p(x_i,y_i) - z_i] = \min\sum_{i=1}^{k}[p(x_i,y_i) - z_i]^2 \tag{10.3}$$

式中，$p_i = (x_i, y_i, z_i)$ 为给定点云 $P = \{p_i\}_{i\in \mathrm{index}(P)}$ 中的采样点，目的在于求得一个近似函数 $p(x,y)$，使得 z_i 与 $p(x_i,y_i)$ 之差的平方和最小。

主元分析法是基于点云局部的协方差来估算点法向量的方法。由采样点及其邻域内点的位置构成协方差矩阵，通过计算其特征值和特征向量，可以获得该点及局部曲面的法向量。若给定点云 $P = \{p_i\}_{i\in \mathrm{index}(P)}$，$N_p$ 为 p_i 的邻域，求解任意一个采样点 $p_i = (x_i, y_i, z_i)$ 过程如下。

(1) $\overline{p}$ 表示 p_i 邻域 N_p 的质心，如下式所示：

$$\overline{p} = \frac{1}{k}\sum_{i=1}^{k} p_i \tag{10.4}$$

(2) $\mathrm{Cov}(p_i)$ 表示 p_i 及其邻域 N_p 构造的协方差，如下式所示：

$$\mathrm{Cov}(p_i) = \sum_{i\in N_p}(p_i - \overline{p})(p_i - \overline{p})^{\mathrm{T}} \tag{10.5}$$

(3) 由 (2) 所得的 $\mathrm{Cov}(p_i)$ 是一个实对称矩阵，它的所有的特征值均大于 0，且相互正交。由 $\mathrm{Cov}(p_i)$ 可得三个特征值 λ_1、λ_2、λ_3，若 $\lambda_1 \leqslant \lambda_2 \leqslant \lambda_3$，则 λ_1 对应的特征向量为 p_i 的法向量。

3. 曲率

曲率对于描述曲面的几何特征信息是非常重要的，其原因在于曲率的旋转平移不变性和没有方向性，仅仅表示曲面的弯曲程度。通过拟合点的局部邻域形成局部曲面，对该局部函数求二次导数，可得到该点的曲率。在点云配准中，根据点的曲率的性质不仅能够选择点为对应点对，而且对于受到噪声干扰的点云，即点的曲率值不在一定的范围内，可以将这些曲率值异常的点剔除，提高对应关系的准确程度。

通过点云中任意一点 p_i 法向量的法平面有无数个，p_i 点位于法平面与曲面相交的曲线上，则该点处的曲率称为法向曲率。主曲率是指最大法向曲率值和最小法向曲率值，这里将两个主曲率分别记为 k_1、k_2。通过 k_1、k_2 并结合式 (10.6) 与式 (10.7) 就可以分别计算出点 p_i 处的平均曲率和高斯曲率。图 10.5 展示了鞍面的曲率。

$$H = \frac{1}{2}(k_1 + k_2) \tag{10.6}$$

$$K = k_1 \times k_2 \tag{10.7}$$

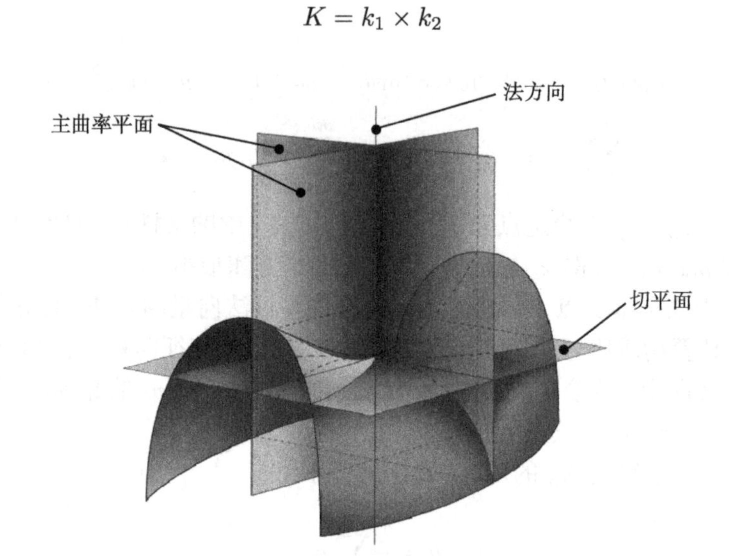

图 10.5　鞍面曲率示意图

二次曲面拟合方法是一种普遍适用的曲率估算方法。由于二次曲面可以近似表示点云中任意一点的局部曲面，则可以利用二次曲面来计算该点处的曲率。其中，二次曲面可以通过最小二乘法拟合该点的局部邻域数据得到。计算任意一点 p_i 曲率的具体过程如下：

假设二次曲面为 $S(u,v)=(u,v,h(u,v))$，表达式由式 (10.8) 所示，在给定的点云 $P=\{p_i\}_{i\in \text{index}}$ 中，首先利用估计法向量的方法获得 p_i 的法向量 $\vec{n}$ 及最小二乘切平面 Q_1，其次以图 10.6 所示建立局部坐标系，p_i 为坐标原点，u 和 v 的方向为 Q_1 内两个相互正交向量的方向，h 轴为 $\vec{n}$ 方向，将 p_i 的邻域内点的坐标变换到该局部坐标下。

$$S(u,v) = au^2 + buv + cv^2 + du + ev \tag{10.8}$$

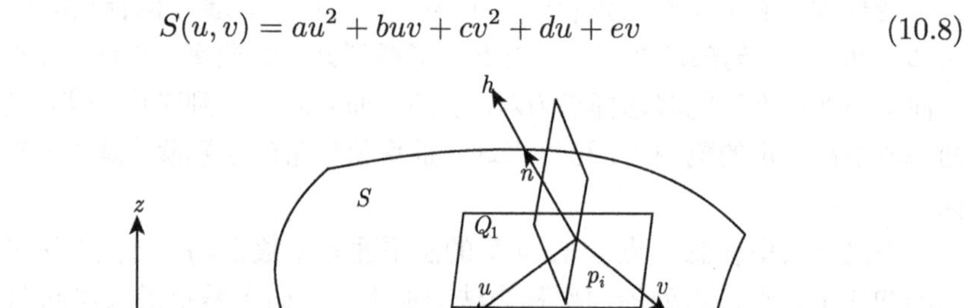

图 10.6　某点处局部坐标图

然后将上述局部坐标值代入公式中，可用矩阵方程 $AX = B$ 表示，其中 A、X、B 表示如下式所示，两边同时乘以 A^{T} 得到 $A^{\mathrm{T}}AX = A^{\mathrm{T}}B$，则 S 的系数向量 $X = (A^{\mathrm{T}}A)^{-1}A^{\mathrm{T}}B$ 为矩阵方程求解值中最小值对应的向量：

$$A = \begin{bmatrix} u_1^2 & u_1v_1 & v_1^2 & u_1 & v_1 \\ u_2^2 & u_2v_2 & v_2^2 & u_2 & v_2 \\ \vdots & \vdots & \vdots & \vdots & \vdots \\ u_k^2 & u_kv_k & v_k^2 & u_k & v_k \end{bmatrix} \tag{10.9}$$

$$X = \begin{bmatrix} a & b & c & d & e \end{bmatrix}^{\mathrm{T}} \tag{10.10}$$

$$B = \begin{bmatrix} h_1 & h_2 & \cdots & h_k \end{bmatrix}^{\mathrm{T}} \tag{10.11}$$

从上述公式中可以得到 S 的系数向量，根据二次曲面 $S(u,v)$ 求 p_i 处偏导，从而可得曲面基本量，如下式所示：

$$\begin{cases} E = S_u^2 = 1 + d^2 \\ F = S_u \cdot S_v = de \\ G = S_v^2 = 1 + e^2 \end{cases} \tag{10.12}$$

$$\begin{cases} L = \vec{n} \cdot S_{uu} = \dfrac{2a}{\Delta} \\ M = \vec{n} \cdot S_{uv} = \dfrac{b}{\Delta} \\ N = \vec{n} \cdot S_{vv} = \dfrac{2c}{\Delta} \end{cases} \tag{10.13}$$

$$\Delta = \sqrt{d^2 + e^2 + 1} \tag{10.14}$$

通过上述计算步骤可得到 p_i 处的平均曲率和高斯曲率，如下式所示：

$$H = \frac{EN - 2FG + GL}{2(EG - F^2)} = \frac{c + cd^2 + a + ae^2 - bde}{\Delta^3} \tag{10.15}$$

$$K = \frac{LN - M^2}{2(EG - F^2)} = \frac{4ac - b^2}{\Delta^4} \tag{10.16}$$

10.1.2 点云配准数学理论

1. 刚体变换数学公式

所谓刚体是指在运动中和受力作用后，其形状和大小以及内部各点的相对位置均不发生改变的物体。在点云配准中，我们将点云看作刚体，配准即为刚体变换。

定义 T 为刚体变换参数，它由一个 3D 平移矢量 t 和一个旋转矩阵 R 组成，于是 T 可表示为 $T=(R,t)$，则点云中任意一点 $p_i\,(i=\{1,2,\cdots,n\})$ 的刚体运动可表示为 $T(p)=\{Rp_i+t\},i=\{1,2,\cdots,n\}$。

假设 θ、ϕ 和 φ 分别表示围绕 X、Y 和 Z 轴旋转的角度，则旋转矩阵 R 可以用上述 θ、ϕ 和 φ 来表示：

$$R=\begin{bmatrix}\cos\phi\cos\varphi+\sin\theta\sin\phi\sin\varphi & -\cos\phi\sin\varphi+\sin\theta\sin\phi\cos\varphi & \sin\phi\cos\theta\\ \cos\theta\sin\varphi & \cos\theta\cos\varphi & -\sin\theta\\ -\sin\phi\cos\varphi+\sin\theta\sin\phi\sin\varphi & \sin\phi\sin\varphi+\sin\theta\cos\phi\cos\varphi & \cos\phi\cos\theta\end{bmatrix}\tag{10.17}$$

由式 (10.17) 可知三个角度和 R 之间具有极大的相关性，微小的角度变化在很大程度上会造成旋转矩阵极大的改变，会使结果不稳定。因此，在求解刚体变换时会用其他的表示方式。其中，四元组可通过使用坐标轴的旋转角度来获得较好的求值结果。

2. 四元组表示的刚体变换

四元组可以由 $q=(q_1,q_2,q_3,q_4)$ 表示，也可以由 $a+b\mathrm{i}+c\mathrm{j}+d\mathrm{k}$ 表示。若 a，b，c，d 均为实数，则 $\mathrm{i}^2=\mathrm{j}^2=\mathrm{k}^2=\mathrm{ijk}=-1$。设实四元组 $Q=(a+b\mathrm{i}+c\mathrm{j}+d\mathrm{k})$，若其模为 1，则称为单位实四元组，它的逆元为：$Q^{-1}=(a-b\mathrm{i}-c\mathrm{j}-d\mathrm{k})$。

设 L 是一个过坐标轴原点的旋转轴，$n=(n_1,n_2,n_3)$ 为它的单位方向向量，则用四元组表示绕 L 轴旋转 θ 角度的旋转变换为

$$R=\cos\frac{\theta}{2}+\sin\frac{\theta}{2}\cdot n=\cos\frac{\theta}{2}+n_1\sin\frac{\theta}{2}\cdot\mathrm{i}+n_2\sin\frac{\theta}{2}\cdot\mathrm{j}+n_3\sin\frac{\theta}{2}\cdot\mathrm{k}\tag{10.18}$$

设任意一个三维向量 $v=(x,y,z)$，与其一一对应的实四元组为 $V=(0+x\mathrm{i}+y\mathrm{j}+z\mathrm{k})$，$V_1$ 表示 v 旋转后 v_1 所对应的实四元组，则可以得出 $V_1=RVR^{-1}$。以上可以表明，用实四元组表示空间点的旋转方法和矩阵方法是具有同样效果的。若 $Q=(q_0,q_x,q_y,q_z)$ 表示一个旋转四元组，则用 Q 表示刚体变换的旋转矩阵为

$$R=\begin{bmatrix}q_0^2+q_x^2-q_y^2-q_z^2 & 2(q_xq_y-q_0q_z) & 2(q_xq_z+q_0q_y)\\ 2(q_xq_y+q_0q_z) & q_0^2-q_x^2+q_y^2-q_z^2 & 2(q_yq_z-q_0q_x)\\ 2(q_xq_z-q_0q_y) & 2(q_yq_z+q_0q_x) & q_0^2-q_x^2-q_y^2+q_z^2\end{bmatrix}\tag{10.19}$$

但是，由于 Q 和 $\overline{Q}=(-q_0,-q_x,-q_y,-q_z)$ 表示同一旋转，所以限制 $q_0\geqslant 0$。因此对于单位四元组 Q 满足以下条件：

$$\begin{cases}q_0^2+q_x^2+q_y^2+q_z^2=1\\ q_0\geqslant 0\end{cases}\tag{10.20}$$

基于上述单位四元组，刚体变换可以用 $(q_0,q_1,q_2,q_3,q_4,q_5,q_6)$ 表示，(q_0,q_1,q_2,q_3) 表示单位四元组，(q_4,q_5,q_6) 表示平移量。如果用 $R(q)$ 表示上述单位四元组的旋转矩阵，则刚体变换可以表示为

$$T(p)=R(q)\cdot p+(q_4,q_5,q_6)^{\mathrm{T}} \tag{10.21}$$

10.1.3 迭代最近点算法

迭代最近点 (iterative closest point, ICP) 算法是由 Besl 和 Mckay 提出的一种精确配准点云的方法。该方法的主要目的是将源点云和目标点云转换到同一个坐标系下。由于我们将点云看作是刚体，此时就将点云数据配准问题转换为求解数据集合间距离函数最小化问题。该方法基于此思想，通过迭代寻找最佳转换矩阵，使源点云和目标点云的欧氏距离达到最小，目前三维点云精配准大都是基于 ICP 算法实现的。图 10.7 为 ICP 算法的流程图。

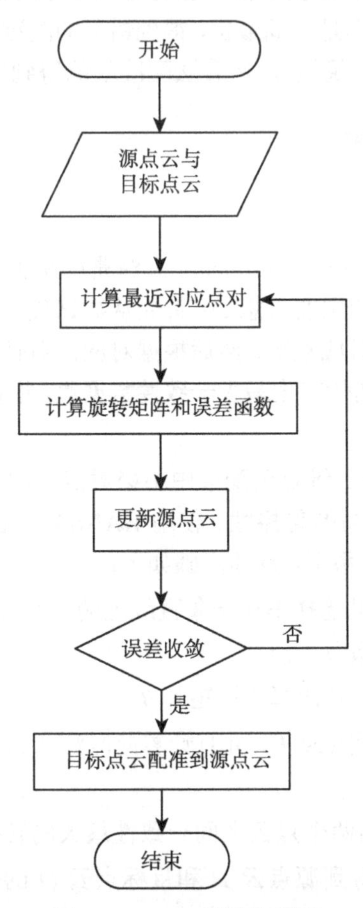

图 10.7 ICP 算法流程图

ICP 算法具体过程如下。

(1) 计算最近对应点对：在目标点云 Q 中找到源点云 P 中每一个数据点的最近对应点，组成对应点对集合 S；

(2) 求解转换矩阵 T，使误差函数 E 最小：根据集合 S 计算 R 和 t，得到转换矩阵 $T=(R,t)$，并使误差函数值最小；

(3) 更新源点云数据：根据上述求解的转换矩阵对源点云 P 进行更新；

(4) 计算对应点集的均方差，如果得到的均方差值大于给定的阈值，则返回 (1)，直到迭代后对应点集的均方差小于给定的阈值，或者迭代数值大于预设的迭代数值。

ICP 算法之所以能够精确配准点云，其先决条件是待配准点云有很好的初始位置，即对于两个待配准的数据集，一个是另一个的严格子集。但是，通过扫描仪获得各个视角下物体表面的深度数据不能满足 ICP 算法所限定的条件，因此 ICP 算法极易陷入局部最优而不是全局最优，得到错误的配准结果。如果能够使点云的初始位置接近于真实位置，通过 ICP 算法配准就能得到较好的匹配效果。

10.1.4 RANSAC 配准算法

1. RANSAC 配准算法

RANSAC (random sample consensus) 算法是随机抽样一致算法的简称，其具有高度的鲁棒性。该算法的主要思想是：首先从数据集 P 和对应的数据集 Q 中分别随机选取 3 个点，形成对应点对；然后根据对应点对估计模型参数，从而扩大初始采样数据集；最后经过迭代产生最大一致性数据集，根据最大一致性数据集更新估计模型参数。

RANSAC 算法应用在三维点云配准中不必对点云的初始位置进行估计并且对重叠部分较小的点云有较高的鲁棒性。使用 RANSAC 配准算法将源点云 P 配准到目标点云 Q 所在的坐标系下，具体步骤如下：

(1) 在源点云 P 中随机选择不在一条直线上的 3 个点 $\{p_i,p_j,p_k\}$，在目标点云 Q 中选择对应的 3 个点 $\{q_i,q_j,q_k\}$；

(2) 利用这 3 个对应点对计算变换矩阵 T；

(3) 根据转换矩阵更新点云 P，并且计算此时源点云 P 和目标点云 Q 的一致性程度；

(4) 迭代 k 次后，找出两个点云之间一致性最大的转换矩阵。

通过上述步骤，可以得到源点云 P 和目标点云 Q 的变换矩阵 T，并且完成点云配准。

2. RANSAC 配准算法迭代参数

在 RANSAC 配准算法中最重要的就是迭代次数，迭代次数太大，就会减慢配准速度；迭代次数太小，就难以选取到好的样本。因此，迭代次数的大小直接影响算法的配准速度和准确性。

假设源点云 P 中数据点的个数为 N，其中和目标点云 Q 重叠的区域中数据点的个数为 I。在这里我们称选取的数据点均在 I 中的样本为好样本，否则称为坏样本。从 P 中随机选取一个大小为 h 的样本，则是好样本的概率为

$$Z(I,h)=\prod_{i=0}^{h-1}\frac{I-i}{N-i}\leqslant\omega^h \tag{10.22}$$

式中，h 为 3，ω 为 I 所占 N 的比例：

$$\omega=\frac{I}{N} \tag{10.23}$$

当源点云数据集的点云数较大时，则 $Z(I,h)$ 可近似为

$$Z(I,h)=\omega^h \tag{10.24}$$

设 K 表示选样次数，则获得一个好样本需要选样次数的数学期望为

$$E[K]=\sum_{i=0}^{\infty}iZ_i \tag{10.25}$$

式中，Z_i 表示前 $i-1$ 次均未得到好样本，第 i 次得到好样本的概率为

$$Z_i=Z(I,h)(1-Z(I,h))^{i-1} \tag{10.26}$$

则 $E[K]$ 还可以表示为

$$E[K]=\frac{1}{Z(I,h)}\approx\frac{1}{\omega^h} \tag{10.27}$$

$D[K]$ 表示抽样次数的方差：

$$D[K]=\sqrt{E(K^2)-E(K)^2}=\frac{\sqrt{1-\omega^h}}{\omega^h} \tag{10.28}$$

因此，为了保证至少获得一个好的抽样样本，抽样次数 K 要保证不能小于它的期望值 ω^{-h}。K 值可以根据 $K=E[K]+3D[K]$ 进行选取，如下所示：

$$K=\frac{1+3\sqrt{1-\omega^h}}{\omega^h} \tag{10.29}$$

从而可以使得 K 次采样中获得好样本的概率尽可能大，表明获得坏样本的概率降到最小。设 z 表示 K 次抽样所得样本中好样本的数量大于 1 的概率，则

$$1-z=(1-\omega^h)^K \tag{10.30}$$

则抽样次数 K 为

$$K=\frac{\lg(1-z)}{\lg(1-\omega^h)} \tag{10.31}$$

10.1.5　实验结果与分析

针对经典 ICP 算法配准起始位置相差较大的点云的结果较差、稳定性较低以及易陷入局部最优的问题，提出一种基于 Hausdroff 距离的 D4PCS 点云配准算法。首先，以数据点主曲率的 Hausdroff 距离为依据选取点云关键点并删除非关键点，从而简化点云；然后，利用 D4PCS 算法对点云关键点进行配准，得到初始位置接近真实位置的点云；最后，用 ICP 算法进行精确配准。实验结果表明，针对初始位置相差较大的点云，该算法在配准精度上优于经典 ICP 算法。

针对本书提出的算法，在 PC 上基于 C++ 和 openCV 库实现。实验采用的点云数据是斯坦福大学深度图像数据库中的 ply 格式的参考数据。本书通过实验表明 ε 取 10^{-4}，小于 H_0 的点所占比例为 26%时，效果比较理想。

实验 1：选取 bunny 模型中 0° 和 45° 两个角度的点云数据进行配准实验。由视角 $0^\circ \sim 45^\circ$ 点云配准的标准欧氏变换矩阵为

$$T=\begin{bmatrix} 0.826320 & -0.008210 & -0.563140 & 0.0520211 \\ 0.012754 & 0.999910 & 0.004137 & 0.000383981 \\ 0.563056 & -0.010600 & 0.826351 & 0.0109223 \\ 0.000000 & 0.000000 & 0.000000 & 1.000000 \end{bmatrix} \tag{10.32}$$

实验结果如图 10.8 所示，从左到右分别为原始输入模型、本书算法配准结果及本书算法配准结果侧面展示，并且从实验得到最终的转换矩阵为

$$T=\begin{bmatrix} 0.845310 & -0.003357 & -0.550639 & 0.039043 \\ 0.007356 & 0.999998 & 0.004601 & 0.000375 \\ 0.540641 & -0.008601 & 0.839347 & 0.038963 \\ 0.000000 & 0.000000 & 0.000000 & 1.000000 \end{bmatrix} \tag{10.33}$$

经过多次实验，配准结果与标准欧氏转换矩阵各参数之间的平均绝对误差分布在 (0.0062，0.0068) 区间内，如图 10.9 所示，平均误差为 0.00647，由此可知本书算法运行稳定。

(a) 初始位置 (b) 本书配准结果 (c) 配准结果的侧面

图 10.8 bunny 模型视角 0° ~ 45° 的本书算法配准结果

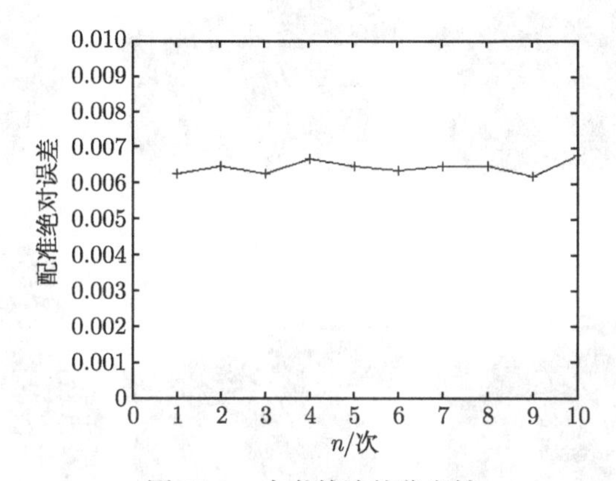

图 10.9 本书算法的稳定性

实验 2: 采用 bunny 模型数据中视角 0° 和 90° 以及 90° 和 180° 两组点云进行实验，如图 10.10 所示。在原始点云和目标点云初始位置相差较大，即重叠区域较少时，本书算法也能得到很好的配准效果。

(a) 初始位置 (b) 本书配准结果 (c) 配准结果的侧面

图 10.10 从上到下分别为视角 0° 和 90° 以及 90° 和 180° 的本书算法配准结果

实验 3: 除此之外，还对不同视角下的 dragon 模型进行配准实验，本算法也得到了很好的仿真结果，如图 10.11 所示。实验表明本书算法针对不同的模型都有较好的配准结果，而且对含有大量外点的点云图能够得到很好的配准结果，算法鲁棒性高。

(a) 原始位置　　(b) 本书配准结果　　(c) 配准结果的侧面

图 10.11　从上到下分别为视角 0° 和 24°、0° 和 48°、168° 和 216° 的本书算法配准结果

实验 4: 将本书算法和 ICP 算法进行对比实验。对于初始位置相差较小的点云，如 bunny 的 0° 和 45° 以及 dragon 的 0° 和 24°，ICP 算法能够得到较为准确的配准结果，如图 10.12 所示。但是对于初始位置相差较大的点云，如 bunny 的 0° 和 90°、90° 和 180° 以及 dragon 的 0° 和 48°、168° 和 216°，不能配准到同一坐标下，得到的配准结果很差，如图 10.13 所示。通过对比，可知本书算法能够得到较为精确的配准结果，提高了 ICP 算法配准的精确性和稳定性，使得 ICP 算法适用范围更为广泛。

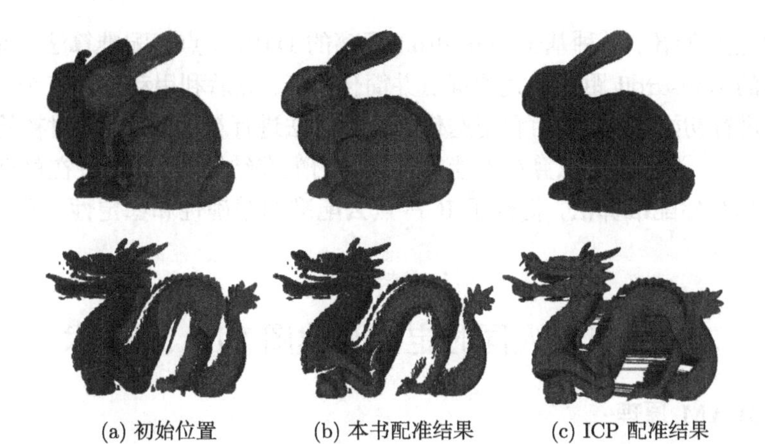

(a) 初始位置 (b) 本书配准结果 (c) ICP 配准结果

图 10.12 本书算法和 ICP 算法配准 bunny 的 0° 和 45° 以及 dragon 的 0° 和 24° 结果图

(a) 初始位置 (b) 本书配准结果 (c) ICP 配准结果

图 10.13 从上到下分别是 bunny 的 0° 和 90°、90° 和 180° 以及 dragon 的 0° 和 48°、168° 和 216° 本书算法和 ICP 算法配准结果图

本章重点介绍了一种基于 Hausdroff 距离的 D4PCS 点云配准算法。首先根据点云数据的 Hausdroff 距离寻找关键点并简化点云，然后利用动态四点全等集合算法对点云进行初始配准，最后利用迭代最近点算法进行精确配准。针对初始位置相差较大的点云，迭代最近点算法不能得到很好的配准结果，因此通过在最近点迭代算法前增加初始配准算法，提升了 ICP 点云配准的精确性和稳定性，增加了适用范围。

10.2 机器人同时定位与建图 SLAM 技术

10.2.1 SLAM 原理

SLAM 是什么？最简单而又直指本质的理解如图 10.14 所示。SLAM 指的是当某种设备 (如机器人、VR 设备等) 来到一个完全陌生的环境时，它需要精准地建立时间和空间的对应关系，并能完美地回答以下一系列问题：我刚才在哪里，现在又在哪里？我看到了什么，现在看到的和之前看到的有哪些异同？我过去的行走轨迹是什么？我现在看到的世界是什么样子，和过去相比有怎样的变化？我的轨迹抖吗，我的位置飘吗？我还能跟踪到自己的轨迹吗，如果我丢了应该怎么办？我过去建立的对世界的认识还有用吗？我能在已有世界的抽象里快速对我现在的位置进行定位吗？

图 10.14 SLAM 算法重建结果图

10.2.2 SLAM 的主要方法

1. Robotic SLAM

从最早期军事用途的雏形到后来的机器人应用，业界对 SLAM 有了进一步的研究。Robotic SLAM (机器人 SLAM) 主要包括卡尔曼滤波和粒子滤波。卡尔曼滤波在很多工程领域中都有应用，最早期用于机器人的卡尔曼滤波，默认系统是线性的且带高斯分布的噪声，经典的卡尔曼滤波可以直接给出最优解，但现实比这复杂太多，所以有了卡尔曼滤波的很多变种。而如果不是线性系统或噪声不是高斯分布，那么粒子滤波算法生成很多粒子，并且每个粒子是模型状态的一种可能，再根据观察和更新得到粒子群的状态趋于一致的收敛结果。当然粒子滤波也有实际的问题，例如经典的粒子衰减问题 (particle depletion)，以及工程上如何控制准确性和收敛速度很好平衡的问题。

2. PTAM

PTAM (parallel tracking and mapping，并行跟踪与建图) 架构更多地是系统上的设计，姿态跟踪 (Tracking) 和建立地图 (Mapping) 两个线程是并行的，这实质上是一种针对 SLAM 的多线程设计。PTAM 在当前 SLAM 领域看来是小儿科，但在当时是一个创举，第一次让大家觉得对地图的优化可以整合到实时计算中，并且整个系统可以运行起来。具体而言，姿态跟踪线程不修改地图，只是利用已知地图来快速跟踪；而在建立地图线程专注于地图的建立、维护和更新。即使建立地图线程耗时稍长，姿态跟踪线程仍然有地图可以跟踪 (如果设备还在已建成的地图范围内)。这是两个事情并行处理的一个好处，但很现实的问题是如果地图建立或优化过慢，跟踪线程很容易会因为没有最新的地图或者没有优化过的地图而跟丢。另外比较实际的工程问题是地图线程的最新地图数据应该锁住还是在线程之间拷贝数据以及线程的实现质量。

3. Sparse SLAM

现在常说的 Sparse SLAM (稀疏 SLAM) 从架构上主要分为两大类：基于滤波的和基于关键帧的。这里的滤波比早年的 Robotic SLAM 的滤波已经复杂很多，比较有代表性的是 EKF SLAM (扩展卡尔曼滤波 SLAM)，核心的思想是对非线性系统进行线性近似。最简单的例子，如果是一个变量，那么就用当前模型值和导数来表达；如果是多个变量，那么表达就是雅克比矩阵。基于滤波的全尺寸 SLAM 需要注意滤波状态和计算时间的平衡，以及实际工程实现里面的矩阵分块更新。基于关键帧的 SLAM 的核心思想是关键帧 (keyframe) 的概念 —— 因为如果每一张图都用来建立或更新地图计算量太大，从图像流里面选择一些好的关键帧来建立并更新地图 ——PTAM 里的地图建立就是从关键帧生成地图。这种思路已经被业内普遍接受。但关键帧的提取本身就是一门很大的学问，伴随而来的还有局部地图和全局地图的维护、更新和效率平衡。

4. Dense SLAM

Dense SLAM (稠密 SLAM) 是另外一大类 SLAM。这里说的稀疏或稠密指的是地图点的稀疏或稠密程度。举个简单的例子，稀疏图都是通过三角测量法算出来的，在一个卧室里有一千个点足够了；但稠密图一般是某种主动光源的深度传感器 (depth sensor，如英特尔的实际感知器里面是专用集成电路) 产生的，假设深度传感器每一帧的分辨率是 640×480，即使有 2/3 的无效深度，仍然有十万个 3D 点，所以通常所说的稀疏图和稠密图相比至少差了两个数量级。因为稠密 SLAM 有足够多的地图信息，所以很适合用来做精细的 3D 重建。而如果稠密 SLAM 要实时地从 0 到 1 边建地图边跟踪，就要把每一帧的可用像素的深度数据全部用来贡献到建立地图和跟踪上。稠密 SLAM 的代表是 Kinect 融合，到目前已经有很多变种和进化，如弹性融合与动态融合等。

10.2.3　SLAM 的应用

SLAM 技术和别的技术一样：一方面，从研究和开发的角度，技术需要达到一个较高的学术或工业标准；另一方面，技术本身必须落地到真正的产品中去，单纯在技术上要达到完美当然也有它的意义，但一味追求技术或数学上的“美”而完全无视工程实现和产品化要求就很可能误入歧途。在今天 SLAM 种类如此繁多、细微细节如此复杂的情况下，微软、苹果、Google、Facebook 等大公司凭借多年的各方面积累和各种资源能够负担得起核心算法及软件的研发，但广大中小型公司或是之前没在这方面布局的大公司在急需这项技术时，需要想好自己的产品规划和具体需求再做决策。以下为 SLAM 在几个不同方向或行业的应用。

VR 产品：VR 的本质是让用户通过沉浸式的体验来感受一个完全不同的虚拟世界，而 SLAM 是对真实世界的感知和理解，如果 VR 产品需要 SLAM，那一定是虚拟世界和真实世界的结合。目前市场上除了三大厂 (Oculus、索尼和 HTC) 有自己的“outside-in 跟踪”，大部分没有“outside-in 跟踪”解决方案的 VR (虚拟现实) 产品只能通过六轴陀螺仪来跟踪用户的头部转动而不能跟踪用户的位移，但 SLAM 能解决 6 个自由度的跟踪问题。另外，对于 VR 产品是否需要 SLAM 中的地图 (mapping)、什么形式什么场景有需要，也有待各方面进一步的思考。

AR 产品：AR 的本质是虚拟元素在现实中的完美融合，相比于 VR，AR (增强现实) 产品无论算法、软件的复杂度还是硬件的复杂度或者量产难度都增大了很多。对于 AR 来说，SLAM 不是“最好能拥有”而是“必须拥有”。更进一步地说，SLAM 作为感知世界的技术仅仅是 AR 产品“必须拥有”的技术中的一项，对世界的学习和解读、显示的内容、光学显示的质量、硬件的舒适度以及硬件的量产能力等，也都是需要解决的，需要大量的人力物力财力及能力。

机器人产品：比尔 • 盖茨曾在 2007 年新年展望了“家家拥有机器人”的愿景，如今已过去了十年，机器人已有太多种类，包括工业类、服务类、家庭类等。但如果一款机器人需要自主性的探索，如定位、制作地图、跟随、监控、路径规划、识别和应对等，那么 SLAM 也是“必须拥有”的。具体的 SLAM 种类也随着机器人种类和应用的不同而千差万别。

行业应用：不同行业有不同行业的具体需求，例如儿童玩具类，如果只是跟踪玩具卡片，那么基于标记的跟踪就应该能够满足基本的 AR 效果；一家房地产公司想实现 VR 看房，那么需要考虑给用户带来什么样的体验：360° 高清全景图还是三维网络？如果是一个房子里面几个位置的 360° 全景图，那么并不需要 SLAM，但如果是真正稠密重建 (dense reconstruction) 模型，那么必须要稠密的地图，而这种情况下需要考虑的是想让用户看的最低地图分辨率要求是多少，因为现有的放在手机或平板上的 3D 摄像头的分辨率一般也就是 VGA(640×480)，这种情况下重建出来的 3D 模型没有那种逼真效果。而如果不考虑计算时间和成本，那么高精度高准确性校准好的高端 LiDAR+ 高清相机系统应该可以满足非常好的体验。再例如，一家游戏公司要做一款 VR 或 AR 游戏，需要对用户进行 6 个自由度的姿态跟踪，那他需要很精准的位置信息和地图信息，但这个地图只是为了定位，所以准确快速更新的稀疏地图就可以了。

1. SLAM 在实际应用中的特点

首先，SLAM 对数学专业知识有一定的基本要求，包括矩阵、微积分、数值计算和空间几何等，同时对计算机视觉的基础知识也有一定的要求，包括特征点、地图、多视图几何、多约束校正、滤波和摄像机模型等。这些知识都需要一定的基础和积累，不过也不需要纯数学专业背景。SLAM 编程一般使用 C++，需要对系统设计有一定的经验和感觉，需要比较强的动手能力及写代码的能力和意愿。总体而言，门槛就是一定的数学和工科背景、一定的计算机视觉的基础知识、一定的编程基础和经验以及最关键的踏踏实实写代码的意愿。

其次，SLAM 强调实时和准确性。SLAM 是一整套的大型系统，实时系统一般是多线程并发执行，资源的分配、读写的协调、地图数据的管理、优化和准确性、一些关键参数和变量的不确定性和高速度高精度的姿态跟踪 (如 VR/AR 应用必须要至少 90fps 才有可能解决眩晕和渲染效果) 等都是需要应对的挑战。

再次，SLAM 难在适应硬件，更难在系统整合。SLAM 的数据来源于传感器，而且越来越多的 SLAM 种类来源于多个传感器融合，那么传感器的质量对 SLAM 的效果影响很大。举个例子，如果一套 SLAM 系统用了某款相机，该相机在一动不动而且光照环境完全不变时图像噪点非常多，那么系统对稳定的姿态跟踪影响就非常不好，因为特征点提取会很不一致。另一个很实际的例子，如果用多个传感器 (相机或六轴陀螺仪)，如果时间戳不一致 (至少毫秒级)，也会很影响算法的准确性。多个传感器的分别校准和互相校准，乃至整个系统几十个上百个参数的调整，都是很实际很花时间的东西。

此外，在对数学有一定要求的同时，SLAM 目前还有很多工程方面的问题，需要静下心来一块一块地解决。如果只看已有代码就觉得数学和算法尽在掌握，而动手时要么眼高手低要么根本不去写代码，这对真正要做产品研发的团队而言是非常可怕的。当前多个领域因为硬件系统和产品应用之间差异很大，所以距离所有领域的 SLAM 都实现产品化还有很多的工作，但相信在不久的未来会有较大的突破。而由于 SLAM 的复杂特性和众多的算法及其产品化仍然需要在 SLAM 的基础上实现，可以预见和 SLAM 相关的产品研发在未来相当长一段时间内仍然需要大量人力和资源。

2. SLAM 刚刚开始的未来

在过去的两年里，随着 VR、AR、机器人资本市场和消费者市场热度的不断升级，在与 SLAM 相关的传感器、算法、软件、硬件等方向，小公司在关键细分领域快速创新、大公司在各个关键方向布局并且频繁收购的趋势越来越明显。目前，软件公司往硬件方向做，硬件公司往算法方向做，大公司渴望拥有自己的技术和硬件，小公司希望反应快执行力强地快速推进，SLAM 相关各个领域的产品化的努力日新月异，所以有志布局在 SLAM 的大中型公司需要尽快行动，而对于初创公司，专注 SLAM 研发、产品化、深耕某个应用或行业都是可行的思路。

由于产品和硬件高度差异化，而 SLAM 相关技术的整合和优化又很复杂，导致算法和软件高度碎片化，所以市场上目前还没有一套通用普适的解决方案，在短时间内也不会有。正如前面所述，SLAM 技术是对世界的感知和理解，是撑起 VR、AR、机器人的骨骼，但骨骼搭起后离最终完美的用户体验仍有大量工作需要做，SLAM 的未来才刚刚开始。另一方面，移动端硬件的计算能力还远远不够，所以 SLAM 相关技术可以而且正在从软件和算法层面向硬件推动，笔者相信在这个过程中一定会成就一批新的公司。

第 11 章　ROS 机器人操作系统

11.1　ROS 简介

随着机器人领域的快速发展和复杂化，代码的复用性和模块化的需求越来越强烈，而已有的开源机器人系统又不能很好地适应需求。2010 年，Willow Garage 公司发布了开源机器人操作系统 ROS (robot operating system)，如图 11.1 所示，很快在机器人研究领域展开了学习和使用 ROS 的热潮。

图 11.1　ROS 图标

ROS 系统是起源于 2007 年斯坦福大学人工智能实验室的项目与机器人技术公司 Willow Garage 的个人机器人项目 (personal robots program) 之间的合作，2008 年之后就由 Willow Garage 来进行推动。随着 PR2 那些不可思议的表现，如叠衣服、插插座、做早饭，ROS 也得到越来越多的关注。Willow Garage 公司也表示希望借助开源的力量使 PR2 变成“全能”机器人。

PR2 价格高昂，2011 年零售价高达 40 万美元。PR2 现主要用于研究。PR2 有两条手臂，每条手臂七个关节，手臂末端是一个可以张合的钳子。PR2 依靠底部的四个轮子移动。在 PR2 的头部、胸部、肘部、钳子上安装有高分辨率摄像头、激光测距仪、惯性测量单元、触觉传感器等丰富的传感设备。在 PR2 的底部有两台 8 核的电脑作为机器人各硬件的控制和通信中枢。两台电脑安装有 Ubuntu 和 ROS。

11.2　ROS 特点

ROS 是开源的，是用于机器人的一种后操作系统，或者说次级操作系统。它提供类似操作系统所提供的功能，包含硬件抽象描述、底层驱动程序管理、共用功能的执行、程序间的消息传递、程序发行包管理，它也提供一些工具程序和库用于获取、建立、编写和运行多机整合的程序。

ROS 的首要设计目标是在机器人研发领域提高代码复用率。ROS 是一种分布式处理框架 (又名 Nodes)，如图 11.2 所示。这使可执行文件能被单独设计，并且在运行时松散耦合。这些过程可以封装到数据包 (Packages) 和堆栈 (Stacks) 中，以便于共享和分发。ROS 还支持代码库的联合系统，使得协作亦能被分发。这种从文件系统级别到社区一级的设计让独立地决定发展和实施工作成为可能。上述所有功能都能由 ROS 的基础工具实现。

图 11.2　ROS 机器人系统

ROS 的运行架构是一种使用 ROS 通信模块实现模块间 P2P 的松耦合的网络连接的处理架构，它执行若干种类型的通信，包括基于服务的同步 RPC(远程过程调用) 通信、基于 Topic 的异步数据流通信，还有参数服务器上的数据存储。但是 ROS 本身并没有实时性。

ROS 的主要特点可以归纳为以下几条。

1) 点对点设计

一个使用 ROS 的系统包括一系列进程，这些进程存在于多个不同的主机并且在运行过程中通过端对端的拓扑结构进行联系。虽然基于中心服务器的那些软件框架也可以实现多进程和多主机的优势，但是在这些框架中，当各电脑通过不同的网络进行连接时，中心数据服务器就会发生问题。

ROS 的点对点设计以及服务和节点管理器等机制可以分散由计算机视觉和语音识别等功能带来的实时计算压力，能够适应多机器人遇到的挑战。

2) 多语言支持

在编写代码的时候，许多编程者会比较偏向某一些编程语言。这些偏好是个人在每种语言的编程时间、调试效果、语法、执行效率以及各种技术和文化的原因导致的结果。为了解决这些问题，我们将 ROS 设计成了语言中立性的框架结构。ROS 现在支持许多种不同的语言，例如 C++、Python、Octave 和 LISP，也包含其他语言的多种接口实现，如图 11.3 所示。

图 11.3 ROS 支持的语言

ROS 的特殊性主要体现在消息通信层，而不是更深的层次。端对端的连接和配置利用 XML-RPC 机制进行实现，XML-RPC 也包含了大多数主要语言的合理实现描述。我们希望 ROS 能够利用各种语言实现得更加自然，更符合各种语言的语法约定，而不是基于 C 语言给各种其他语言提供实现接口。然而，在某些情况下利用已经存在的库封装后支持更多新的语言是很方便的，如 Octave 的客户端就是通过 C ＋＋的封装库进行实现的。

为了支持交叉语言，ROS 利用了简单的、语言无关的接口定义语言去描述模块之间的消息传送。接口定义语言使用了简短的文本去描述每条消息的结构，也允许消息的合成，例如，下面就是利用接口定义语言描述的一个点的消息：

```
Header header
Point32[] pts
ChannelFloat32[] chan
```

每种语言的代码产生器就会产生类似本种语言目标文件，在消息传递和接收的过程中通过 ROS 自动连续并行地实现。这就节省了重要的编程时间，也避免了错误：之前 3 行的接口定义文件自动扩展成 137 行的 C++ 代码、96 行的 Python 代码、81 行的 Lisp 代码和 99 行的 Octave 代码。因为消息是从各种简单的文本文件中自动生成的，所以很容易列举出新的消息类型。在编写的时候，已知的基于 ROS 的代码库包含超过 400 种消息类型，这些消息从传感器传送数据，使得物体检测到了周围的环境。

最后的结果就是一种同语言无关的消息处理，让多种语言可以自由地混合和匹配使用。

3) 精简与集成

大多数已经存在的机器人软件工程都包含了可以在工程外重复使用的驱动和算法，不幸的是，由于多方面的原因，大部分代码的中间层都过于混乱，以至于很难提取出它的功能，也很难把它们从原型中提取出来应用到其他方面。

为了应对这种趋势，我们鼓励将所有的驱动和算法逐渐发展成为和 ROS 没有依赖的单独的库。ROS 建立的系统具有模块化的特点，各模块中的代码可以单独编译，而且编译使用的 CMake 工具使它很容易地就实现精简的理念。ROS 基本将复杂的代码封装在库里，只是创建了一些小的应用程序为 ROS 显示库的功能，就允许了对简单的代码超越原型进行移植和重新使用。作为一种新的具有一定优势的软件系统，对软件的单元测试也会很容易，一个单独的测试程序能够测试库中的各种特点。

ROS 利用了很多现在已经存在的开源项目的代码，例如，从 Player 项目中借鉴了驱动、运动控制和仿真方面的代码，从 OpenCV 中借鉴了视觉算法方面的代码，从 OpenRAVE 借鉴了规划算法的内容，还有很多其他的项目。在每一个实例中，ROS 都用来显示多种多样的配置选项以及和各软件之间进行数据通信，也同时对它们进行微小的包装和改动。ROS 可以不断地从社区维护中进行升级，包括从其他的软件库、应用补丁中升级 ROS 的源代码。

4) 工具包丰富

为了管理复杂的 ROS 软件框架，我们利用了大量的小工具去编译和运行多种多样的 ROS 组件，从而设计成了内核，而不是构建一个庞大的开发和运行环境。

这些工具担任了各种各样的任务，如图 11.4 所示。例如，组织源代码的结构，

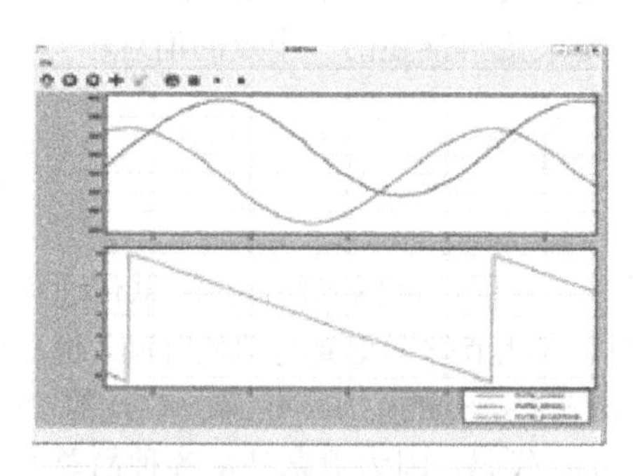
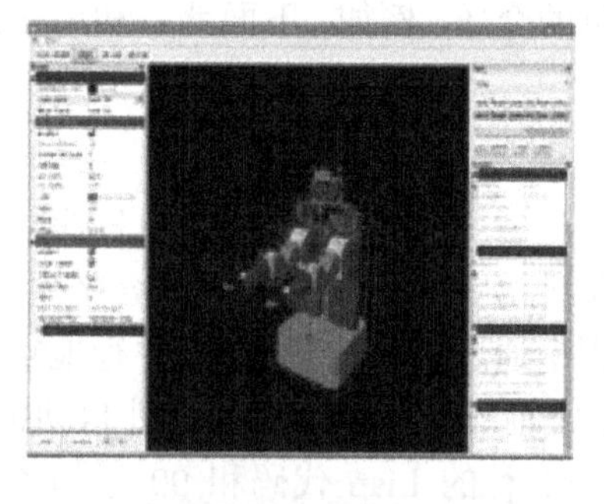
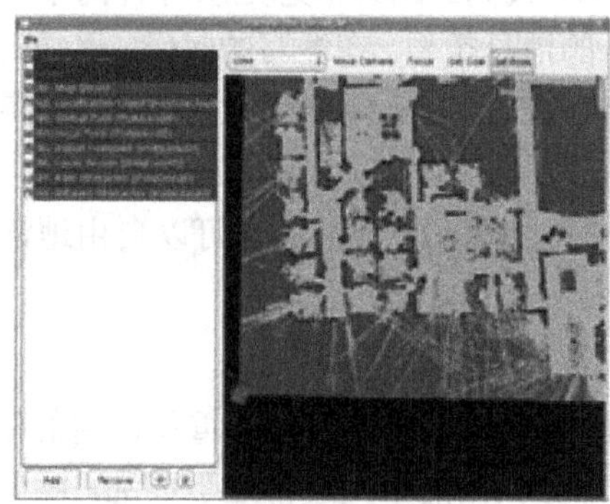
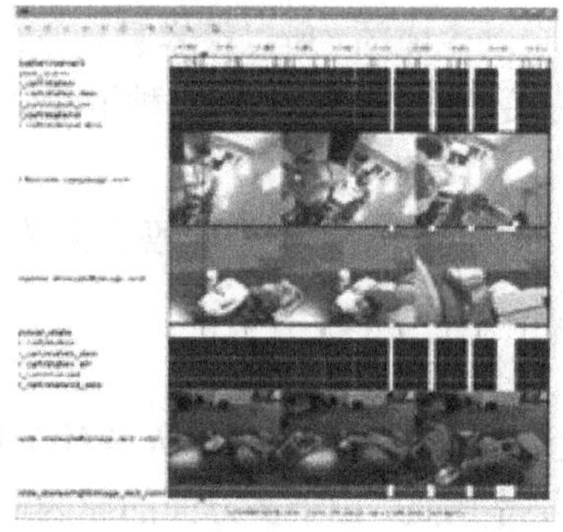

图 11.4　ROS 任务

获取和设置配置参数，形象化端对端的拓扑连接，测量频带使用宽度，生动地描绘信息数据，自动生成文档等。尽管我们已经测试通过像全局时钟和控制器模块的记录器的核心服务，但是我们还是希望能把所有的代码模块化。我们相信在效率上的损失远远是稳定性和管理的复杂性无法弥补的。

5) 免费并且开源

ROS 所有的源代码都是公开发布的。我们相信这必定将促进 ROS 软件各层次的调试，并且不断地改正错误。虽然像 Microsoft Robotics Studio 和 Webots 这样的非开源软件也有很多值得赞美的属性，但是我们认为一个开源的平台也是无可替代的。当硬件和各层次的软件同时设计和调试的时候这一点是尤其真实的。

ROS 以分布式的关系遵循着 BSD 许可，也就是说允许各种商业和非商业的工程进行开发。ROS 通过内部处理的通信系统进行数据的传递，不要求各模块在同样的可执行功能上连接在一起。如此，利用 ROS 构建的系统可以很好地使用它们丰富的组件：个别的模块可以包含被各种协议保护的软件，这些协议从 GPL 到 BSD，但是许可的一些“污染物”将在模块的分解上就被完全消灭掉。

参 考 文 献

[1] CHERNYAK D A, STARK L W. Top-Down guided eye movements [J]. IEEE Transactions on Systems, Man, and Cybemetics-Part B: Cybermetics, 2001, 31(4): 514-522.

[2] CULHANE S M, TSOTSOS J K. An attentional prototype for early vision[C]. Proc of the Second European conference on computer vision, Santa Margherita Ligure, Italy, 1992: 551-560.

[3] CHOI I, CHIEN S I. A generalized symmetry transform with selective attention capability for specific corner angles[J]. IEEE Signal Processing Letters, 2004, 11(2): 255-257.

[4] CULHAM J, CAVANAGH P, KANWISHER N. Attention response functions: characterizing brain areas using fMRI activation during parametric variations of attentional load[J]. Neuron, 2001, 32(4): 737-745.

[5] DENZLER J, BROWN C M. Information theoretic sensor data selection for active object recognition and state estimation [J]. IEEE Transactions on Pattern Analysis and Machine Intelligence, 2002, 24(2): 145-157.

[6] GROSSBERG S, RAIZADA R. Contrast-sensitive perceptual grouping and object-based attention in the laminar circuits of visual cortex [J]. Vision Research, 2000, 40(10-12): 1413-1432.

[7] LOY G, ZELINSKY A. Fast radial symmetry for detecting points of interest [J]. IEEE Trans. on Pattern Analysis and Machine Intelligence, 2003, 25(8): 959-973.

[8] OUERHANI N, ARCHIP N, HUGLI H. A color image segmentation method based on seeded region growing and visual attention [J]. International Journal of Image Processing and Communication, 2002, 8(1): 3-11.

[9] PRIVITERA C M, STARK L W. Algorithms for defining visual regions-of-interest: Comparison with eye fixations [J]. IEEE Trans. on Pattern Analysis and Machine Intelligence, 2000, 22(9): 970-982.

[10] STENTIFORD F. An evolutionary programming approach to the simulation of visual attention [C]. Proc. of the Congress on Evolutionary Computation, Seoul, Korea, 2001: 851-858.

[11] STOUGH T M, BRODLEY C E. Focusing attention on objects of interest using multiple matched filters [J]. IEEE Transactions on Image Processing, 2001, 10(3): 419-426.

[12] TAGARE H D, TOYAMA K, WANG J G. A maximum-likelihood strategy for directing attention during visual search [J]. IEEE Transactions on Pattern Analysis and Machine Intelligence, 2001, 23(5): 490-500.

[13] TSOTSOS J K. Motion Understanding: Task-directed attention and representations that link perception with action [J]. International Journal of Computer Vision, 2001, 45(3): 265-280.

[14] YEE H, PATTANAIK S N, GREENBERG D P. Spatiotemporal sensitivity and visual attention for efficient rendering of dynamic environments [J]. ACM Trans. on Graphics, 2001, 20(1): 39-65.

[15] BOCCIGNONE G, FERRARO M, CAELLI T. Generalized spatio-chromatic diffusion [J]. IEEE Trans. on Pattern Analysis and Machine Intelligence, 2002, 24(10): 1298-1309.

[16] DAVID MARR. Vision: A computational Investigation into the human representation and processing of visual information [C]. W. H. Freeman and Company, 1982.

[17] KING F G, PUSKORIUS G V, YUAN F. Vision guided robots for automated assembly [C]. IEEE Int. Conf. Robotics and Automation, 1988, 3: 1611-1616.

[18] 李良福, 冯祖仁, 贺凯良. 一种基于随机 HOUGH 变换的椭圆检测算法研究 [J]. 模式识别与人工智能, 2005, 18(4): 459-464.

[19] 刘侍刚, 吴成柯, 李良福. 基于 1 维子空间线性迭代射影重建 [J]. 电子学报, 2007, 35(4): 692-696.

[20] 张芳芳, 李良福, 肖樟树. 基于边缘信息引导滤波的深度图像增强算法 [J]. 计算机应用与软件, 2017, 34(8): 197-200.

[21] 焦婷, 李良福, 肖樟树. 存在运动目标时的图像镶嵌方法研究 [J]. 计算机应用研究, 2016, 33(2): 607-611.

[22] 冯祖仁, 吕娜, 李良福. 基于最大后验概率的图像匹配相似性指标研究 [J]. 自动化学报, 2007, 33(1): 1-8.

[23] 吴垠, 李良福, 肖樟树, 等. 基于尺度不变特征的光流法目标跟踪技术研究 [J]. 计算机工程与应用, 2013, 49(15): 157-161.

[24] JONG-SOO L, YU-HO J. CCD camera calibrations and projection error analysis [C]. IEEE Int. Conf. Science and Technology, 2000, 2: 50-55.

[25] TSAI R Y. A versatile camera calibration technique for high-accuracy 3D machine vision metrology using off-the-shelf TV cameras and lenses [J]. IEEE J. Robotics and Automation, 1987, 3(4): 323-344.

[26] ZHANG Z Y. A flexible new technique for camera calibration[J]. IEEE Trans. Pattern Analysis and Machine Intelligence, 2000, 22(11): 1330-1334.

[27] HEIKKILÄ J. Geometric camera calibration using circular control points [J]. IEEE Trans. Pattern Analysis and Machine Intelligence, 2000, 22(10): 1066-1077.

[28] HARTLEY R I. Self-calibration from multiple views with a rotating camera [C]. IEEE Int. Conf. Computer Vision and Pattern Recognition, 1994: 471-478.

[29] WILSON R G, SHAFER S A. What is the center of the image[C]. IEEE J. Optical Society of America, 1994, 11(11): 2946-2955.

[30] CASTANEDA B, LUZANOV Y, COCKBURN J C. A modular architecture for real-time feature-based tracking [C]. IEEE International Conference on Acoustics, Speech, and Signal Processing, 2004, 5: V-685-8.

[31] XINYU LIU, DANYA YAO, LI CAO. A feature-based real-time traffic tracking system using spatial filtering [C]. IEEE Proceedings on Intelligent Transportation Systems, 2001: 514-518.

[32] KASS M, WITKINM A, TERZOPOULOS D. Snakes: Active contour models [J]. International journal on computer vision, 1987, 1: 321-331.

[33] WON KIM, CHOON-YOUNG LEE, JU-JANG LEE. Tracking moving object using Snake's jump based on image flow [J]. Mechatronics, 2001, 11: 199-216.

[34] BAKER E S, DEGROAT R D. A correlation-based subspace tracking algorithm [J]. IEEE Transactions on Signal Processing, 1998, 46(11): 3112-3116.

[35] BIRCHFIELD S T, RANGARAJAN S. Spatiograms versus Histograms for Region-Based Tracking [C]. IEEE Computer Society Conference on Computer Vision and Pattern Recognition, 2005, 2: 1158-1163.

[36] SI-HUN SUNG, SUNG-IL CHIEN, MUN-GAB KIM. Adaptive window algorithm with four-direction sizing factors for robust correlation-based tracking [C]. Ninth IEEE International Conference on Tools with Artificial Intelligence, 1997: 208-215.

[37] KYU WON LEE, SEONG WON RYU, SOO JONG LEE. Motion based object tracking with mobile camera [J]. Electronics Letters, 1998, 34(3): 256-258.

[38] LUCENA M J, FUERTES J M, GOMEZ J I. Tracking from optical flow [C]. Proceedings of the 3rd International Symposium on Image and Signal Processing and Analysis, 2003, 2: 651-655.

[39] FABLET R, BOUTHEMY P. Statistical motion-based object indexing using optic flow field [C]. International Conference on Pattern Recognition, 2000, 4: 287-290.

[40] BARRON J, KLETTE R. Quantitative color optical flow [C]. International Conference on Pattern Recognition, 2002, 4: 251-255.

[41] YING W. Robust visual tracking by integrating multiple cues based on co-inference learning [J]. International journal on computer vision, 2004, 58(1): 55-71.

[42] COMANICIU D. An algorithm for data-driven bandwidth selection [J]. IEEE Transactions on Pattern Analysis and Machine Intelligence, 2003, 25(2): 281-288.

[43] PARZEN E. On estimation of probability function and mode [J]. Annals of Mathematical statistics, 1962, 33(3): 1-18.

[44] HWANG JENQ-NEN, KUNG SUN-YAN, NIRANJAN M. The past, present, and future of neural networks for signal processing [J]. IEEE Signal Processing Magazine, 1997, 14(6): 28-48.

[45] VAPNIK V N. An overview of statistical learning theory [J]. IEEE Transactions on Neural Networks, 1999, 10(5): 988-999.

[46] JAIN A K, DUIN R, MAO JIANCHANG. Statistical pattern recognition: a review [J]. IEEE Transactions on Pattern Analysis and Machine Intelligence, 2000, 22(1): 4-37.

[47] EVERSON R, ROBERTS S J. Non-stationary independent component analysis [C]. Ninth International Conference on Artificial Neural Networks, 1999, 1(7-10): 503-508.

[48] HEARST M A, DUMAIS S T, OSMAN E. Support vector machines [J]. IEEE Intelligent Systems and Their Applications, 1998, 13(4): 18-28.

[49] SUDDERTH E B, MANDEL M I, FREEMAN W T. Visual hand tracking using nonparametric belief propagation [C]. Conference on Computer Vision and Pattern Recognition Workshop, 2004: 189-189.

[50] MASON M, DURIC Z. Using histograms to detect and track objects in color video [C]. Applied Imagery Pattern Recognition Workshop, 2001: 154-159.

[51] FUKUNAGA K, HOSTETLER L D. The estimation of the gradient of a density function with applications in pattern recognition [J]. IEEE Transactions on Information Theory, 1975, 21(1): 32-40.

[52] CHENG YIZONG. Mean shift, mode seeking, and clustering [J]. IEEE Transactions on Pattern Analysis and Machine Intelligence, 1995, 17(8): 790-799.

[53] NING-SONG PENG, JIE YANG, JIA-XIN CHEN. Kernel-bandwidth adaptation for tracking object changing in size [C]. International Conference on Image Analysis and Recognition, 2004, 2: 581-588.

[54] R T COLLINS. Mean-shift blob tracking through scale space [C]. IEEE Computer Society Conference on Computer Vision and Pattern Recognition. 2003, 2: 234-240.

[55] MALLAT S. A theory for multiresolution signal decomposition: the wavelet representation [J]. IEEE Transactions on Pattern Analysis and Machine Intelligence, 1989, 11(7): 674-693.

[56] Greenspan H, Aanderson C H, Akber S. Image enhancement by nonlinear extrapolation in frequency space [J]. IEEE Trans Image Processing, 2000, 9(6): 1035-1048.